> 华为ICT认证系列丛书

华为技术认证
HCIA-Security 学习指南

华为技术有限公司 主编

人民邮电出版社
北京

图书在版编目（CIP）数据

HCIA-Security 学习指南 / 华为技术有限公司主编.
北京：人民邮电出版社，2025. --（华为 ICT 认证系列丛书）. -- ISBN 978-7-115-65715-2

Ⅰ．TP393.08-62

中国国家版本馆 CIP 数据核字第 2024BR3057 号

内 容 提 要

本书主要讲解网络安全概述、网络基础知识、常见的网络安全威胁及防范、防火墙安全策略、防火墙网络地址转换技术、防火墙双机热备技术、防火墙用户管理技术、防火墙入侵防御与反病毒、加解密技术原理、PKI 证书体系、VPN 技术与应用，定位于培养和认证具备大中型企业网络安全体系的架构设计与企业安全网络的部署和运维能力的高级工程师。

本书适合作为配套教材供正在备考 HCIA-Security 认证的人员使用，也同样适合作为技术读物供网络工程技术与安全技术爱好者进行补充学习。

◆ 主　　编　华为技术有限公司
　　责任编辑　王梓灵
　　责任印制　马振武

◆ 人民邮电出版社出版发行　北京市丰台区成寿寺路 11 号
邮编　100164　电子邮件　315@ptpress.com.cn
网址　https://www.ptpress.com.cn
固安县铭成印刷有限公司印刷

◆ 开本：787×1092　1/16
印张：17.5　　　　　　　　2025 年 4 月第 1 版
字数：332 千字　　　　　　2025 年 4 月河北第 1 次印刷

定价：99.80 元

读者服务热线：(010)53913866　印装质量热线：(010)81055316
反盗版热线：(010)81055315

编委会

主　　任：刘检生　卢　广　孙　刚

副 主 任：史　沛　肖德刚　孟文君

委　　员：范小骞　王　新　倪葛伟　宫志伟

　　　　　陈　睿　刘耀林　魏　彪

技术审校：朱仕耿　陈仲铭　袁长龙　金　珍

　　　　　胡　垚　石海健　卢玥玥　王　喆

　　　　　陈景明　牟禹楠　刘大勇　何军健

　　　　　郑美霞　孙腾飞　张　聪　奚峰峰

主　　编：刘叶梅　徐龙泉

序　言

乘"数"破浪　智驭未来

当前，数字化、智能化已成为经济社会发展的关键驱动力，引领新一轮产业变革。以 5G、云、AI 为代表的数字技术，不断突破边界，实现跨越式发展，数字化、智能化的世界正在加速到来。

数字化的快速发展，带来了数字化人才需求的激增。《中国 ICT 人才生态白皮书》预计，到 2025 年，中国 ICT 人才缺口将超过 2000 万人。此外，社会急迫需要大批云计算、人工智能、大数据等领域的新兴技术人才；伴随技术融入场景，兼具 ICT 技能和行业知识的复合型人才将备受企业追捧。

在日新月异的数字化时代中，技能成为匹配人才与岗位的最基本元素，终身学习逐渐成为全民共识及职场人保持与社会同频共振的必要途径。联合国教科文组织发布的《教育 2030 行动框架》指出，全球教育需迈向全纳、公平、有质量的教育和终身学习。

如何为大众提供多元化、普适性的数字技术教程，形成方式更灵活、资源更丰富、学习更便捷的终身学习推进机制？如何提升全民的数字素养和 ICT 从业者的数字能力？这些已成为社会关注的重点。

作为全球 ICT 领域的领导者，华为积极构建良性的 ICT 人才生态，将多年来在 ICT 行业中积累的经验、技术、人才培养标准贡献出来，联合教育主管部门、高等院校、教育机构和合作伙伴等各方生态角色，通过建设人才联盟、融入人才标准、提升人才能力、传播人才价值，构建教师与学生人才生态、终身教育人才生态、行业从业者人才生态，加速数字化人才培养，持续推进数字包容，实现技术普惠，缩小数字鸿沟。

为满足公众终身学习、提升数字化技能的需求，华为推出了"华为职业认证"，这是围绕"云–管–端"协同的新 ICT 架构打造的覆盖 ICT 领域、符合 ICT 融合发展趋势的人才培养体系和认证标准。目前，华为职业认证内容已融入全国计算机等级考试。

教材是教学内容的主要载体、人才培养的重要保障，华为汇聚技术专家、高校教师、培训名师等，倾心打造"华为 ICT 认证系列丛书"，丛书内容匹配华为相关技术方向认证考试大纲，涵盖云、大数据、5G 等前沿技术方向；包含大量基于真实工作场景的行业案例和实操案例，注重动手能力和实际问题解决能力的培养，实操性强；巧妙串联各知识点，并按照由浅入深的顺序进行知识扩充，使读者思路清晰地掌握知识；配备丰富的学习资源，如 PPT 课件、练习题等，便于读者学习，巩固提升。

在丛书编写过程中，编委会成员、作者、出版社付出了大量心血和智慧，对此表示诚挚的敬意和感谢！

千里之行，始于足下，行胜于言，行而致远。让我们一起从"华为 ICT 认证系列丛书"出发，探索日新月异的信息与通信技术，乘"数"破浪，奔赴前景广阔的美好未来！

前 言

华为职业认证体系涵盖初级、中级和高级 3 个层次，具体为 HCIA（Huawei Certified ICT Associate）、HCIP（Huawei Certified ICT Professional）和 HCIE（Huawei Certified ICT Expert）。安全（Security）认证方向对应的 3 个等级分别为 HCIA-Security、HCIP-Security 和 HCIE-Security。

本书是华为技术有限公司联合远光软件股份有限公司的高级工程师刘叶梅以及北京师范大学未来教育学院、珠海市技师学院的徐龙泉老师，专为 HCIA-Security 认证考试精心编纂的官方教材。

本书旨在帮助读者系统地理解并掌握大中型网络信息安全基础知识与相关技术（防火墙技术、加解密技术、PKI 证书体系等），具备搭建小型企业信息安全网络的能力，保障大中型企业网络和应用的安全，能够胜任网络安全规划工程师、网络安全实施工程师等岗位。

本书共 11 章，定位于培养和认证具备大中型企业网络安全体系的架构设计与企业安全网络的部署和运维能力的高级工程师。具体内容如下。

- 第 1 章 "网络安全概述"：本章讲解内容为网络安全发展历史、常见的网络安全威胁、网络安全发展趋势、网络/信息安全原则、网络安全设计指导方针、安全策略、网络安全威胁防御方法等。
- 第 2 章 "网络基础知识"：本章讲解内容为网络参考模型——OSI 参考模型和 TCP/IP 参考模型，以 OSI 参考模型的分层方式为例，具体介绍了应用层、表示层、会话层、传输层、网络层、数据链路层、物理层，以及常见的网络设备。
- 第 3 章 "常见的网络安全威胁及防范"：本章讲解内容为企业网络安全威胁概览、通信网络安全需求与方案、区域边界安全威胁与防护、计算环境安全威胁与防护。
- 第 4 章 "防火墙安全策略"：本章讲解内容为防火墙简介、防火墙基础原理、防火墙在网络安全方案中的应用场景。
- 第 5 章 "防火墙网络地址转换技术"：本章讲解内容为 NAT 概述、源 NAT 技术、目的 NAT 技术、双向 NAT 技术。
- 第 6 章 "防火墙双机热备技术"：本章讲解内容为双机热备技术原理、VRRP 备份、双机热备基本组网与配置。
- 第 7 章 "防火墙用户管理技术"：本章讲解内容为 AAA 的基本原理、本地 AAA、基于服务器的 AAA、防火墙用户认证及应用。

- 第 8 章 "防火墙入侵防御与反病毒"：本章讲解内容为入侵防御概述、入侵防御、反病毒。
- 第 9 章 "加解密技术原理"：本章讲解内容为加解密技术的发展、加解密技术的原理、常见的加解密算法。
- 第 10 章 "PKI 证书体系"：本章讲解内容为数据安全通信技术、PKI 证书体系架构、PKI 证书体系工作机制。
- 第 11 章 "VPN 技术与应用"：本章讲解内容为加密学的应用、VPN 简介、GRE VPN、IPSec VPN、SSL VPN。

由于编者水平有限，书中难免有疏漏之处，恳请读者批评指正。

本书配套资源可通过扫描封底的"信通社区"二维码，回复数字"657152"获取。

关于华为认证的更多精彩内容，请扫描进入华为人才在线官网了解。

华为人才在线

目　录

第1章　网络安全概述 2
　1.1　网络安全定义 4
　　1.1.1　网络安全发展历史 5
　　1.1.2　常见的网络安全威胁 6
　1.2　网络安全发展趋势 11
　1.3　网络/信息安全标准与规范 12
　　1.3.1　网络/信息安全原则 13
　　1.3.2　网络安全设计指导方针 15
　　1.3.3　安全策略 16
　1.4　网络安全威胁防御方法 17
　　1.4.1　接入层与分布层 18
　　1.4.2　核心层 19
　　1.4.3　数据中心 20
　　1.4.4　Internet 边缘 20

第2章　网络基础知识 22
　2.1　网络参考模型 24
　　2.1.1　OSI 参考模型和 TCP/IP 参考模型 24
　　2.1.2　应用层 25
　　2.1.3　表示层 26
　　2.1.4　会话层 26
　　2.1.5　传输层 27
　　2.1.6　网络层 27
　　2.1.7　数据链路层 28

		2.1.8 物理层	29
	2.2	常见的网络设备	30
		2.2.1 路由器	30
		2.2.2 交换机	32
		2.2.3 防火墙	33
		2.2.4 入侵防御及检测系统	35
		2.2.5 AntiDDoS 网关	36
		2.2.6 无线接入点	37

第 3 章 常见的网络安全威胁及防范 40

    3.1 企业网络安全威胁概览 43
    3.2 通信网络安全需求与方案 43
    3.3 区域边界安全威胁与防护 46
        3.3.1 典型组网 47
        3.3.2 数据规划表 48
        3.3.3 配置思路 49
        3.3.4 操作步骤 49
    3.4 计算环境安全威胁与防护 50
        3.4.1 计算环境安全脆弱性分析 52
        3.4.2 计算环境设备安全风险评估 53
        3.4.3 计算环境安全威胁与防护原则 54

第 4 章 防火墙安全策略 56

    4.1 防火墙简介 58
        4.1.1 包过滤防火墙 59
        4.1.2 状态监测防火墙 59
        4.1.3 代理防火墙 60
        4.1.4 自适应代理防火墙 62
        4.1.5 下一代防火墙 63
    4.2 防火墙基础原理 63
        4.2.1 安全区域 64

  4.2.2 安全策略 ··· 68
  4.2.3 状态检测和会话机制 ·· 70
  4.2.4 ASPF/ALG 技术 ··· 75
 4.3 防火墙在网络安全方案中的应用场景 ··· 78
  4.3.1 防火墙在校园出口安全方案中的应用 ································ 78
  4.3.2 防火墙在企业园区出口安全方案中的应用 ························· 81

第 5 章 防火墙网络地址转换技术 ··· 86
 5.1 NAT 概述 ··· 88
  5.1.1 NAT 类型 ·· 88
  5.1.2 NAT 策略 ·· 89
  5.1.3 NAT 处理流程 ··· 90
 5.2 源 NAT 技术 ··· 92
  5.2.1 NAT No-PAT 技术 ·· 92
  5.2.2 NAPT 技术 ··· 94
  5.2.3 Smart NAT 技术 ·· 95
  5.2.4 Easy IP 技术 ·· 96
  5.2.5 三元组 NAT 技术 ·· 97
  5.2.6 源 NAT 配置要点 ··· 98
 5.3 目的 NAT 技术 ·· 100
  5.3.1 静态目的 NAT 技术 ·· 101
  5.3.2 动态目的 NAT 技术 ·· 102
  5.3.3 目的 NAT 配置要点 ·· 103
 5.4 双向 NAT 技术 ·· 104
  5.4.1 公网用户通过双向 NAT 访问内部服务器 ······················· 105
  5.4.2 公网用户通过 NAT Server 访问内部服务器 ··················· 111

第 6 章 防火墙双机热备技术 ·· 116
 6.1 双机热备技术原理 ·· 118
  6.1.1 双机热备的系统要求 ·· 118
  6.1.2 双机热备工作模式 ··· 119

          6.1.3 VGMP 组 120
     6.2 VRRP 备份 121
          6.2.1 VGMP 组控制 VRRP 备份组状态 123
          6.2.2 基于 VRRP 实现主备备份双机热备 125
          6.2.3 基于 VRRP 实现负载分担双机热备 127
          6.2.4 基于动态路由的双机热备 129
          6.2.5 透明模式双机热备 136
     6.3 双机热备基本组网与配置 143

第 7 章 防火墙用户管理技术 152
     7.1 AAA 的基本原理 154
          7.1.1 身份认证、授权和记账 155
          7.1.2 AAA 的部署方式 155
     7.2 本地 AAA 157
     7.3 基于服务器的 AAA 157
          7.3.1 RADIUS 157
          7.3.2 TACACS+ 160
          7.3.3 LDAP 162
     7.4 防火墙用户认证及应用 163
          7.4.1 用户组织架构及分类 164
          7.4.2 用户身份认证流程 169
          7.4.3 用户认证策略 170
          7.4.4 用户认证配置 172

第 8 章 防火墙入侵防御与反病毒 176
     8.1 入侵防御概述 178
     8.2 入侵防御 179
          8.2.1 应用场景 179
          8.2.2 入侵防御实现机制 180
          8.2.3 签名 180
          8.2.4 入侵防御对数据流的处理 182

8.2.5　命令行界面配置入侵防御功能 186
8.3　反病毒 192
　　8.3.1　应用场景 193
　　8.3.2　原理描述 193

第9章　加解密技术原理 198

9.1　加解密技术的发展 200
9.2　加解密技术的原理 201
　　9.2.1　密码的产生 201
　　9.2.2　维吉尼亚密码 202
9.3　常见的加解密算法 204
　　9.3.1　对称密钥加密算法 204
　　9.3.2　DH 算法 207
　　9.3.3　非对称密钥加密算法 209
　　9.3.4　哈希算法 210

第10章　PKI 证书体系 214

10.1　数据安全通信技术 216
　　10.1.1　使用非对称密钥加密算法进行数字签名 216
　　10.1.2　哈希函数 218
　　10.1.3　使用哈希函数和非对称密钥加密算法进行数字签名 219
10.2　PKI 证书体系架构 221
10.3　PKI 证书体系工作机制 223

第11章　VPN 技术与应用 226

11.1　加密学的应用 228
11.2　VPN 简介 229
11.3　GRE VPN 231
　　11.3.1　GRE 封装 232
　　11.3.2　GRE 报文转发流程 233
　　11.3.3　安全策略 234

11.3.4 配置 GRE ··· 235
11.4 IPSec VPN ·· 236
  11.4.1 IKE ··· 237
  11.4.2 IPSec 的操作方式 ··· 238
  11.4.3 配置点到点 IPSec VPN ··· 245
11.5 SSL VPN ·· 256
  11.5.1 虚拟网关 ·· 257
  11.5.2 身份认证 ·· 258
  11.5.3 角色授权 ·· 258
  11.5.4 配置 SSL VPN 实验 ·· 260

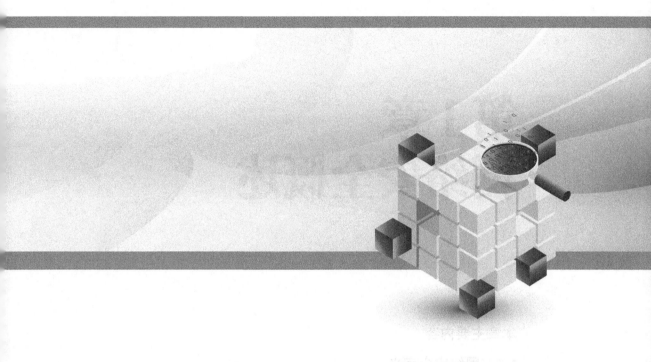

第1章
网络安全概述

本章主要内容

1.1 网络安全定义

1.2 网络安全发展趋势

1.3 网络/信息安全标准与规范

1.4 网络安全威胁防御方法

网络安全是指网络系统的硬件、软件及网络系统中的数据受到保护,保护硬件、软件不因偶然的或者恶意的操作而遭受破坏、更改,数据不被破坏、更改、泄露,保证系统连续、可靠、正常地运行,网络服务不中断。网络安全的目标是维护网络中数据和资源的机密性、完整性和可用性,可以通过硬件、软件和用户策略的组合来实现。

随着新的威胁和技术不断涌现,网络安全事件一再发生,但似乎并没有让太多人意识到保护网络安全的重要性。除了金融和涉密领域的机构,人们在设计和部署网络时,仍然常常把网络安全视为网络的一项增值服务,就像网络中的高级应用一样。

和许多人淡漠的网络安全意识形成鲜明反差的是,网络犯罪已经呈现出越来越明显的集团化、功利化发展趋势,网络犯罪造成的损失也在以超过摩尔定律的速度不断攀升。随着万物互联时代的到来,这种反差随时有可能会导致人们面临比财产损失更加严重、危害更大的安全风险。

这么多年来,网络安全技术人员、售前工程师们孜孜不倦地强调——网络安全并不是网络的一项增值服务,它是人们在进行网络规划、设计、部署、实施、运维时应该时刻考虑的,并且视情况不断变化的技术解决方案与策略。虽然,在网络安全事件发生之后,再提高网络的安全性至少可以避免相同的问题再次发生,但一个缺乏安全性考虑的网络必然会时时面临各种安全威胁的考验,而仅采用这种亡羊补牢的手段也必然会疲于应付大量的安全事件最终捉襟见肘。网络安全保护是一个持续的过程。网络管理员必须持续监控和更新网络安全保护措施,以确保其有效应对当前和未来的威胁。

在这一章中,会介绍网络安全的定义、发展趋势;为了实现网络安全,在设计网络时应该坚持哪些原则;一个完善的网络安全策略应该包含哪些设计内容;网络面临着什么样的常见安全威胁;在网络的各个区域中,采用哪些措施可以解决这些威胁。

1.1 网络安全定义

网络安全是一个复杂的问题,需要采用许多不同的网络技术和措施来保护网络系统、数据和用户免受威胁。随着网络技术的发展,网络安全保护能力和水平也需要不断提高以适应不断变化的威胁环境。

首先,网络安全的定义包括保护网络系统、数据和用户免受攻击的一系列技术和措施,目标包括防范网络攻击,保护数据的隐私和安全,保护用户身份信息和个人设备免受非法访问等。网络安全不仅仅是技术问题,也是组织治理问题。

其次,网络安全是多层次的,需要从不同的角度来考虑。从技术角度考虑,它需要采用防火墙、加密技术、认证和授权等技术来保护网络。从组织角度考虑,需要通过制定政策、制定流程和建立控制机制等来维护网络安全。从用户角度考虑,需要用户明白网络安全的重要性，并采取合理的安全措施，如使用强密码、不下载未知的软件等。这也证明了网络安全保护能力和水平需要不断地提高，因为威胁环境在不断变化，网络攻击技术在不断进化，攻击者利用各种手段绕过传统的防御机制。例如，随着物联网的普及，也需要考虑保护物联网设备免受黑客攻击。

此外，保护网络安全还需要相应的法律政策支持和合理的管理。国家应该通过立法和采取监管措施来维护网络安全，并严厉打击网络犯罪。同时，企业和组织也应该采取适当的措施，如制定网络安全政策，开展员工培训等，以维护企业自身的网络安全。

总体来说，网络安全是一个多方面的、复杂的问题，需要各方共同努力，才能保护网络系统、数据和用户免受威胁。

1.1.1 网络安全发展历史

20 世纪 80 年代，计算机病毒的出现引起了关注，并促使人们开始研究如何防范计算机病毒和其他恶意软件的威胁。同时，互联网的兴起和普及也带来了新的安全挑战，包括未经授权的访问和数据泄露等的威胁。1988 年由罗伯特·莫里斯编写的蠕虫病毒程序感染了数千台互联网主机，导致互联网瘫痪。这是历史上首个影响范围极广的互联网安全事件，也是全球范围内首次引起广泛关注的互联网安全事件。罗伯特·莫里斯被定罪，成为第一个因在互联网上实施计算机入侵而受到起诉并判刑的个人。

20 世纪 90 年代，安全专家开始强调保护网络安全的重要性，并开始开发新的安全技术和方法，如加密、认证和授权等。此外，随着计算机犯罪和网络攻击日益增多，国家和国际相关组织也开始关注网络安全问题，并制定了一系列法律与政策来加强网络安全建设。随着互联网的普及，黑客活动增加了，黑客们通过探索系统漏洞和安全弱点，对网络发起攻击，其中包括入侵和非法访问系统、窃取敏感信息等。如 1995 年，一名来自俄罗斯的黑客在互联网上上演了偷天换日，他是历史上第一个通过入侵银行计算机系统来获利的黑客，他侵入美国花旗银行并盗走 1000 万美元，之后，他把账户里的钱分别转移至美国、芬兰、荷兰、德国、爱尔兰等地。黑客的攻击行为日益增多导致人们对网络安全技术的要求也不断提高，人们更加意识到保护系统和数据的重要性，并研发出了更强大的防御机制。

进入 21 世纪后，随着网络技术的飞速发展，网络安全问题也变得更加复杂。网络攻击和犯罪技术日益成熟，对企业和个人的安全造成了巨大威胁。同时，越来越多的组织开始采用云计算、移动设备和物联网技术，这也带来了新的安全挑战。2000 年出现的"ILOVEYOU"病毒是一种通过电子邮件传播的计算机病毒，曾在全球范围内造成巨大的经济损失。"ILOVEYOU"病毒的传播速度极快，导致许多个人和组织的计算机系统受到破坏。2003 年，SQL Slammer 病毒出现，这是一种利用微软公司 SQL Server 数据库软件中的漏洞进行传播的计算机蠕虫病毒。该病毒通过使受感染的服务器超负荷运行,导致全球互联网出现了大面积拥堵,影响了许多网站的运行和网络服务的提供。

2010年后,随着越来越多的大规模数据泄露事件和网络攻击事件的发生,网络安全再次受到重视。为了应对这些挑战,企业和政府组织开始加大网络安全领域的投入,并采用更先进的技术和方法来保护网络和数据安全。2010年出现的Stuxnet(震网)病毒是一种专门针对伊朗核设施的计算机蠕虫病毒,被认为是首个针对实际物理系统的网络病毒。Stuxnet病毒的出现引发了人们对工业控制系统安全的广泛关注。

现在,网络安全保护仍然是一个关键的问题,随着网络技术的不断发展和复杂化,需要持续不断的努力来保护网络安全。网络安全领域正在不断发展,新的安全技术、方法和标准不断出现。随着对数字化的推广,网络安全将继续受到关注和重视。

1.1.2 常见的网络安全威胁

20世纪80年代中期,为了满足各高校及政府机构为促进其研究工作的迫切需求,美国国家科学基金会(NSF)在美国建立了6个超级计算机中心。1986年7月,NSF资助了一个直接连接这些超级计算机中心的主干网络,并且允许研究人员对该主干网络进行访问,使他们能够共享研究成果并查找信息。最初,这个NSF主干网络采用的是56Kbit/s的线路,1988年7月,升级到了1.5Mbit/s的线路。这个主干网络就是NSFNET。自从NSFNET问世以来,网络安全威胁一直如影随形。同时,随着网络技术的发展、人们对各类网络应用的依赖加深,网络安全威胁也在同步发生变化,而网络攻击是主要的网络安全威胁。

以网络攻击为例,近年来网络安全威胁的变化趋势包括(但不限于)以下内容。

① 网络攻击形式变化小:网络攻击形式仍然是人们所熟知的病毒攻击、窃听攻击、资料修改、DoS(拒绝服务)攻击、中间人攻击、欺骗攻击、溢出攻击、网络钓鱼等,攻击形式并没有发生太大的变化。

② 网络攻击目标多样化:20世纪90年代末21世纪初经常前往各类计算机机房的人有时会感叹目前的网络更安全了,因为他们没有像过去那样频繁地体验到ARP(地址解析协议)攻击导致的断网。但实际情况是,网络攻击的数量和造成的损失,都在以超过摩尔定律的速度增长。产生这种主客观差异的原因在于,如果过去的网络攻击多以恶作剧和炫耀自己的能力为动机,那么如今的网络攻击已经完全是利益驱动的商业行为了,动机从经济利益、政治博弈、战争到能源争夺不一而足。因此,如果不是高净值人群,反而不会体验到那么多网络攻击。

③ 网络攻击手段由单一变得复杂:由于网络攻击的目的性远比过去更强,攻击成功带来的利好和攻击失败带来的后果与之前不可同日而语,因此在发起一次网络攻击前黑客往往会先对攻击行为进行精密的部署,经过长期的潜伏,最终结合多种技术手段、非

技术手段来达到最终目的。

为了对网络安全威胁进行归类分析，微软公司在 2017 年曾经把网络安全威胁分为了六大类，构建了 STRID 威胁模型。

STRID 定义的 6 种网络安全威胁分别为身份欺骗、篡改数据、抵赖、信息泄露、拒绝服务攻击和提权。下面对这 6 种常见的网络安全威胁进行介绍和延伸。

1. 身份欺骗

身份欺骗的最好例子就是攻击者非法访问某设备并使用另一位合法用户的认证信息，如冒用合法用户的用户名和密码。通过冒用用户名和密码，被登录的设备会赋予攻击者这位合法用户的一切权限。

获取另一位合法用户认证信息的方法有很多，社会工程学是非常常见的手段。

社会工程学是指通过人际交流来获取信息或者得到想要的结果。即社会工程学采用的不是攻击计算机、网络系统软硬件的技术手段，它的攻击目标是那些有权限使用目标系统的人，攻击的手段也是利用社交场合在人的身上寻找漏洞。

部分社会工程学的手段如下。

① 拨打诈骗电话：如不法分子通过在企业网站上收集到的企业组织架构和合作项目信息，冒充一家企业的领导、大客户，引导受害者提供可以发起身份欺骗的信息。

② 发动网络诱骗攻击/钓鱼攻击：不法分子制作的假网站仿冒真实网站的 URL 及页面内容，或利用真实网站服务器的程序漏洞在站点的某些网页中插入危险的 HTML 代码，以此来骗取用户输入认证信息，如银行或信用卡账号、密码等私人资料。

③ 偷窃随手乱放的 U 盘：一方面，如果一家企业的员工随手乱放自己的移动存储设备，那么不法分子就可以轻易获取设备中存储的信息，利用这些信息来获取更加敏感的身份认证信息，进行身份欺骗；另一方面，如果一家企业的员工看到别人"随手乱放的 U 盘"，出于好奇将其插入自己的计算机，也有可能导致自己计算机中的身份信息被黑客窃取。

④ 偷窥：比如，不法分子可能会冒充企业的访客或者员工，进入企业的办公区域，并且在员工输入认证信息时偷窥并且记录。

2. 篡改数据

篡改数据是一种严重的安全威胁，它涉及对存储或传输中的数据进行未经授权的修改，导致数据不准确、不完整或不可用，这种威胁对组织的数据完整性和业务连续性构成直接挑战。

篡改数据的常见场景如下。

① 数据库篡改：攻击者通过 SQL 注入等漏洞，直接修改数据库中的记录，这可能导致财务记录、客户信息、产品库存等关键数据的错误或损坏。

② 文件篡改：攻击者可能会修改存储在文件系统中的文件，如配置文件、日志文件

或业务文档，这些修改可能用于隐藏攻击痕迹、误导用户或破坏业务流程。

③ 网络传输篡改：在数据通过网络传输时，攻击者可能会拦截并修改数据包的内容。这可以通过中间人攻击实现，其中攻击者将自己置于通信双方之间，并读取、修改或删除传输的数据。

④ 恶意软件篡改：病毒、特洛伊木马等恶意软件可以感染系统并修改存储在其中的数据。这些修改可能是隐蔽的，旨在破坏系统、窃取信息或进行勒索。

3. 抵赖

抗抵赖性指网络环境具备能够证明网络中发生的事件或操作，以及该事件与操作和相关网络实体之间的关系的能力。"抵赖"作为一种网络安全威胁，指攻击者不承认自己曾经在网络中进行过任何非法操作，从而从一次网络攻击行为中全身而退。因此，为了针对攻击者的非法行为发起司法起诉，以及防御网络系统遭到进一步的入侵等，一个网络系统应该拥有相应的机制来保证自己的系统可以跟踪这样的行为，证明用户执行了某项操作。签收快递就是类似的行为，通过底单上的用户签名，快递公司可以证明接收方已经收到了快递的物品，让已接收物品的人无法抵赖。

4. 信息泄露

信息泄露是指信息被原本无权浏览信息/文件的人员所浏览。如果泄露的信息与用户的登录信息有关，那么信息泄露也可能会造成前面所述的身份欺骗。所以，制造信息泄露这种网络安全威胁既可以通过技术手段（如发起中间人攻击等）发起，也可以通过非技术手段（如社会工程学）发起。

5. 拒绝服务攻击

顾名思义，拒绝服务攻击就是让被攻击的对象无法正常提供访问，从而达到破坏网络和系统可用性的目的。这种攻击方式可以消耗目标系统全部的重要资源、导致系统崩溃。

为了大量消耗目标系统的资源，攻击者常常需要入侵大量受到攻击的系统（称为僵尸设备）并且同时发起拒绝服务攻击。这种入侵大量系统并且同时发起攻击的攻击方式被称为分布式拒绝服务（DDoS）攻击。

6. 提权

提权是指利用系统或应用程序中存在的漏洞或弱点，获取比当前权限级别更高的权限的过程。在网络安全领域中，提权通常分为两种类型，即水平提权和垂直提权。

水平提权：水平提权是指在同一权限级别下获取其他用户信息或者同一权限级别下的资源访问权的过程。例如，在多用户系统中，一个用户通过利用系统中的漏洞或弱点，获取另一个拥有相同权限的用户的账户信息或者会话令牌，从而获得对相同资源的访问权限。

垂直提权：垂直提权是指在不同权限级别之间获取更高权限级别的过程。举例来说，一个拥有低权限的用户或者进程通过利用系统或应用程序中的漏洞，提升自身权限至更高级别，从而获得对更多资源和系统功能的控制权限。垂直提权通常是在攻击者入侵目标系统后，攻击者尝试升级其权限，以获取更大的控制权。

无论是水平提权还是垂直提权，都需要利用系统或应用程序中的漏洞或弱点来实现。因此，对系统和应用程序及时进行安全更新和漏洞修复是防止提权攻击的一种重要措施。此外，实施最小权限原则和合理的权限管理也能减少遭受提权攻击的风险。

微软公司的STRID威胁模型致力于概括所有的网络安全威胁。不过，为了帮助读者在刚开始学习时了解更多与网络攻击有关的术语，下面介绍一些常见的网络攻击。

网络攻击的攻击方式林林总总，但可以将其中很多攻击方式划分为同一个大类，如欺骗攻击、中间人攻击、拒绝服务攻击、溢出攻击、侦查/扫描攻击等。既然是进行网络攻击的分类，那么这些术语只是概述了发起攻击所采用的逻辑，而没有提到发起各类网络攻击采用的技术、工具和手段，因为每一类网络攻击都有很多不同的实现技术、工具和手段。

1．欺骗攻击

欺骗攻击强调伪装。如果STRID威胁模型中的身份欺骗攻击强调伪装用户身份，从而达到欺骗认证系统的目的，那么网络中还有更多的欺骗会对流量中携带的信息进行伪装，让这些流量看起来像是由另一个（不是发起攻击的系统）系统发起的。

即使不考虑前面介绍的身份欺骗攻击，其他的欺骗攻击还包括很多类型，具体如下。

① IP地址欺骗攻击。

② MAC地址欺骗攻击。

③ 应用或服务欺骗攻击：如DHCP欺骗攻击、DNS欺骗攻击、路由协议欺骗攻击等。

由上面的信息可以看到，欺骗攻击可以被细分为很多不同的攻击方式。事实上，就连DHCP欺骗攻击也可以继续划分为伪装成DHCP服务器的欺骗攻击，和伪装成DHCP客户端的欺骗攻击。比如，攻击者可以把自己伪装成DHCP服务器，向请求IP地址的DHCP客户端发布误导信息，引导客户端把流量发送给攻击者，再由攻击者将流量转发给网关，从而形成中间人攻击；再如攻击者也可以把自己伪装成大量的DHCP客户端，反复向DHCP服务器请求IP地址，耗竭DHCP服务器上的可用IP地址，让新的DHCP客户端无法获取可用IP地址，从而形成拒绝服务攻击。因此，欺骗攻击往往并不是最终目的，只是构成其他网络攻击的一种手段，常常会与其他类型的网络攻击结合起来产生攻击效果。

2．中间人攻击

中间人攻击是一个笼统的概念，是指攻击者把自己的设备插入设备通信路径，从而非法获取在接收方和发送方之间传送的信息，如图1-1所示。

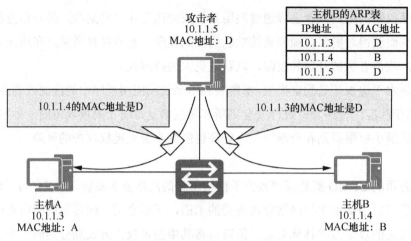

图 1-1　中间人攻击

在图 1-1 中,攻击者向局域网中的主机发布了错误的 IP-MAC 映射信息,让主机 A 和主机 B 把发送给对方的信息都发送给自己。

中间人攻击往往包含针对某些网络协议的攻击,网络协议如 ARP、DNS 协议、IP 路由协议,还有前面提到的 DHCP 等,但目的都是为了误导发送者,将流量发送到攻击者的设备上,从而把攻击者自己的设备插入发送方和接收方的通信路径。

3.溢出攻击

显然,任何系统的缓冲区容量都是有限的,如果不断向缓冲区中注入信息,会导致缓冲区被占满,接下来会出现信息被覆盖、系统崩溃、系统非正常运行等现象。因此,攻击者可以不断向设备发送垃圾信息以占用目标设备的缓冲区,来达到攻击目的。

比如,交换机在接收到一个数据帧时,会查找 CAM 表(MAC 地址表)中的条目,如果其 MAC 地址被记录在表中,交换机会把这个数据帧从对应的端口中转发出去;如果其 MAC 地址没有被记录在表中,交换机会把这个数据帧通过除接收到该数据帧的端口之外的所有端口(在同一个 VLAN 中的端口)广播出去。

利用交换机的工作特点,攻击者可以先发起欺骗攻击,向交换机发送大量伪装成不同源 MAC 地址的数据帧,让这些伪造的 MAC 地址条目占满交换机的 CAM 表,造成溢出攻击。这样一来,该 VLAN 中的其他主机发送的数据帧都会从同一个 VLAN 的所有端口中广播出去,攻击者也可以接收到其他主机发送的单播数据帧。这种攻击也叫作 CAM 表泛洪攻击。

4.侦查攻击

侦查攻击是扫描攻击的近义词。顾名思义,这类攻击方式就是对目标设备、目标网络进行侦查,了解对方的相关信息,为进一步发起攻击做好准备。各类侦查和扫描攻击,都需要借助一系列工具来实现。

侦查攻击过程如下。

① 攻击者使用 dig、nslookup 和 whois 等网络工具来获取信息，了解谁负责该域，以及该域的地址等信息。

② 攻击者对获取到的地址进行 ping 扫描，判断哪些主机是活动主机。

③ 对活动主机进行端口扫描，判断在这些主机上运行了哪些服务。

④ 攻击者使用此前获取到的信息来判断采用什么手段能够最好地利用该网络的弱点。

合法用户也可以用漏洞扫描工具来提前查看自己的网络中可能存在的漏洞，并及时修复漏洞，以免漏洞被攻击者利用。

我们在这一节介绍了大量与网络安全威胁有关的内容，包括网络安全威胁在过去这些年的发展变化、微软公司定义的 STRID 威胁模型，以及一些网络攻击手段的分类。当然，在这一节中介绍的网络安全威胁只是冰山一角。但通过这一节的学习，读者也应该了解到了成功的网络攻击往往是一出"连环计"——攻击者需要联合利用大量技术手段和非技术手段实现攻击，其中一些攻击手段只是后续攻击手段的铺垫。这意味着网络攻击的分类并不重要，重要的是在面对这些"俄罗斯套娃式"的攻击时，安全防御措施必须拥有足够的纵深，因此这些安全防御措施必须符合本书介绍的网络安全设计指导方针。

1.2　网络安全发展趋势

随着技术和网络安全威胁形势的不断变化，网络安全发展趋势也在不断演变。下面从以下几方面介绍网络安全的重要发展趋势。

云安全：云安全涉及保护云计算环境中的数据、应用程序和基础设施。随着越来越多的组织将其运营的业务迁移到云端，保护云资源已成为当务之急，包括防止数据泄露、防御未经授权访问敏感信息及防御针对云服务和基础设施的攻击。为了应对安全挑战，这些组织正在实施一系列安全措施，包括加密、访问控制和多因素身份验证（MFA），以及使用专门为云设计的安全工具和服务。

区块链安全：区块链安全是指保护区块链系统的安全，包括密码学技术、分布式系统、智能合约等技术。区块链安全需要考虑的因素包括密码学技术的安全性、分布式系统的安全性、智能合约的安全性，以及节点安全性等。

物联网安全：物联网安全是指保护物联网系统和设备免受网络攻击的技术。物联网安全需要考虑的因素包括设备安全、网络安全、数据安全、隐私保护等。物联网的发展带来了重大安全挑战，因为物联网设备通常连接到互联网中，并且容易受到攻击。物联网设备可被攻击者用于发起 DDoS 攻击、收集敏感信息或传播恶意软件。为了化解这些安全风险，各组织正在实施加密、访问控制和安全引导等安全措施，以保护物联网设备，并使用安全工具监控物联网的网络流量，检测和响应网络安全事件。

人工智能和机器学习安全：人工智能和机器学习技术正在被广泛应用于网络安全领域，但同时也需要考虑安全问题。人工智能和机器学习安全需要考虑的因素包括数据安全、算法安全、数据隐私保护、模型偏差等。此外，在使用人工智能和机器学习技术的过程中，还需要考虑技术偏差问题，以确保获得准确且客观的结果。

5G 网络安全：5G 网络正在世界各地部署，有望实现更快的速度和更低的时延。然而，5G 也带来了新的安全挑战，因为 5G 网络将用于支撑医疗、交通和金融等领域中的关键基础设施。确保 5G 网络及其连接设备的安全性将是安全专业人员的主要关注点，5G 网络需要受到保护，以抵御一系列威胁，包括抵御网络攻击、设备数据泄露。

零信任架构：零信任安全模型假设任意网络实体，无论是网络内部的网络实体还是网络外部的网络实体，都不可信任。随着组织在面对日益复杂的网络安全威胁时寻求对其网络和数据的保护，这种方法越来越流行。在零信任架构中，无论网络访问请求来自内部用户还是外部用户，每个网络访问请求都需要经过验证和认证。采用这种方法有助于防止未经授权的网络访问请求，并将安全漏洞的影响降至最低。

威胁情报：威胁情报为组织提供有关最新威胁、漏洞和攻击方法的信息，使组织能够主动防御网络安全威胁。威胁情报可以从各种来源获得，包括安全供应商、政府机构和行业团体。通过将威胁情报纳入其安全战略，组织可以在不断演变的网络安全威胁面前保持领先，并保护其网络和数据。

总之，不同领域的安全都需要仔细考虑安全因素，以确保网络、数据、设备和技术等的安全性。在不断发展的科学技术环境中，安全问题一直是最重要的问题之一，需要各方不断关注安全问题和提高安全水平。

1.3 网络/信息安全标准与规范

古往今来，信息的价值不言而喻，只要出现一种传输信息的渠道，就会立刻产生无数针对这种渠道的攻击方式。究其目的，无非是为了窃取其中传递的信息，以便从中渔利，或者为了破坏这条信息的传输渠道，让信息无法正常传输。计算机网络如今已经承载了太多的信息，对于那些渴望通过破坏信息安全来获取利益的人来说，破坏网络安全也拥有了无穷的吸引力。

如果把 NSFNET 的问世视为互联网诞生元年，那么网络攻击也几乎在同一时期成为一个有利可图的产业。IT 领域的大量成果在造福人类生产生活的同时，也大量转化为攻击者手中的"利器"。

在本书中,"网络安全""信息安全"这两个概念都会出现。因此,有必要对这两个概念进行区分,网络安全和信息安全并不是完全相同的概念。网络安全可以被视为信息安全的一个子集。比如,在一台离线(没有连接网络)的 PC(个人计算机)上安装防病毒软件,来防止恶意代码删除或者修改这台 PC 上的文件和/或修改系统,这不是网络安全的知识范畴,但仍然属于信息安全的知识范畴。因为信息安全涉及的风险并不只有网络风险,还包括系统风险、应用风险、管理风险等。

1.3.1 网络/信息安全原则

不过,既然网络安全也属于信息安全这一门类,当然也适用信息安全的普遍原则。

在各类针对信息安全总结的原则中,最知名的是信息安全三要素。信息安全三要素最早作为一种国际标准被提出,可以追溯到 ISO/IEC 27000:2009(目前该标准已被废除),即《信息科技—安全手段—信息安全管理系统—概述与术语》(*Information technology-Security techniques-Information security management systems-Overview and vocabulary*)。如前所述,信息安全三要素分别为机密性、完整性和可用性,如图 1-2 所示。

图 1-2 信息安全三要素

1. 机密性

机密性也译为保密性,可以和私密性一词替换使用,指数据无法由未经授权方进行浏览或使用的属性。保障信息机密性强调的是,在信息不可避免会被未经授权方获取的情况下,获取到信息的任意一方都必须拥有授权才能浏览和使用信息。因此,在网络安全领域中,保障信息机密性的手段通常为信息加密,如图 1-3 所示。

在图 1-3 中,由发送方发送的数据在经过路由器加密后,未经授权方虽然截获了该数据,但仍然无法浏览或者使用该数据。因此,如果能够保证只有授权方才能拥有解密密钥,同时未经授权方无法通过数学手段在符合逻辑的时间长度内通过运算获得解密密钥或者对加密数据进行解密,那么信息的机密性也就得到了保证。

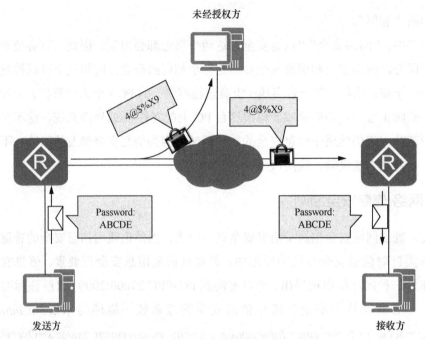

图 1-3 保护信息机密性

2. 完整性

完整性是指信息或者数据的准确性和完备性。保障完整性强调的是，保护信息或数据不会被未经授权方（中途）篡改。图 1-4 所示是信息完整性遭到破坏的流程。

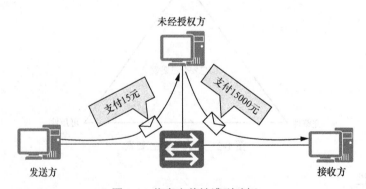

图 1-4 信息完整性遭到破坏

在图 1-4 中，未经授权方通过修改，让接收方接收到了消费误导信息，破坏了信息的完整性。在计算机网络领域中，保障信息完整性的手段包括对信息执行校验运算，也就是发送方在发送信息之前对信息执行校验运算，把运算结果封装在信息中发送给接收方，接收方按照相同的校验函数再次对数据执行运算，并且把校验结果与接收到的校验数据进行比较，判断自己接收到的数据与发送前是否相同。

当然，如果信息的机密性无法得到保证，那么这样的校验手段只能检测出通信媒介问题所带来的完整性破坏，而无法判断信息是否遭到了篡改。

3. 可用性

授权方能够按需对信息进行访问或使用体现了信息的可用性。如果信息的可用性遭到破坏，则意味着合法用户也无法正常访问或者使用该信息，如图 1-5 所示。

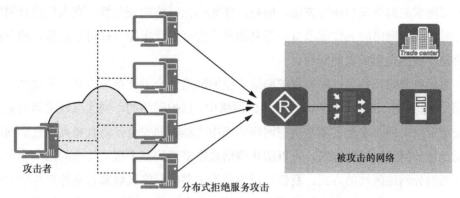

图 1-5　攻击者通过分布式拒绝服务攻击破坏了被攻击网络的可用性

在图 1-5 中，一名攻击者入侵了大量主机，并且针对一个网络发起了分布式拒绝服务攻击，让被攻击的网络被大量流量淹没，无法正常响应外部合法用户发起的访问请求。

在实际网络环境中，破坏网络可用性的方法有很多，因此保护网络可用性的方法也有不少，在后面的内容中会提到其中的一些保护方式。

这 3 项信息安全原则的重要性毋庸置疑，但针对信息安全三要素，有另一种看法得到了很多从业者的支持，那就是信息安全三要素仍然不足以概括所有的信息安全原则。另外一些被人们认为同样重要的信息安全原则具体如下。

① 抗抵赖性：如前所述，指网络环境具备能够证明网络中发生的事件或操作，以及该事件或操作与相关网络实体之间关系的能力。

② 真实性：网络实体的身份与其声称身份相符的属性。

③ 可审计性：指能够记录网络中的事件及操作的能力。

上述信息安全原则都对应一些常见的攻击与安全措施，在后文中会一一对它们进行介绍。

1.3.2　网络安全设计指导方针

目前，除了使用量子网络作为传输媒介"绝对安全"外，没有第二种放之四海而皆准的网络安全设计方案可以解决所有的网络安全隐患。量子网络是一种基于量子力学原理的网络，旨在实现量子信息的传输和处理。与传统的经典计算机网络不同，量子网络利用量子比特作为信息的基本单位，一个量子可以同时处于多个状态的叠加态中，以实现更快速和更安全的通信和计算。量子网络的目标之一是实现量子通信，即利用量子信息的传输进行安全和高效的通信。量子通信利用了量子纠缠等现象和量子隐形传态等技术,可以实现信息的可靠传输和密码学上的安全性。例如,量子密钥分发协议是一种利用量子物理学的方法来生成和分发安全密钥的协议,可以防止被窃听或破解。另外,各个网络的涉及领域、经费、规模、运维管理人员等因素都存在巨大的区别,也没有能够满足一切需求的网络安全设计方案。但是,要想确保网络的安全性,在人们进行网络安全设计时围绕着网络的具体需求有一系列的网络安全设计指导方针可以借鉴,避免在网络安全设计层面出现重大的问题。

下面简单介绍几种可以用来保护网络安全的网络安全设计指导方针,具体如下。

① 分区原则:在一个具有一定规模的网络中,保护网络的不同区域经常需要采用不同的安全策略。网络安全区域是指在网络环境中实施相同安全策略且相互信任的网络区域。通过划分网络区域的方式,可以防止网络攻击蔓延到整个遭受攻击的网络当中。另外,借助划分网络区域的方式,我们可以为最为重要的网络区域部署格外严格的安全策略,为外部需要访问的网络区域部署相对开放的安全策略,避免了网络安全策略"一刀切"等。严格来说,分区现在已经不再是一种网络安全的设计原则,而是部署网络安全策略时无法回避的做法。

② 深度防御:网络威胁可能发生在网络的任意位置,也可能会针对任意目标协议、设备进行攻击。因此,防御措施也不能依赖于任何一种类型的设备,更不能针对OSI参考模型的任何一层提供防御。一个可靠的安全网络,应该使用包含机房门禁、应用软件和应用数据的保护机制等一切措施,来避免恶意人员发起攻击。

③ 最薄弱链条原则:网络安全符合木桶(短板)原理。网络最不安全的部分代表了整个网络的安全水平。比如,一个安全策略配置合理且完善、动用了各类安全防护产品和措施的网络,如果物理层防护不到位,攻击者可以轻易地把自己的流氓(rogue)设备接入网络,甚至轻易进入机房,那么前面的一切安全防护措施也就形同虚设了。再比如,一个网络的其他安全防护措施都很到位,只是没有对员工进行足够的安全意识培训,那么攻击者可以轻而易举地通过采用社会工程学手段入侵这个网络。所以,在设计安全策略时,提升网络安全的效率最高的做法是提升当前网络安全防护最薄弱的部分的安全水平。

④ 最低权限原则:一般情况下,在网络中只应该给网络用户分配必要的最低权限,这一点不仅对于有设备管理权限的账户来说格外重要,而且适用于限制网络用户和网络流量利用网络工作原理来发起网络攻击。

1.3.3 安全策略

上文中反复出现了"安全策略",本小节对安全策略的概念进行解释。

在进行技术实施的时候,人们经常会提到"安全策略"。技术实施中的安全策略,主要指在实际的技术部署与应用过程中,针对潜在的安全风险和挑战所采取的一系列特定的技术手段和设备特性的实施措施，这些策略旨在通过技术层面的防护和加固，确保系统、网络、应用及数据的安全性。但本书介绍的安全策略指企业安全策略。

企业安全策略是针对一家组织机构中的所有技术与信息资产的合法使用者必须遵守的操作准则定义的正式条款。在设计网络之初，就应该根据需求定义好对应的安全策略，并且在之后严格地执行。安全策略的作用如下。

① 指导用户、员工和管理层的操作行为。
② 制定安全机制。
③ 设定操作基线。
④ 对人员和信息形成有效的安全保护。
⑤ 设定合法的操作行为。
⑥ 授权专业人士对网络进行监测。
⑦ 定义哪些行为违反了安全策略，以及针对这些行为的处理方式。

安全策略的构成如图1-6所示。

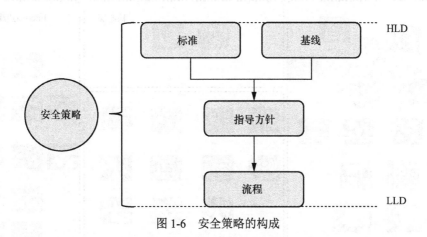

图1-6　安全策略的构成

如图1-6所示，安全策略至少应该包括标准、基线、指导方针和流程。其中，标准和基线属于概括性设计（HLD），而流程属于细节性设计（LLD）。标准用于指定在这个网络环境中应该使用哪些技术；基线用于指定满足安全防护需求的最低要求；指导方针定义了如何实现在标准中定义的技术。最后，流程应该明确写明技术人员在按照指导方针实施技术或者执行标准时，具体应该如何进行操作。

1.4　网络安全威胁防御方法

通过前面的内容可知，很难穷举所有的网络安全威胁，就算对网络安全威胁进行归类也无法涵盖所有网络安全威胁。虽然一种手段未必只能应对一种网络安全威胁，但仅用一节的篇幅也介绍不完应对网络安全威胁的全部手段。在这一节中，会通过图 1-7 所示的企业网来介绍各类网络安全威胁和应对网络安全威胁的手段往往会部署在企业网中的哪个位置上，帮助读者对应对网络安全威胁的手段建立宏观的认知，为后面具体介绍安全防御作铺垫。

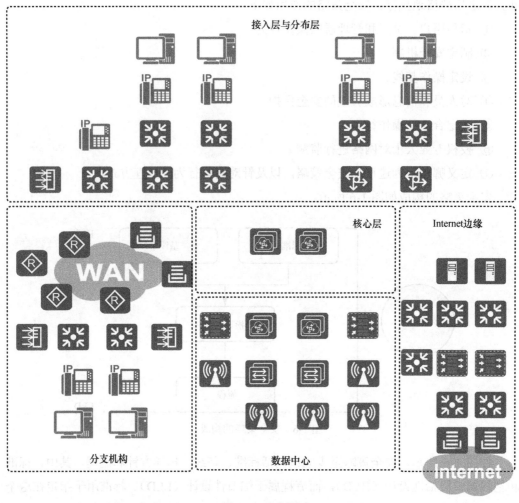

图 1-7　企业网

在图 1-7 中，企业网核心层外各个部分中的设备均通过两条链路连接到核心层的两台交换机上，企业网通过 Internet 边缘路由器连接互联网，通过广域网（WAN）连接企业的分支机构。当然，分支机构很可能不止一个。

下面介绍在该企业网的各个模块中部署的常见安全威胁应对措施。

1.4.1　接入层与分布层

企业网接入层与分布层如图 1-8 所示。

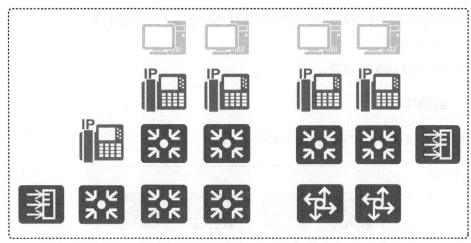

图 1-8　企业网接入层与分布层

在图 1-8 所示的环境中，网络设备主要包括多层交换机、第 2 层交换机、IP 电话和无线接入点，除此之外还有企业网中的用户设备。在这样的环境中，需要部署的安全威胁应对措施包括（但不限于）以下几项。

① 端口安全：前文介绍过 CAM 表泛洪攻击，显然主要以与终端设备相连接的接入层交换机作为目标，因此在接入层交换机上应该使用端口安全来限制交换机每个端口的 MAC 地址数量，防止 CAM 表泛洪攻击引起的在 VLAN 中进行的嗅探。

② ACL（访问控制列表）：面对 DHCP 欺骗攻击，主要需要通过在接入层交换机上部署的安全策略来应对，通过部署必要的 ACL 来防止攻击者欺骗 DHCP 服务器。

③ 入口/出口/uRPF（单播逆向路由查找）过滤：基于源地址的欺骗攻击及通过这种方式发起的 DoS 攻击可能发生在网络中的任意位置上，为了应对这种类型的攻击，在网络中的适当位置上都可以配置 uRPF 过滤功能。

④ 路由器配置认证：一般来说，在分布层与核心层交换机之间会采用网络层链路进行连接，如果在分布层交换机上运行了路由协议，那么一定要针对这种路由器配置认证，防止未经授权的设备参与路由信息的交换。

⑤ IP ACL：分布层交换机往往是数据链路层和网络层的分界线，通过在分布层交换机上配置 ACL 来阻塞网络层、传输层流量，可以尽早过滤来自接入层的非法流量，而不是让这类流量在耗费了大量链路的带宽和大量设备的处理器资源之后才被过滤。

1.4.2　核心层

核心层设备的主要作用是执行数据的转发。作为连接企业网内外的流量转发设备，它的性能对该企业网用户体验的影响很大。原则上，不应该在核心层设备上配置过多过于复杂的安全策略，让这些安全策略占用设备过多的计算资源。不过，核心层可能会遭到 DoS/DDoS 攻击，也有可能会受到错误路由协议信息的影响，所以下面这些部署在接入层和分布层上的安全策略,也可以部署在核心层设备上,具体如下。

① 路由器配置认证。

② 入口/出口/uRPF 过滤。

1.4.3 数据中心

企业网数据中心的示意图如图 1-9 所示。

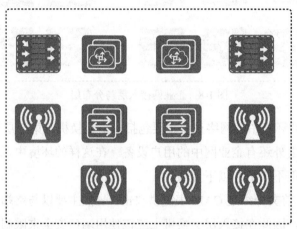

图 1-9 数据中心

企业网数据中心主要提供数据的存储和计算功能,再利用企业网数据中心的交换机对数据进行转发。这样的环境显然同样容易受到 DoS 攻击。除此之外,数据中心内部的服务器有可能会遭到非法访问,服务器系统有可能会受到病毒的侵扰,系统漏洞有可能会给攻击者带来可乘之机。因此,在企业网数据中心交换机上,应该实施以下安全防护措施。

① 执行入口/出口/uRPF 过滤。

② 通过配置 ACL 来阻塞网络层、传输层流量。

③ 根据需要配置私有 VLAN。

④ 路由器配置认证。

此外,针对计算设备,也应该实施以下安全防护措施。

① 及时更新操作系统和应用程序提供的安全补丁。

② 配置主机防病毒软件。

③ 配置主机防火墙。

④ 使用加密文件系统。

1.4.4 Internet 边缘

Internet 边缘如图 1-10 所示。

图 1-10　Internet 边缘

顾名思义，Internet 边缘是企业网面向不可靠网络的第一道屏障。在这个位置上，任何可行的网络攻击都有可能发生。通常来说，企业都会在这个区域内部署防火墙或者可以提供防火墙功能的网络基础设施。这些防火墙需要具备以下特性。

① 配置 VPN 隧道端点。

② 配置状态化访问控制策略。

③ 确保只有合法的管理访问可以管理这些状态化防火墙。

④ 配置策略防范 TCP SYN 泛洪。

必须说明，这一节仅仅提到了应对网络安全威胁的策略，而并没有介绍这些策略的工作原理。不仅如此，本节提到的所有策略，都只是针对数据平面和控制平面的安全保护策略，没有提到针对管理平面的安全策略。但是显然，如果不为管理设备的访问提供充足的保护，攻击者便可以随意作为管理员接入网络设备，那么无论在这些设备上配置多少安全策略都无异于开门揖盗。因此，这一节只是套用了企业网解决方案，对应对网络安全威胁的手段进行大致说明，让读者在深入学习本书所介绍的技术之前，对网络安全威胁的各类应对策略有大致印象。具体的策略原理，以及如何保护设备的管理访问，会在后文中通过专门的章节进行介绍。

第 2 章
网络基础知识

本章主要内容

2.1　网络参考模型

2.2　常见的网络设备

2.1 网络参考模型

网络参考模型是一种用于描述计算机网络体系结构的标准化抽象参考模型。它将计算机网络分为不同的层次，并定义了每一层的功能、协议和接口，以此来实现网络通信的可靠性和互操作性。目前最常见的两种网络参考模型是 OSI 参考模型和 TCP/IP 参考模型。

2.1.1 OSI 参考模型和 TCP/IP 参考模型

OSI 参考模型是国际标准化组织（ISO）制定的一种通信模型，它将计算机网络分为 7 个层次，分别为物理层、数据链路层、网络层、传输层、会话层、表示层和应用层，每一层都有独特的功能和协议，同时还定义了各层与其相邻层间的接口。OSI 参考模型被广泛用于网络设计、教学和研究。从上到下每一层的介绍具体如下。

应用层：提供网络服务和上层应用程序之间的接口。应用层提供的网络服务包括电子邮件收发、文件传输、远程登录和网络管理等。常见的协议有 HTTP（超文本传送协议）、FTP（文本传送协议）、SMTP（简单邮件传送协议）、DNS（域名系统）协议、Telnet 等。

表示层：负责将数据转换为适合网络传输的格式，并确保数据的互操作性。常见的协议有 JPEG、MPEG、ASCII 等。

会话层：负责建立、管理和终止会话，确保数据传输的有序和完整性。常见的协议有 RPC（远程过程调用）协议、SQL 等。

传输层：提供端到端的可靠数据传输服务，包括错误检测、流控制和拥塞控制等。常见的协议有 TCP（传输控制协议）、UDP（用户数据报协议）等。

网络层：负责数据包的路由和转发，确保数据从源地址传输到目的地址。常见的协议有 IP（互联网协议）、ICMP（互联网控制报文协议）、IGMP（互联网组管理协议）等。

数据链路层：提供点对点的数据传输服务，包括帧同步、流量控制和错误检测等。常见的协议有以太网协议、Wi-Fi 协议、PPP（点到点协议）等。

物理层：负责将数字数据转换为物理信号，并在物理媒介上传输。常见的协议有 RS-232、V.35 等。

1969 年，美国国防部高级研究计划局在研究 ARPANET 时提出了 TCP/IP 参考模型。TCP/IP 参考模型是由卡恩和瑟夫两位科学家设计的，经过了近 10 年的发展，才于 1983 年正式被采用。TCP/IP 参考模型是当前互联网的核心技术。与 OSI 参考模型不同的是，TCP/IP 参考模型将 OSI 参考模型的会话层、表示层和数据链路层的功能合并到了其他层中，将计算机网络分为 4 层。下面是对其从上到下每一层的功能和一些常见协议的具体介绍。

应用层：提供网络服务和应用程序之间的接口。网络服务包括电子邮件收发、文件传输、远程登录和网络管理等。常见的协议有 HTTP、FTP、SMTP、DNS、Telnet 等。

传输层：提供端到端的可靠数据传输服务，包括错误检测、流控制和拥塞控制等。常见的协议有 TCP、UDP 等。

网络层：负责数据包的路由和转发，确保数据从源地址传输到目的地址。常见的协议有 IP、ICMP、IGMP 等。

物理层：负责将数字数据转换为物理信号，并在物理媒介上进行传输。常见的协议有 RS-232、V.35 等。

总体来说，网络参考模型为计算机网络的设计和实现提供了一个通用框架。它可以帮助不同厂商的设备和软件进行互操作，使得网络可以更加灵活和可靠地运行。同时，网络参考模型也可以作为老师教学和学生学习计算机网络基础知识的重要工具。下面以 OSI 参考模型的分层方式为例，详细介绍网络参考模型各层。

2.1.2 应用层

应用层是网络参考模型中的最高层，主要负责为用户提供网络服务，如电子邮件收发、文件传输和互联网浏览等。应用层协议规定了如何在网络中进行通信。

应用层为应用程序提供了一组标准协议，使得不同的应用程序能够在不同的主机之间进行通信。在应用层上，各种应用程序（如 Web 浏览器、电子邮件客户端、FTP 客户端等）使用协议来实现与远程主机间的通信。下面介绍一些常见的应用层协议。

HTTP：HTTP 是在 Web 浏览器和 Web 服务器之间使用的协议。它使得客户端可以请求 Web 服务器上的资源，如 HTML 文件、图像、视频等，并在收到响应后将其显示在 Web 浏览器中。

SMTP：SMTP 是在电子邮件客户端和邮件服务器之间使用的协议。它允许客户端将邮件发送到服务器上，并通过服务器将邮件传递给接收方。

POPv3/IMAP：邮局协议第 3 版（POPv3）和 Internet 消息访问协议（IMAP）是两个用于接收电子邮件的协议。它们允许用户从电子邮件服务器上下载电子邮件，并在客户端上进行电子邮件查看和管理。

FTP：FTP 是用于在主机之间传输文件的协议。它允许用户在两台主机之间上传和下载文件。

DNS 协议：DNS 是一项互联网服务。它作为将域名和 IP 地址相互映射的一个分布式数据库，能够使人更方便地访问互联网。DNS 使用 UDP 端口（端口号为 53）。当前，每一级域名长度的限制是 63 个字符，域名总长度则不能超过 253 个字符。

Telnet：Telnet 是一种用于远程登录另一台计算机的协议。它允许用户在本地计算机上打开一个终端窗口，并在远程计算机上执行命令。

SNMP：SNMP 是一种用于管理网络设备的协议。它允许管理员远程监视和配置网络设备。

上述协议都提供了一些不同的功能，以支持不同类型的应用程序。例如，HTTP 允许用户使用 Web 浏览器检索 Web 页面，而 SMTP 允许用户使用电子邮件客户端发送电子邮件。

2.1.3 表示层

表示层是计算机网络中的一个重要网络协议层，它提供了数据的格式化、数据编码和数据解码等服务，以便在不同的系统之间进行数据交换。在 OSI 参考模型中，表示层的主要功能是确保数据的语义正确和兼容性。

表示层并没有像其他协议层一样具有特定的协议，而是由许多不同的协议组成。以下是一些常见的表示层协议。

数据编码标准：数据编码标准是表示层最常见的协议之一。它定义了如何在不同的系统之间进行数据编码和解码，以便正确地解释和显示数据。一些常见的数据编码标准包括 ASCII、Unicode、UTF-8 等。

压缩协议：压缩协议是一种用于在传输数据时减少数据量的协议，它可以通过删除或替换不必要的信息来减少数据量，从而提高数据传输效率。一些常见的压缩协议包括 LZ77、LZ78、DEFLATE 等。

加密协议：加密协议是一种用于保证数据安全传输的协议，它可以对传输的数据进行加密和解密，以保证数据的机密性和完整性。一些常见的加密协议包括 SSL、TLS、IPSec（互联网络层安全协议）等。

总体来说，表示层协议在计算机网络中非常重要，不同的表示层协议可以使用不同的方式进行数据压缩、加密和解密等操作，以满足不同的需求。

2.1.4 会话层

会话层主要负责在不同的应用程序之间建立、管理和终止会话连接。会话层的主要任务是保证网络连接的稳定，处理不同应用程序之间的数据传输问题。

在会话层中，主要有以下 3 种类型的协议。

会话控制协议：会话控制协议主要用于建立和管理会话连接，它通常由服务器端的应用程序或操作系统提供。当客户端请求与服务器建立会话时，会话控制协议会创建一个会话 ID，用于唯一标识该会话，并为该会话分配资源，如内存和网络带宽。一些常见的会话控制协议包括 NetBIOS、RPC、SQL 协议、NFS 等。

会话管理协议：会话管理协议用于管理会话全生命周期，包括建立、维护、重启和终止会话等。会话管理协议通常由客户端的应用程序或操作系统提供，它通过发送控制信息来协调应用程序之间的数据传输。一些常见的会话管理协议包括 SCP、RTCP（实时传输控制协议）等。

会话同步协议：会话同步协议用于协调不同应用程序之间的数据交换，以确保数据的完整性和准确性。会话同步协议通常由应用程序提供，它通过发送同步信息来确保在数据传输过程中数据不会丢失或被破坏。

总体来说，会话层在计算机网络中起着重要的作用，它负责处理应用程序之间的会话连接和数据传输。会话层协议主要包括会话控制协议、会话管理协议和会话同步协议，它们各自负责不同的任务，以保证网络连接的稳定性和数据的安全传输。

2.1.5 传输层

传输层的主要任务是在网络进程之间提供端到端的数据传输，并为应用层提供数据传输服务。

下面介绍一些常见的传输层协议。

UDP：UDP 是一种简单的无连接协议，它提供了数据包传输的基本功能。UDP 在发送数据包之前不需要建立连接，因此速度较快，但它不提供任何错误检测或纠正功能。UDP 通常用于那些不需要可靠传输的应用场景，如视频流、音频流和 DNS 查询。

TCP：TCP 是一种可靠的、面向连接的协议，它提供了可靠的数据传输服务。TCP 通过序列号、确认号和重传机制来保证数据的可靠性。TCP 还提供了流量控制和拥塞控制等功能，以确保网络的稳定性。TCP 通常用于那些需要可靠传输的应用场景，如 Web 浏览器、电子邮件和 FTP。

DTP：DTP 是一种新兴的传输层协议，旨在提供比 TCP 更高效的数据传输服务。DTP 将 UDP 作为底层传输协议，但它提供了一些与 TCP 类似的功能，如可靠的数据传输、拥塞控制和流量控制。DTP 可以在高负载的情况下提供更好的性能和可扩展性。

传输层协议在网络中同样发挥着重要的作用。综上所述，它们能够提供一系列服务、功能，如可靠的数据传输服务、流量控制、拥塞控制等功能，以保护端到端的数据传输。不同的传输层协议适用于不同类型的应用程序，应该根据需要选择合适的传输层协议来实现网络通信。

2.1.6 网络层

网络层同样是计算机网络中的一个重要的网络协议层，负责在不同的网络之间进行数据传输。在 OSI 参考模型中，网络层在物理层和数据链路层之上，在传输层之下。网络层的主要功能是提供从源到目的地的数据传输服务，通过路由选择算法实现最优路径的选择。

网络层协议主要包括 ARP（地址解析协议）、IP、ICMP 和 IGMP。

ARP：ARP 是根据 IP 地址获取 MAC 地址的一个 TCP/IP 协议。主机在发送信息时将包含目标 IP 地址的 ARP 请求广播到局域网的所有主机上，并接收返回消息，以此确定目标的 MAC 地址；在接收到返回消息后将该 IP 地址和 MAC 地址存入本机 ARP 缓存中并保留一定时间，在下次广播 ARP 请求时直接查询 ARP 缓存以节约资源。ARP 是建立在网络中的各个主机互相信任的基础上的，局域网中的主机可以自主发送 ARP 应答消息，其他主机在接收到应答报文时不会检测该报文的真实性，而会将其直接存入本机 ARP 缓存；由此攻击者就可以向某一主机发送伪 ARP 应答报文，使该主机发送的信息无法到达预期的主机处或到达错误的主机处，构成了 ARP 欺骗。ARP 命令可用于查询本机 ARP 缓存中的 IP 地址和 MAC 地址间的对应关系、添加或删除 IP 地址与 MAC 地址间的静态对应关系等。相关协议有 RARP（反向地址解析协议）、代理 ARP。NDP 用于在 IPv6 中代替地址解析协议。

IP：IP 是 TCP/IP 体系中的网络层协议。设计 IP 的目的是提高网络的可扩展性，作用一是解决互联网问题，实现大规模、异构网络的互联互通；二是解除顶层网络应用和底层网络技术之间的耦合关系，有利于两者的独立发展。根据端到端的设计原则，IP 只为主机提供了一种无连接的、不可靠的、尽力而为的数据包传输服务。

ICMP：ICMP 是 TCP/IP 协议簇的一个子协议，用于在 IP 主机、路由器之间传递控制消息。控制消息是指表明网络是否畅通、主机是否可达、路由是否可用等网络状态的消息。这些控制消息虽然并不传输用户数据，但是对于用户数据的传输起着重要的作用。ICMP 使用 IP 的基本支持，与 IP 相比，它看似是一个级别更高的协议，但 ICMP 实际上是 IP 的一个组成部分，必须由每个 IP 模块实现。

IGMP：IGMP 是互联网协议家族中的一个组播协议，同样是 TCP/IP 协议簇的一个子协议，IP 主机利用 IGMP 向任意一个相邻的路由器报告它们的组成员情况。组播路由器是支持组播的路由器，向本地网络发送 IGMP 查询请求。主机通过发送 IGMP 报告来应答查询请求。组播路由器负责将组播包转发到所有网络中的组播成员处。在互联网工程任务组（IETF）编写的标准文档 RFC 2236 中对 IGMP 进行了详尽的介绍。

2.1.7 数据链路层

数据链路层位于物理层之上。它的主要任务是将网络层提供的数据报文转换为比特流，并将其传输到物理层上，以便在物理介质上传输。同时，数据链路层还负责检测和纠正传输过程中出现的错误。

数据链路层协议通常分为两类——点对点协议和广播协议。点对点协议是在两台设备之间建立连接时使用的协议，而广播协议则是在多个设备共享相同的通信媒介时使用的协议。下面是对一些常见的数据链路层协议的具体介绍。

点对点协议通常用于连接两台计算机，如使用串行线路连接的两台计算机。比较常见的点对点协议具体如下。

HDLC（高级数据链路控制协议）：HDLC 是一种广泛使用的数据链路层协议，可用于连接点对点设备。

PPP：PPP 是一种基于 HDLC 的协议，广泛用于连接计算机和互联网服务提供商。

广播协议通常用于在局域网中连接多个设备，比较常见的广播协议具体如下。

以太网协议：以太网协议是一种广泛使用的局域网协议，使用 CSMA/CD（带冲突检测的载波监听多路访问）机制来控制访问网络媒介。

Wi-Fi 协议：Wi-Fi 协议是一种用于连接无线设备的广播协议，使用 CSMA/CA（带冲突避免的载波监听多路访问）机制来控制访问网络媒介。

令牌环（Token Ring）：令牌环是一种广播协议，使用令牌传递机制来控制访问网络媒介。

数据链路层协议在实现网络通信时发挥着重要的作用。它们能够提供一系列功能，如流量控制、错误检测和纠正、帧同步等，以确保有效的数据传输。

2.1.8 物理层

物理层是 OSI 参考模型的最底层，它负责在物理媒介上传输比特流，并实现数据的编码、数据传输速率控制、信号调制等功能，是网络通信的基础。物理层的主要任务是将数字信号转化为物理信号，以便能够在不同的物理介质上传输。

在物理层中，主要有以下几种类型的协议。

RS-232：RS-232 是一种串行通信协议，用于在计算机和串行设备之间传输数据。它定义了连接计算机和串行设备所需的硬件接口和信号规范，如定义串口通信速率、串口通信数据位等。

以太网协议：作为局域网技术的基石，以太网协议定义了数据包在有线物理介质（如双绞线、光纤）上的传输规范。其核心在于数据帧的结构设计，包括前导码、目的 MAC 地址、源 MAC 地址、类型/长度字段、数据字段及帧校验序列等，确保数据包在局域网内能够高效、可靠传输。

Wi-Fi 协议：Wi-Fi 协议是一种无线局域网通信协议，它定义了使用无线电波在空中传输数据的规范，包括无线数据包的帧格式、信道分配机制、安全认证机制与加密流程等，使用户在不受物理线缆束缚的情况下，能够享受高速、便捷的无线网络连接。

蓝牙协议：蓝牙协议是一种短距离无线通信协议，它定义了如何在物理媒介上传输数据，包括数据包的帧结构、频段选择、认证和加密等。

USB 协议：USB 协议是一种用于在计算机和外部设备之间传输数据的协议，它定义了连接计算机和外部设备所需的硬件接口和信号规范，如定义了通信速率、数据位、数据流控制等。

总体来说,物理层是计算机网络的最基础的层次,它负责将数字信号转换为物理信号,并在物理媒介上传输。物理层协议包括 RS-232、以太网协议、Wi-Fi 协议、蓝牙协议和 USB 协议等,它们各自负责不同物理媒介上的数据传输的规范和标准。

2.2 常见的网络设备

华为公司(以下简称华为)是一家全球领先的信息与通信技术解决方案供应商,其产品线丰富,覆盖了网络设备、通信设备、智能终端、云服务等多个领域。在网络设备方面,华为提供了众多的产品,包括路由器、交换机、防火墙、无线局域网设备等。华为常见的网络设备介绍如下。

2.2.1 路由器

华为的路由器产品主要包括 AR 系列路由器、NE 系列路由器、ME 系列路由器、CE 系列路由器等,适用于企业、政府等机构和教育、金融等各个行业。华为的路由器支持 IPv6、MPLS、SDN 等多种技术,能够满足各种场景下的需求。华为路由器主要系列产品的简介如下。

AR100&200 系列路由器作为 AR G3 的固定接口路由器,是为企业分支及中小型企业(SMB)量身打造的融合路由、交换、安全、无线功能的一体化企业网关。AR160 系列路由器如图 2-1 所示。

图 2-1　AR160 系列路由器

AR300&AR700 系列企业路由器是华为面向不同类型企业推出的产品,提供路由、交换、安全等丰富功能,其中 AR300 系列路由器适用于 SMB 或微型企业,AR700 系列路由器适用于企业分支。AR300 系列路由器如图 2-2 所示。

图 2-2　AR300 系列路由器

AR610 系列(属于 AR600 系列)路由器适用于小型分支机构,具备开放、随需、部署简易的特点,为企业分支提供一个高性价比、业务灵活、运维简单的网络接入。AR600 系列路由器如图 2-3 所示。

图 2-3　AR600 系列路由器

AR1000&2000&3000 系列企业路由器是华为面向不同类型企业推出的产品，提供路由、交换、语音、安全等丰富功能。AR1000 系列路由器适用于中小型企业，AR2000 系列路由器适用于中型企业总部或大中型企业分支，AR3000 系列路由器适用于大中型企业总部或分支。AR2200 系列（属于 AR2000 系列）路由器如图 2-4 所示。

图 2-4　AR2200 系列路由器

AR5700&6700&8000 系列路由器是华为研制的新一代路由器，它基于 ARM 架构多核处理器和无阻塞交换架构，主要应用于 SD-WAN 解决方案场景，满足了企业业务多元化和云化趋势下对网络设备高性能的需求。AR5700 系列路由器如图 2-5 所示。

图 2-5　AR5700 系列路由器

华为 NE 5000E 系列核心路由器是面向企业骨干网、城域网核心节点、数据中心互联节点和国际网关等推出的核心路由器产品，具有大容量、高可靠、绿色、智能等特点，支持单框集群模式、背靠背集群模式和多框集群模式，实现按需扩展，帮助企业用户轻松应对互联网流量快速增长和未来业务快速发展的需求，如图 2-6 所示。

图 2-6　NE 5000E 系列核心路由器

ME60 系列路由器（见图 2-7）是华为推出的系列化多业务控制网关产品，主要应用于广播电视、教育等行业，提供统一的用户接入与管理平台。

图 2-7　ME60 系列路由器

2.2.2　交换机

华为交换机是企业和运营商网络的基础设备之一，主要用于实现局域网和广域网之间的数据交换。华为交换机产品包括 S 系列交换机、CloudEngine 系列交换机、Campus 系列交换机等。

S500&S300&S200 系列以太网交换机，是华为推出的新一代接入三层以太网交换机。它基于新一代高性能硬件和华为统一采用的 VRP 软件平台（通电路由平台），支持 EEE（高能效以太网）和云原生一体机 iStack 智能堆叠，充分满足企业用户的园区网接入、汇聚等多种应用场景的需要。S500&S300&S200 系列交换机如图 2-8 所示。

图 2-8　S500&S300&S200 系列交换机

S600-E 系列交换机是华为自主开发的新一代高性能、高安全性，具备智能管理功能、支持大规模用户接入的以太交换机产品。S600-E 系列交换机同样基于新一代高性能硬件和华为统一采用的 VRP 软件平台，具备丰富的 IPv6 特性和 SAVI 等多样的安全控制功能，支持作为客户端接入 SVF（超级虚拟交换网），以简化网络管理，满足各类园区接入、汇聚应用场景需求。S600-E 系列交换机如图 2-9 所示。

图 2-9　S600-E 系列交换机

CloudEngine S200 系列交换机是华为专为中小型企业设计的简单、灵活和可靠的新一代 Web 管理型交换机，可广泛用于企业办公、生产等场景，助力企业实现数字化转型。CloudEngine S200 系列交换机如图 2-10 所示。

图 2-10　CloudEngine S200 系列交换机

CloudEngine 12800 系列交换机是华为面向数据中心网络推出的高性能核心交换机，提供稳定、可靠、安全的高性能二层/三层交换服务，实现弹性、虚拟、敏捷和高品质的网络。CloudEngine 12800 系列交换机提供 1290Tbit/s 或 3870Tbit/s 超大交换容量；单设备支持 576 个 100GE 全线速接口，576 个 40GE 全线速接口，2304 个 25GE 全线速接口或 2304 个 10GE 全线速接口。CloudEngine 12800 系列交换机支持工业级可靠性，以及严格前后风道设计，并支持全面的虚拟化能力和丰富的数据中心特性。此外，CloudEngine 12800 系列交换机采用了多种绿色节能创新技术，大幅降低设备能源消耗。CloudEngine 12800 系列交换机如图 2-11 所示。

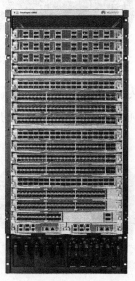

图 2-11　CloudEngine 12800 系列交换机

2.2.3　防火墙

华为防火墙是一种网络安全设备，用于保护企业网络不受攻击和避免数据泄露。华为防火墙产品包括 USG 系列防火墙、Eudemon 系列防火墙等。

USG6000E 系列防火墙是华为面向大中小型企业或企业分支机构推出的企业级下一代防火墙（NGFW）。产品在提供 NGFW 能力的基础上，联动其他安全设备，主动积极防御网络安全威胁，增强边界检测能力，有效防御高级威胁，同时解决性能下降问题。产品提供模式匹配及加解密业务处理加速能力，使得防火墙处理内容安全检测、IPSec 等业务的能力显著提升。该系列防火墙如图 2-12 所示。

图 2-12　USG6000E 系列防火墙

USG9500 系列防火墙是华为面向云服务提供商、大型数据中心和大型企业园区网络推出的新一代 Tbit/s 级多合一数据中心防火墙。USG9500 系列防火墙提供高达 Tbit/s 级的处理能力和 99.999%的可靠性，集成 NAT、VPN、IPS、虚拟化、业务感知等多种安全特性，帮助企业构建面向云计算时代的数据中心边界安全防护，降低机房空间投资等成本。该系列防火墙如图 2-13 所示。

图 2-13　USG9500 系列防火墙

USG12000 系列防火墙是华为推出的 Tbit/s 级高端防火墙，在网络边界处实时防护已知与未知威胁，为大型数据中心、园区网提供领先的安全防护能力。该系列防火墙如图 2-14 所示。

图 2-14　USG12000 系列防火墙

2.2.4 入侵防御及检测系统

华为提供的入侵检测系统（IDS）和入侵防御系统（IPS），能够对网络中的入侵行为进行实时监测和响应，及时阻止攻击事件的发生。IDS 通过监控网络流量和数据包内容，发现网络中的异常流量和攻击行为，IPS 则能够在检测到攻击时进行实时阻断和响应。

IPS6000E 系列产品是华为推出的新一代专业入侵防御产品（NGIPS），主要向企业、IDC（互联网数据中心）、学校和运营商等提供，为客户提供网络运营安全保障，如图 2-15 所示。IPS6000E 系列产品在传统 IPS 产品的基础上进行了扩展，采用全新软硬件架构，提升网络环境感知能力、深度应用感知能力、内容感知能力，以及对未知威胁的防御能力，实现了更精准的检测能力、更优化的管理体验。IPS6000E 系列产品能够更好地保障客户应用和业务安全，实现对网络基础设施、服务器、客户端的全面安全防护，并保证网络带宽。

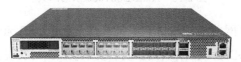

图 2-15　IPS6000E 系列产品

IPS12000 系列产品是华为推出的首款 Tbit/s 级高端入侵防御产品，主要向企业、IDC 和学校等提供，为客户提供应用和网络流量安全保障，如图 2-16 所示。

图 2-16　IPS12000 系列产品

NIP6000E 系列产品是华为推出的新一代专业入侵防御产品，面向 Web 2.0 及云时代的网络安全问题，提供了虚拟补丁、Web 应用防护、客户端保护、恶意软件防御、网络应用管控、网络及应用层 DoS 攻击防御等功能，如图 2-17 所示。该产品为大中企业及运营商等客户提供了网络基础设施、服务器及客户端的全面安全防护，并保证网络带宽。

图 2-17　NIP6000E 系列产品

2.2.5　AntiDDoS 网关

AntiDDoS 网关是华为针对 DDoS 攻击推出的一款安全防护系统产品,采用了多种防御技术,包括流量清洗、黑白名单过滤、行为分析等,能够有效地防御各种 DDoS 攻击。

AntiDDoS1000 系列网关（见图 2-18）面向运营商、企业、数据中心,以及门户网站、在线游戏、在线视频、DNS 域名服务等提供专业 DDoS 攻击防护。

图 2-18　AntiDDoS1000 系列网关

AntiDDoS12000 系列网关（见图 2-19）能提供最高超过 2Tbit/s 的安全防护性能和拓展能力,有效应对大流量 DDoS 攻击;针对上百种复杂攻击,可实现秒级甚至毫秒级防御,有效阻断攻击,保护客户业务永续。

图 2-19　AntiDDoS12000 系列网关

AntiDDoS8000 系列网关（见图 2-20）,运用大数据分析技术,针对 60 多种网络流量进行抽象建模,可以实现 Tbit/s 级防护性能,秒级攻击响应速度和针对超百种攻击的全面防御。通过与华为云清洗中心联动,该系列网关可以实现流量分层清洗,为用户提供从网络链路带宽到在线业务的全面安全防护。

图 2-20　AntiDDoS8000 系列网关

2.2.6 无线接入点

华为的无线接入点（AP）是一种企业级无线局域网（WLAN）设备，支持多种业务场景，如普通办公场所、公共场所、物联网环境等。华为无线接入点产品包括 AP 系列产品、AC 系列产品等。

AC6000 系列无线控制接入器（见图 2-21），配合其他华为无线接入点产品，可组建园区网络、企业办公网络、无线城域网络等。

图 2-21　AC6000 系列无线控制接入器

华为推出的针对大型企业的 ACU2 无线接入控制单板（见图 2-22），属于框式交换机的增值业务单板，能在企业已部署了有线网络的情况下，通过增加交换机单板的方式，提供无线接入能力，丰富交换机业务功能，实现多业务集成，降低综合成本。

图 2-22　ACU2 无线接入控制单板

AirEngine 9700 无线控制接入器（见图 2-23），配合其他华为无线接入点产品，可组建园区网络、企业办公网络、无线城域网络、热点覆盖等应用环境。

图 2-23　AirEngine 9700 无线控制接入器

AP1000 经济型室内 AP（见图 2-24），可用于中小型企业，咖啡厅、超市等商业环境。

图 2-24　AP1000 经济型室内 AP

AP3000 经济型室内 AP（见图 2-25），可用于中小型企业，咖啡厅、休闲中心等商业环境。

图 2-25　AP3000 经济型室内 AP

AP6000 室内中高密度、多业务 AP（见图 2-26），包含双 5G 频段、5GE 高速上行接口等款型，可在高密度、高并发覆盖场景中使用。

图 2-26　AP6000 室内中高密度、多业务 AP

AP9000 行业场景化系列 AP（见图 2-27）是轨道交通场景专用 AP，满足 EN 50155-2021 车载设备标准，适用于车地回传、车厢内覆盖等应用场景。

图 2-27　AP9000 行业场景化系列 AP

除此之外，华为还有许多其他的网络设备，如安全网关、存储设备等，可以根据不同的需求和应用场景对这些设备进行选择和部署。

第3章
常见的网络安全威胁及防范

本章主要内容

3.1 企业网络安全威胁概览

3.2 通信网络安全需求与方案

3.3 区域边界安全威胁与防护

3.4 计算环境安全威胁与防护

网络安全威胁是指针对计算机系统、网络、软件和数据等的攻击行为，这些攻击行为可能会导致数据丢失、系统崩溃、用户身份被盗窃、机密信息泄露等一系列的安全问题。为了保护个人或组织的网络安全，下面介绍一些常见的网络安全威胁和防范方法。

病毒攻击：这里所说的病毒指计算机病毒，是一种恶意代码，通过感染计算机来盈利或者利用这种感染来实现计算机破坏。为了避免受到病毒和恶意软件的攻击，用户需要在计算机上安装防病毒和反恶意软件，并且保证及时更新软件，以确保计算机系统始终保持最新的防御机制。

钓鱼攻击：钓鱼攻击是指通过伪造看起来正常的网站、电子邮件或短信等方式，向用户发送一些欺诈信息，诱骗用户输入个人信息或下载恶意软件等，从而盗取用户的财产。用户可以通过注意验证电子邮件和链接来源，尽可能避免在不安全的环境下输入个人信息及不轻易在不明来源的网站上注册账号。

网络针对性攻击：网络针对性攻击是指利用特定的漏洞或不安全的网络协议，通过针对性的攻击手段来攻击目标网络。用户需要使用入侵检测系统和入侵防御系统，检测并修复漏洞，以减少发生这种攻击的风险。

数据泄露：数据泄露是指未经授权的人或组织非法获取用户的个人数据，导致数据失控和泄露的情况。用户需要在使用互联网时尽可能避免输入敏感信息，并且使用加密通信技术或者加密云存储等方法来保证数据的安全。

黑客攻击：黑客攻击是指通过利用计算机技术及网络漏洞等手段来获取需要的信息或控制目标系统的攻击行为。用户可以通过购买付费服务、使用防火墙、不轻易使用公共 Wi-Fi 等方式来保护自己的系统安全。

网络蠕虫攻击：网络蠕虫攻击是指一种通过网络传播的恶意软件行为，蠕虫能够自我复制并在网络中自动传播，无须用户干预即可感染其他计算机或设备。网络蠕虫攻击能够迅速扩散，利用系统漏洞或弱密码等入口，对网络的安全性和稳定性造成重大威胁。用户需要通过及时安装安全补丁程序，并增加防火墙等防御措施来防范这种攻击。

远程登录攻击：远程登录攻击是指攻击者利用非法手段获取他人主机的访问权或控制权的行为。用户需要使用更复杂的密码、使用两步验证（双重验证），来防范远程登录攻击，避免在被破解账号密码后个人账号被远程盗用。

SQL 注入攻击：SQL 注入攻击是指攻击者通过修改数据库中的查询语句，从而获取未经授权的数据，威胁数据库的安全。用户应该使用安全 SQL 语句和参数化查询以保证数据的安全性，并尽可能避免在未知来源的网站上输入个人信息。

流量劫持和欺骗：流量劫持和欺骗是指攻击者通过技术手段强制用户访问特定网站或页面，而不是访问用户原本想要访问的网站，来非法获取用户的信息（如账号密码）、窃取用户资金，降低网络的安全性。用户可以使用加密技术、防火墙和虚拟专用网络等方法加强网络安全。

社会工程攻击：社会工程攻击是指攻击者利用社会工程学技巧，诱骗用户分享个人信息、密码或其他有价值的信息。用户应该保持警惕，尽可能少在互联网上发布个人信息，避免不必要的交际和分享信息，以保护自己的网络安全。

3.1 企业网络安全威胁概览

企业面临的网络安全威胁日益复杂和多样化，下面对一些常见网络安全威胁进行概述。

网络扫描和漏洞攻击：攻击者可以使用自动化工具进行扫描，以查找企业网络中的漏洞，然后利用这些漏洞入侵企业网络，访问企业敏感数据或破坏企业系统。

拒绝服务攻击：拒绝服务攻击旨在通过使网络不可用来瘫痪企业。这种攻击可以通过发送大量网络流量来实现，使网络过载，无法处理正常的请求。

内部威胁：内部威胁可能来自企业员工、企业合作伙伴或其他内部人员的违规行为。这些威胁可能是有意的（如员工窃取数据），也可能是无意的（如攻击者通过社会工程攻击使企业员工的设备感染恶意软件）。

云安全威胁：随着越来越多的企业采用云计算，它们变得容易受到针对云的特有安全威胁，如攻击者未经授权访问云数据和服务、云数据泄露和错误配置的云服务。

物联网（IoT）安全威胁：物联网设备可能会为企业网络带来安全风险，因为它们通常在没有采取适当安全措施的情况下连接网络。物联网设备可能会成为攻击者访问企业网络的入口点，攻击者也可能会利用物联网设备来发起 DDoS 攻击。

Cryptojacking（非法加密挖矿）：Cryptojacking 指攻击者未经授权利用受害者设备的计算处理能力来挖掘加密货币。Cryptojacking 会降低设备运行速度并消耗大量带宽，从而导致企业生产力下降和生产成本增加。

无线网络攻击：无线网络攻击指攻击者可以通过入侵无线网络来窃取数据或破坏系统。攻击者可以使用截获无线信号的设备来获取无线网络中的信息。

以上是一些常见的企业网络安全威胁。企业可以采取多种措施来保护自己的网络，包括使用防病毒软件、加密敏感数据、定期进行漏洞扫描、实施网络访问控制、多因子验证（MFA）、网络分段、定期更新软件和加强员工培训等。

3.2 通信网络安全需求与方案

通信网络对组织的运作至关重要，需要保护通信网络安全以防止数据泄露、未经授权的访问和其他网络安全威胁。以下是一些关键的通信网络安全要求和解决方案。

　　机密性：通信网络必须确保敏感信息的机密性。敏感信息包括财务数据、个人信息和商业秘密。解决方案包括加密、访问控制和网络分段。

　　身份验证：通信网络必须能够在允许用户和设备访问之前验证用户和设备的身份。解决方案包括多因素身份验证、基于证书的身份验证和公钥基础设施（PKI）。

　　完整性：通信网络必须确保数据在传输过程中不被更改。解决方案包括消息验证码、数字签名和哈希函数。

　　可用性：通信网络必须始终可供授权用户使用。解决方案包括网络冗余、负载平衡和灾难恢复计划。

　　不可否认性：通信网络必须能够提供消息来源和数据传递的证据。解决方案包括数字签名和时间戳。

　　访问控制：通信网络必须能够限制对敏感信息的访问，实现仅授权用户可访问。解决方案包括基于角色的访问控制、防火墙和网络分段。

　　威胁检测和响应：通信网络必须能够实时检测和响应安全威胁。解决方案包括入侵检测系统、安全信息和事件管理系统及安全分析。

　　实施这些安全解决方案可以帮助组织保护其通信网络、敏感信息并满足法规要求。更重要的是企业应定期审查和更新这些安全解决方案以满足不断变化的安全威胁和不断变化的业务需求。

　　针对通信网络面临的安全威胁，加强网络设计、建设和运行过程中的安全保护，在 ITU-T X.805-2003 标准中明确提出了基于层和面 2 条轴线的安全框架，如图 3-1 所示，并指出了每一个分层和每一个分面应该具有的安全能力和功能。第 1 条轴线是安全层，分为 3 个层次，分别是基础设施层、服务层和应用层；第 2 条轴线是安全平面，分为 3 个平面，分别是管理平面、控制平面和转发平面。

图 3-1　ITU-T X.805-2003 中的安全框架

在此基础上，应充分考虑不同的数据流。数据流的重要程度不同，受到的安全威胁不同，对用户的影响也不同。为避免数据流相互影响，研究人员提出了基于 ITU-T X.805-2003 的三层三面安全框架，如图 3-2 所示。从图 3-2 中可以看出，每一个分层和每一个分面都面临着不同威胁，通过对不同平面进行隔离，既能够保证将每个分层的攻击面最小化，又能够保证在任意一个平面遭受攻击时，不会影响其他平面的正常运行。

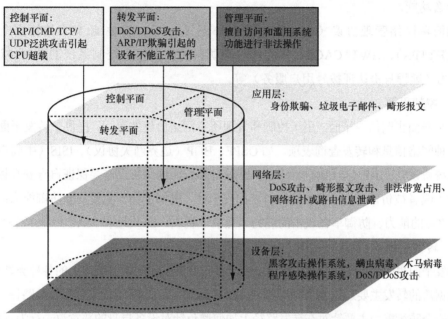

图 3-2 基于 ITU-T X.805-2003 的三层三面安全框架

为什么要进行三面隔离？可通过以下 2 个简单的例子加深对三层三面安全框架的理解。例如，转发平面和其他两个平面（管理平面、控制平面）不隔离，当设备遭遇大流量攻击或病毒攻击时，硬件资源不足，转发平面的处理任务进一步占用了设备 CPU、内存等资源直至耗尽全部资源，导致管理员无法对设备进行管理，而且由于控制平面没有资源运行使得设备变成一个"孤岛"。又例如，控制平面和管理平面不隔离，当设备遭遇 ARP 泛洪攻击导致设备瘫痪时，管理员想通过管理平面查看网络设备的协议和状态，由于设备没有预留资源给管理平面，导致管理员无法查看。

因此，进行三面隔离非常重要，既能让 3 个平面互不影响，又能让 3 个平面相互依赖，3 个平面缺一不可。下面具体介绍 3 个平面的主要防御能力。

1. 管理平面

管理平面用于访问、配置和管理设备，一般由实现网络管理目标的功能组成。为了应对设备被攻击者擅自访问、攻击者对设备进行非法操作等情况，管理平面在系统权限管理、账户权限管理、日志记录系统等方面提供了安全防御能力。

① 通过基于角色的用户权限控制，能够保证不同等级的用户具有不同的权限。

② 通过使用 AAA（认证、授权、计费），能够在不同的应用场景下实现对系统权限的控制。

③ 通过完备的日志记录系统，保证能够记录对系统的任意配置操作、系统运行过程中的各种异常状态，便于事后审计。

此外，为了更好地加固管理平面，用户还需要了解管理平面使用哪些常见协议、提供什么功能。

如简单网络管理协议（SNMP）、安全外壳（SSH）、文件/超文本传输安全协议（SFTP/HTTPS）、HWTACACS（华为对终端访问控制器接入控制系统的扩展协议）、RADIUS（远程身份认证拨号用户服务）等。

2．控制平面

控制平面也叫信令平面，用于控制和管理所有网络协议的运行，提供了转发平面所必需的各种网络信息和转发查询表项，如 OSPF、BGP（边界网关协议）、ISIS（中间系统到中间系统协议）、ARP（地址解析协议）、IPv6 等协议。这些协议需要保证自身安全性，避免被攻击或者被仿冒。为了保证这些协议的安全性，提供了如下主要安全防御能力：防御 DDoS 攻击的能力、防御单包攻击的能力、黑名单机制、IP 地址和 MAC 地址绑定等。

3．转发平面

转发平面也叫数据平面或用户平面，用于处理和转发不同设备接口上的各种类型数据。由于数据流的转发主要通过 IP 报文的目的 MAC 地址、目的 IP 地址来查找转发路径，所以提供的安全防御能力主要针对在转发路径上如何避免针对设备自身的恶意攻击行为，以及预防某些攻击流量在 IP 网络中的扩散，如采用安全策略、URPF 等。在设备层上，可以在操作系统加固、安全补丁程序管理、文件完整性保护、物理安全保护等方面提供安全防御能力。在网络层上，由于面临的安全威胁和转发平面面临的安全威胁类似，因此可以借鉴转发平面的安全防御能力。在应用层上，在用户接入认证、畸形报文攻击防范方面提供安全防御能力。

3.3 区域边界安全威胁与防护

随着社会信息化、网络化水平的不断提高，网络攻击手段和网络安全威胁不断增加，保护人们的隐私和财产安全非常重要也越加困难。针对区域边界面临的安全威胁，需要使用一系列的安全防护方案来保障整个区域的网络安全。本节将详细介绍区域边界安全威胁和安全防护方案。

区域边界是一种物理或逻辑上的分隔，常用于限制不同区域之间的通信和数据传输。这里所述的"区域"可以是一个国家、一家公司、一个组织或一个局域网等。在这些区域之间进行通信和数据传输必须通过区域边界，所有数据交互都集中在此。因此，区域边界成为网络攻击者的重点攻击目标。常见的区域边界安全威胁具体如下。

网络钓鱼攻击：网络钓鱼攻击是一种利用虚假或伪装的信息欺骗用户的攻击方式，包括攻击者发诈骗电子邮件、制作伪装的网站或诱导用户下载恶意软件程序等。网络钓鱼攻击有时会模拟特定的品牌或公司的标识，从而欺骗用户提供个人和敏感信息。这同样对区域边界的安全造成了极大的威胁。

为保障区域边界的安全性，需要建立一系列防护策略，具体如下。

防火墙：防火墙是区域边界的第一道防线，可以过滤来自外部网络的恶意传输。防火墙可以根据网络协议、IP 地址和端口号等信息屏蔽外部攻击，从而保障区域边界的安全性。

制定网络访问策略：细粒度的网络访问策略可以限制攻击者对网络资源的访问。通过基于角色的访问控制（RBAC）或基于身份的访问控制（ABAC）来限制访问权限、连接尝试次数及网络对话次数，可以有效减少网络安全风险，保护区域边界免受攻击。

加密通信：使用加密技术确保通信过程中数据的保密性和完整性，能够有效地提高数据传输的安全性。通过使用安全套接字层（SSL）、传输层安全协议（TLS）或虚拟专用网（VPN）等安全通信协议进行通信，可以确保通信过程中的数据安全。

在联合企业之间建立信任关系：在区域边界的安全防护方案中，建立信任关系是非常关键的。联合企业需要彼此分享信息并在联合企业之间建立信任关系，因为在企业合作过程中企业彼此共享资源能够减少安全风险。通过社会工程学手段和安全软件调查，验证供应商和其他关键合作伙伴的身份，可以预防传统网络安全威胁。

定期检查和审核：定期对系统安全和网络设备进行安全性检查，可以防止潜在的恶意行为。通过一些常见的审计程序、检查网络配置等，可以确保关键设备的安全性和完整性。此外，审计制度可以帮助发现越权访问及用户活动中的威胁，从而提升网络的安全防御水平。

综上所述，对于区域边界安全威胁，可以通过采用一系列安全防护措施来保护网络安全。其中包括使用防火墙、制定网络访问策略、进行加密通信、在联合企业之间建立信任关系等。此外，对系统和网络设备进行定期检查和审核也是防范网络攻击的关键所在。可以参考上述防范措施来保障整个区域的网络安全，防范各种网络攻击。下面介绍典型的组网案例，以此来确保区域边界安全可靠。

3.3.1 典型组网

如图 3-3 所示，某公司在网络边界处部署了防火墙作为安全网关，通过两个 ISP（互联网服务提供者）接入 Internet。为了使私网 FTP 服务器能够对外提供服务，需要在防火墙上配置指定 zone 参数的 NAT 服务器功能。除了公网接口的 IP 地址外，该公司还向 ISP1 和 ISP2 分别申请了 1.1.1.10 和 2.2.2.10 作为私网服务器对外提供服务的地址，其中路由器是 ISP1 和 ISP2 提供的接入网关。

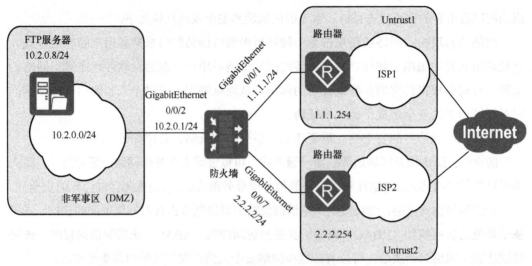

图 3-3　区域边界安全组网

3.3.2 数据规划表

数据规划表如表 3-1 所示。

表 3-1　数据规划表

项目	数据	说明
GigabitEthernet 0/0/1	IP 地址：1.1.1.1/24 安全区域：Untrust1	实际配置时需要按照 ISP 的要求进行配置
GigabitEthernet 0/0/7	IP 地址：2.2.2.2/24 安全区域：Untrust2	实际配置时需要按照 ISP 的要求进行配置
GigabitEthernet 0/0/2	IP 地址：10.2.0.1/24 安全区域：DMZ	
NAT 服务器	名称：policy_ftp1 安全区域：Untrust1 公网地址：1.1.1.10 私网地址：10.2.0.8 公网端口：21 私网端口：21	通过该映射，公网用户访问 1.1.1.10 的流量能够发送给私网的 FTP 服务器
	名称：policy_ftp2 安全区域：Untrust2 公网地址：2.2.2.10 私网地址：10.2.0.8 公网端口：21 私网端口：21	通过该映射，公网用户访问 2.2.2.10 的流量能够发送给私网的 FTP 服务器

3.3.3 配置思路

① 配置接口 IP 地址和安全区域，完成网络基本参数配置。
② 配置安全策略，允许公网用户访问内部服务器。
③ 配置 NAT 服务器。
④ 开启 FTP 的 NAT ALG 功能。
⑤ 在 GigabitEthernet 0/0/1 和 GigabitEthernet 0/0/7 上配置源进源出功能和默认网关。
⑥ 在路由器上配置到 NAT 服务器映射的公网地址的静态路由，使得去服务器的流量能够被送往防火墙。

3.3.4 操作步骤

① 配置接口 IP 地址和安全区域，完成网络基本参数配置。

配置接口 GigabitEthernet 0/0/1 的 IP 地址。

```
<FW> system-view
[FW] interface GigabitEthernet 0/0/1
[FW-GigabitEthernet 0/0/1] ip address 1.1.1.1 24
[FW-GigabitEthernet 0/0/1] quit
```

配置接口 GigabitEthernet 0/0/2 的 IP 地址。

```
[FW] interface GigabitEthernet 0/0/2
[FW-GigabitEthernet 0/0/2] ip address 10.2.0.1 24
[FW-GigabitEthernet 0/0/2] quit
```

配置接口 GigabitEthernet 0/0/7 的 IP 地址。

```
[FW] interface GigabitEthernet 0/0/7
[FW-GigabitEthernet 0/0/7] ip address 2.2.2.2 24
[FW-GigabitEthernet 0/0/7] quit
```

将接口 GigabitEthernet 0/0/2 加入 DMZ。

```
[FW] firewall zone dmz
[FW-zone-dmz] add interface GigabitEthernet 0/0/2
[FW-zone-dmz] quit
```

将接口 GigabitEthernet 0/0/1 加入 Untrust1。

```
[FW] firewall zone name untrust1
[FW-zone-untrust1] set priority 10
[FW-zone-untrust1] add interface GigabitEthernet 0/0/1
[FW-zone-untrust1] quit
```

将接口 GigabitEthernet 0/0/7 加入 Untrust2。

```
[FW] firewall zone name untrust2
[FW-zone-untrust2] set priority 20
[FW-zone-untrust2] add interface GigabitEthernet 0/0/7
[FW-zone-untrust2] quit
```

② 配置安全策略，允许公网用户访问内部服务器。

```
[FW] security-policy
[FW-policy-security] rule name policy1
[FW-policy-security-rule-policy1] source-zone untrust1
[FW-policy-security-rule-policy1] source-zone untrust2
[FW-policy-security-rule-policy1] destination-zone dmz
[FW-policy-security-rule-policy1] destination-address 10.2.0.0 24
[FW-policy-security-rule-policy1] action permit
[FW-policy-security-rule-policy1] quit
[FW-policy-security] quit
```

③ 配置 NAT 服务器。

```
[FW] nat server policy_ftp1 zone untrust1 protocol tcp global 1.1.1.10 ftp inside 10.2.0.8 ftp no-reverse unr-route
[FW] nat server policy_ftp2 zone untrust2 protocol tcp global 2.2.2.10 ftp inside 10.2.0.8 ftp no-reverse unr-route
```

④ 开启 FTP 的 NAT ALG 功能。

```
[FW] firewall interzone dmz untrust1
[FW-interzone-dmz-untrust1] detect ftp
[FW-interzone-dmz-untrust1] quit
[FW] firewall interzone dmz untrust2
[FW-interzone-dmz-untrust2] detect ftp
[FW-interzone-dmz-untrust2] quit
```

⑤ 在 GigabitEthernet 0/0/1 和 GigabitEthernet 0/0/7 上配置源进源出功能和默认网关。

```
[FW] interface GigabitEthernet 0/0/1
[FW-GigabitEthernet 0/0/1] redirect-reverse next-hop 1.1.1.254
[FW-GigabitEthernet 0/0/1] gateway 1.1.1.254
[FW-GigabitEthernet 0/0/1] quit
[FW] interface GigabitEthernet 0/0/7
[FW-GigabitEthernet 0/0/7] redirect-reverse next-hop 2.2.2.254
[FW-GigabitEthernet 0/0/7] gateway 2.2.2.254
[FW-GigabitEthernet 0/0/7] quit
```

⑥ 在路由器上配置到 NAT 服务器映射的公网地址的静态路由，使得去服务器的流量能够被送往防火墙。

通常需要联系 ISP 的网络管理员来配置此静态路由。

3.4 计算环境安全威胁与防护

计算环境安全威胁指个人计算机、服务器和云计算平台等计算环境所面临的各种潜在风险和挑战，这些威胁可能导致数据泄露、系统瘫痪、服务中断等严重后果，进而影响用户隐私、业务连续性和资产安全。为了更好地为客户服务，计算环境需要应对各种可能存在的安全威胁，并为客户提供有效的安全防护措施。计算环境中的一些常见安全威胁和防护措施具体如下。

病毒和恶意软件：通过使用最新的反病毒软件和及时进行安全更新来防止病毒和恶意软件对系统和设备的感染。定期对系统和设备进行病毒扫描，并避免下载和打开来源不可信的文件。

网络攻击：使用防火墙和入侵检测系统来防止网络攻击，并定期更新系统和应用程序的安全补丁程序。此外，可使用强密码和多因素身份验证来保护登录凭证，同时教育员工不要点击可疑链接或下载未知来源的文件。

数据泄露：加密并定期备份重要数据。限制对敏感数据的访问权限，并监控和审计对数据的访问。此外，教育员工有关数据保护的最佳实践，如不将敏感信息发送到不加密的电子邮件或共享文件中。

社会工程攻击：教育员工识别和应对社会工程攻击，如钓鱼电子邮件和电话诈骗。提醒员工不要将敏感信息泄露给陌生人，以及教育员工如何验证来自公司或组织的通信。

物理安全威胁：保护物理安全，如使用门禁系统、监控摄像头和保险柜来保护服务器和网络设备的安全。定期审查物理安全保护策略，并确保设备和数据得到了妥善处置。

身份诈骗：在互联网上冒充他人身份和网络诈骗已成为常见的安全威胁，例如攻击者可能使用假身份获取个人或敏感信息。为了预防身份诈骗，可以设置身份验证规则及采用强密码和多因素身份验证。

内部威胁：人为因素可能会导致数据泄露和关键信息的丢失，如企业"内鬼"、员工离职等原因。为了预防威胁，可以设置访问控制规则，确保只有需要知道的人才有权访问敏感资源，同时审查员工的入职申请信息、圈内活动，从而确保员工背景清白。此外，需要设置 log 和审计相关人员的行为，及时发现异常。

身份调节：对于机密数据和业务系统，将根据用户身份的重要性、职责范围及安全需求来分配相应的访问权限，确保每位用户仅能接触其工作所必需的信息资源，同时所有敏感操作均需经过适当级别的审批流程，以此强化数据保护屏障，防止未授权访问与潜在的安全风险。同时，实施领导责任制，确保安全计划发挥实际作用。

漏洞利用：及时更新操作系统、应用程序和设备上的安全补丁程序，以修复已知漏洞并防止黑客利用它们进行攻击。此外，定期进行漏洞扫描和安全评估，以检测系统中的潜在漏洞，及时采取措施进行漏洞修复。

密码攻击：使用强密码并定期更改密码，避免使用常见且易猜到的密码。另外，采用密码管理工具以安全地保存和管理密码，并使用多因素身份验证技术，如指纹识别等生物识别技术或令牌，以提升安全性。

数据备份和恢复：定期备份重要的数据和系统配置，并将备份存储在安全且可靠的地方。测试和验证数据恢复过程，以确保在发生数据损坏、灾难性故障或勒索软件攻击时能够迅速恢复业务正常运行。

安全培训和安全意识：为员工提供安全培训，有关安全最佳实践、社会工程攻击的识别和防范、网络安全行为等内容。建立强大的安全文化,强化员工安全意识,使员工能够识别威胁并采取相应的防护措施。

安全监控和安全事件响应:建立基于日志和安全事件监视的安全监控系统,及时发现和响应潜在的安全事件。建立应急响应计划,以迅速有效地响应安全事件和恢复业务运行,并进行事后分析和改进。

供应链安全:确保供应商和合作伙伴也采取了相应的安全防护措施,并进行供应链安全风险评估和监控。仔细审核和管理与供应商共享的数据及其访问权限,确保在供应链的数据传输和数据存储过程中数据得到保护。

安全威胁是不断变化的,建立自动化且实时监测的、切实有效的安全监管系统是必不可少的,能够帮助更好地评估财产和业务风险,并实现与全球威胁情报的关联分析提速。除了上述措施,还可以定期进行安全风险评估和漏洞扫描,保持安全意识和开展安全培训,并及时跟进监管要求和安全最佳实践,以提升计算环境的安全性。

3.4.1 计算环境安全脆弱性分析

控制平面与管理平面处理能力不足:随着芯片等技术的发展,以及网络带宽需求的迅速增长,设备转发处理能力得到了极大提升。近10年来,网络带宽经历了自10Mbit/s到100Gbit/s的万倍跨越,转发平面的处理能力急剧提升。设备的控制平面和管理平面运行在CPU上,软件处理能力的提升程度有限。超宽带时代,终端与网元之间的通道得到极大增强,极易出现基于流量泛洪等方式的拒绝服务攻击。

存在安全性不足的访问通道:由于业界标准、管理便利性、历史继承性等原因,设备存在大量安全性不足的访问通道,如SNMPv1/v2、Telnet等,这些协议早期对安全性考虑不足,而新协议(SNMPv3、SSH)并没有强制替换老协议。因此,如果用户不恰当地使用了这些安全性不足的访问通道,容易造成信息泄密,被恶意用户利用时,容易产生非授权的访问行为。同时,由于这些安全性不足的协议没有经过任何完整性校验,容易引起中间人攻击,恶意攻击者可以通过篡改协议消息,达成攻击的目的。

IP网络的开放性带来的安全隐患:IP网络的开放性使网络架构更简便的同时,也带来了巨大的安全隐患。首先,IP网络无针对接入终端的认证授权机制,导致任意终端均可以随意接入IP网络。恶意攻击者可以轻易进入IP网络,只要探测到设备的IP地址,即可发起攻击,而且容易采用地址欺骗的方法,模拟海量源IP地址对设备进行攻击。其次,IP网络在TCP/IP参考模型的第4层及以下,没有安全防御能力,消息的完整性、认证鉴权机制、协议一致性都由应用层自行保障。因此,当攻击发生在TCP/IP参考模型第4层及以下时,网络设备往往成为被攻击的对象。再次,以太网架构本身缺乏身份认证能力,容易引发基于MAC地址欺骗的攻击。最后,IP协议栈本身的安全能力薄弱，在进行协议设计时没有完整的安全策略架构，导致基于协议本身的攻击频繁发生。以上这些安全隐患，容易引发诸如地址欺骗攻击、重放攻击、畸形报文攻击、网络病毒攻击、消息篡改攻击、流量泛洪攻击等一系列网络攻击，引发各种各样的安全问题。

电信网络的复杂性带来的管理挑战：由于电信网络规模庞大，系统构造复杂，导致网络节点众多、访问通道灵活复杂、通信协议层出不穷。电信网络的管理也变得极其复杂，安全性和业务能力之间的矛盾，安全性和业务灵活性之间的矛盾，安全性和管理维护便利性之间的矛盾无处不在。具有不同技术能力、管理水平的运营商和管理人员，处理这些矛盾的能力也参差不齐。因此，电信网络的安全策略难以保持高水平的一致性，往往会暴露出部分安全问题，引发诸如感染病毒、非授权访问、以某个网元为跳板进行渗透攻击等问题。

设备本身的复杂性带来的挑战：首先，设备配置模型复杂，管理员往往追求业务可用性，而忽略了安全防御能力，导致必要的安全措施没有得到妥善的配置，设备本身的安全能力无法发挥。其次，设备安全配置模型复杂，需要极高的技能水平才能完全掌握，对资深技术人员的依赖较大，容易造成在用户技能水平不足的情况下，以牺牲安全性来达到业务可用。

3.4.2 计算环境设备安全风险评估

综合网络安全隐患、设备的安全脆弱性，可以评估出设备面临的安全风险，并给出安全风险防御措施，具体如表3-2所示。

表3-2 计算环境设备安全风险评估表

安全威胁	设备脆弱点	安全风险评估	安全风险防御措施
拒绝服务攻击	控制平面和管理平面处理能力有限。 IP网络的开放性导致源地址无法认证，导致流量泛洪攻击和地址欺骗攻击	控制平面和管理平面处理能力有限，流量泛洪攻击触发条件简单，导致攻击极易发生，且对设备造成的损害巨大。 安全风险评价：高	加强网络访问控制策略。 转发平面限制上送控制平面和管理平面的流量
信息泄露	存在安全性不足的访问通道。 IP网络的开放性导致访问控制能力不足	安全性不足的访问通道极易被攻击者利用成为攻击武器，设备账号权限控制不足、IP网络的开放性都容易引发攻击。 安全风险评价：高	关闭安全性不足的访问通道。 加强账号权限管理。 合理规划访问控制策略
破坏信息完整性	在IP报文传输过程中，缺乏完整性检查机制	大量的通信协议没有完整性检查机制，而IP网络的开放性也无法避免信息被篡改。 安全风险评价：中	使用SHA2-256等摘要算法对消息进行完整性检查。 使用安全的通道传输重要信息

续表

安全威胁	设备脆弱点	安全风险评估	安全风险防御措施
非授权访问	设备本身的系统复杂性导致命令行、MIB 等无法基于单个用户授权。诊断调试系统需要查看系统内部信息,也会带来安全隐患。IP 网络的开放性带来访问路径不可控,可能遭受来自不可信网络的非授权访问	某个用户在获得某个等级的权限后,由于没有更细粒度的信息隔离措施,导致可能访问到超出角色需求范围的信息。IP 网络的开放可能会导致遭受来自不可信网络的非授权访问。安全风险评价:中	采用 TACACS 命令行授权机制,避免命令行滥用。选择 SNMPv3 并配置 MIB VIEW,限制 MIB 访问范围。加强网络访问控制策略
身份欺骗	IP 网络的开放性,导致设备对源地址的认证能力不足	易受到地址欺骗攻击,导致转发中断或者系统过载。安全风险评估:中	开启 URPF、DHCP Snooping 等安全特性,避免成为攻击目标
重放攻击	在 TCP/IP 参考模型中,第 3 层及以下无法处理序列号,导致重放攻击易实施,设备的会话请求处理能力不足,导致系统过载	对会话请求处理能力不足,导致系统过载。安全风险评估:高	利用硬件 NP 响应请求消息,同时利用动态白名单机制解决新建会话速率限制与已建会话流量保持的问题
计算机病毒	设备对网络病毒引发的流量泛洪处理能力不足,导致系统过载	计算机等感染网络病毒,引发流量泛洪,耗尽带宽资源,导致系统 CPU 占用过大。安全风险评估:高	加强运营商 IT 管理。配置速率限制,避免冲击
人员不慎	设备系统极其复杂,易配置出错。错误的配置容易引发网络拓扑震荡和网络环路设备对网络拓扑震荡和网络环路引发的流量泛洪处理能力不足	错误的配置会导致业务受损。网络拓扑震荡和网络环路可能导致设备处理过载。安全风险评估:中	加强人员培训,提升技能,提升运营商 IT 管理水平,避免人为差错。配置环路检测、防环等机制,智能防御人为差错
物理入侵	通过直连串口、面板接口等物理接入设备的用户,权限等级天然较高,一旦被攻击者利用,容易引发误操作或者攻击者进行恶意配置	对于通过直连串口、面板接口等物理接入方式登录设备的用户,如果攻击者进行恶意配置,会引发严重问题。但是电信网络通常对物理访问控制严格。安全风险评估:低	加强物理接入与环境安全控制,避免物理接入、环境事故等引发安全事故

总之,保护计算环境需要多层次的方法,包括技术措施和非技术措施的组合。定期进行安全审计和更新、用户教育和培训及最佳实践的实施可以帮助最大限度地减少安全威胁并维护计算环境的安全。

3.4.3 计算环境安全威胁与防护原则

安全防护是一个持续改进的过程,从来没有一蹴而就的安全防护策略,也没有一劳永逸的安全防护策略。任何认为依靠某个安全防护策略就可以高枕无忧,或者任何认为依靠一次安全防护配置就万事大吉的想法,都是不合理的。在进行安全防护之前,需要执行如下步骤。

深入了解业务需求:安全防护策略永远是为业务需求服务的,需要深入了解业务系统对安全防护的要求,才能合理地制定安全防护策略。

全面安全风险评估:需要综合分析业务系统面临的安全威胁,权衡业务系统的脆弱点,权衡业务系统的价值与安全加固的代价,进行全面、实时的安全风险评估,针对不可接受的安全风险进行安全防护,把能够接受的安全风险作为残留安全风险接纳,并在业务系统全生命周期中定期审视这些残留安全风险,评估是否需要对其进行处理、针对其升级安全防护策略。

安全防护方案设计:在完成全面安全风险评估的基础上,以切实满足业务需求为目标,并在评估安全加固的代价和收益后,设计合理的安全防护方案。"安全是设计出来的,不是配置出来的",希望每一个进行安全加固的工程师都能深刻理解这一原则。

安全防护策略实施:在安全防护策略实施之前,请务必评估实施安全防护策略为业务带来的影响,避免不合理的安全防护策略造成业务损伤。

在完成安全防护之后,需要不断地监控和维护业务系统,以确保安全防护策略已经切实发挥作用并达到安全防护方案的预期效果,及时发现问题,并及时调整安全策略。

第 4 章
防火墙安全策略

本章主要内容

4.1　防火墙简介

4.2　防火墙基础原理

4.3　防火墙在网络安全方案中的应用场景

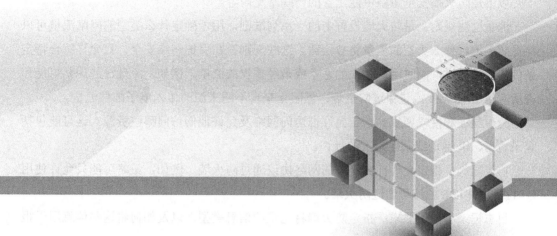

防火墙（Firewall，FW。后续文中会多处涉及此术语，在不引起混淆的情况下，一般用英文缩写 FW 表示）安全策略是一组规则和准则，规定允许什么类型的网络流量通过防火墙，什么类型的网络流量被阻止。防火墙安全策略是组织整体安全战略的关键组成部分，因为它有助于保护网络、系统和数据免受未经授权的访问、恶意攻击和其他安全威胁。

以下是防火墙安全策略可能包含的一些常见内容。

流量过滤规则：是防火墙设置中的一系列准则，用于确定什么类型的网络流量可以穿过防火墙，什么类型的流量将被拦截。这些规则旨在保护网络安全，只允许符合特定条件的流量通过，同时阻止潜在的恶意或未经授权的流量。例如，流量过滤规则可能允许所有传出的 Web 流量穿过防火墙，但阻止来自不明来源的传入电子邮件流量。

身份验证和授权要求：指定允许谁访问网络及允许他们访问哪些资源。这可能包括登录凭据、IP 地址或其他形式的标识。

协议限制：指定允许什么类型的网络协议通过防火墙。例如，策略可能只允许使用 HTTP 和 HTTPS 的流量通过防火墙。

日志记录和报告要求：指定防火墙将记录的信息类型，以及如何将这些信息用于报告和审计。

更新和维护程序：概述更新和维护防火墙的程序，包括如何应用安全补丁程序及如何配置防火墙以适应网络环境的变化。

需要注意的是，防火墙安全策略是一个动态文档，应定期对其进行审查、更新和测试，以确保其在不断演变的安全威胁面前保持有效性和相关性。

4.1 防火墙简介

在这一章中，会更多地把防火墙作为一种网络基础设施来进行介绍，包括实施在路由器上的防火墙技术或者独立的防火墙硬件设备。

防火墙曾经是建筑学领域的专用术语，它是一种阻燃墙体，它的作用是防止火灾大面积蔓延到所有区域。因此，设计防火墙可以把一栋建筑隔离为多个不同的分区（防火分区），从而在火灾初起时有效地把火灾隔离在某个分区或者某些分区当中。在中国古代，人们会建造一种被称为"马头墙"的建筑来规避一栋建筑失火导致的大面积火灾，"马头墙"流行于江南，尤其是在徽派建筑中被广泛采用，是中国古代的防火墙。

防火墙从建筑领域被引入 IT 领域，最早可以追溯到由联美电影公司（United Artists）制作并于 1983 年上映的科幻电影《战争游戏》（*War Games*）。到了 20 世纪 80 年代末，人们开始使用路由器分隔网络的不同区域，从而避免出现网络故障和/或攻击从一个网络迅速蔓延到另一个网络。在那之后，或许是受到了《战争游戏》的启发，又或者是发现这种隔绝问题的思路和建筑学领域的防火墙之间的相似之处，各个企业开始设计、研发用来把网络分隔为不同的安全分区（安全区域）从而隔离问题的设备，这类设备也就被称为防火墙。在那之后，防火墙技术经历了多次更新换代。在这一节中，会对历代防火墙提供的核心技术，以及这些技术的更新换代过程进行介绍。

4.1.1 包过滤防火墙

包过滤防火墙是第一代防火墙。它的工作方式和工作原理跟标准 ACL 和普通的扩展 ACL 一样。即防火墙在接收到入站数据包时，会根据管理员预先配置的参数对数据包执行匹配操作，再根据匹配的结果执行相应的数据包允许或者拒绝数据包通过操作。包过滤防火墙的工作方式如图 4-1 所示。

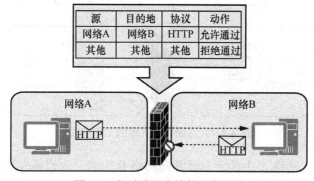

图 4-1 包过滤防火墙的工作方式

在图 4-1 中，由网络 A 中的一台设备向网络 B 中的一台设备发送的 HTTP 数据包因为匹配了防火墙上的允许通行策略，或者说放行策略，所以可以穿过防火墙。而由网络 B 中的一台设备向网络 A 中的一台设备发送的 HTTP 数据包则因为只能匹配最后的拒绝通行策略，所以无法穿过防火墙。

典型的包过滤防火墙可以根据数据包的源和/或目的 IP 地址、协议、TCP/UDP 端口号等参数，来对网络流量进行过滤，这一点也和普通的扩展 ACL 相同。

4.1.2 状态监测防火墙

如前文所述，设置防火墙的目的是隔离不同的网络区域。在实际使用中，人们多将防火墙作为可靠网络和不可靠网络的边界。于是，这样一种需求就会变得越来越普遍：人们希望可靠网络可以向不可靠网络发起连接，但却不希望不可靠网络能够向可靠网络发起连接。显然，笼统地依靠过滤协议是无法满足上述需求的，因为这样一来，不可靠网络为了建立连接而返回给连接发起方的数据包也会被过滤。为了满足这种需求，第 2 代防火墙状态监测防火墙应运而生，这种防火墙增加了一种被称为"连接状态表"的数据表。防火墙可以在内部网络发起连接的时候，为连接状态表添加一个表项，在外部网络返回的流量到达防火墙的时候,防火墙会根据上述表项放行对应的流量。这样一来,防火墙就可以对所有放行的连接进行状态追踪了。同时,外部网络向内部网络发送的流量还是会被防火墙过滤,因为在防火墙上没有对应的表项。状态监测防火墙的工作方式如图 4-2 所示。

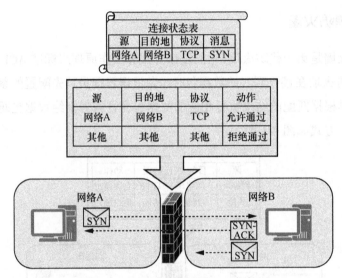

图 4-2 状态监测防火墙的工作方式

在图 4-2 中,由网络 A 中的一台设备向网络 B 中的一台设备发送的发起 TCP 连接的 TCP SYN 数据包,因为匹配了防火墙上的放行条目,因此可以穿过防火墙。于是,防火墙把这条连接的状态记录在了连接状态表中。在接收到网络 B 中的响应设备所发送的 TCP SYN-ACK 数据包时,防火墙通过查看连接状态表,发现这是上一个数据包的返程数据包,因此予以放行。但如果网络 B 中的这台设备向网络 A 中的对应设备发送发起 TCP 连接的 TCP SYN 数据包,那么因为这个数据包只能匹配最后的拒绝放行策略,所以这个数据包无法穿过防火墙。

4.1.3 代理防火墙

前面两代防火墙负责在端到端通信中根据安全策略对流量执行过滤操作,但它们本身并不参与通信。它们就像是外部网络和内部网络之间的"长城"。

然而,自古兵不厌诈,长城被伪装成守城一方的敌兵从内部攻破,这样的例子在战争史上不胜枚举。即如果防火墙只能按照数据包中的字段来执行匹配操作,那么攻击者只要发起欺骗攻击以伪装响应字段,那么横亘在可靠网络和不可靠网络之间的防火墙也就形同虚设了。

为了彻底避免这类问题,保障内部网络设备的安全,出现了第 3 代防火墙——代理防火墙。顾名思义,代理防火墙会代表内部网络中的设备和外部网络中的设备建立连接。

这样一来，原本内部设备与外部设备之间的端到端通信会被防火墙"打断"成两组端到端通信，即内部设备与防火墙之间的端到端通信和防火墙与外部设备之间的端到端通信。在外部设备看来，发起通信的是防火墙而不是防火墙代理的内部设备。这样一来，外部设备连内部设备的基本信息都无从掌握，更不必说对内部设备发起任何攻击了。

通过前面的介绍，读者或许已经发现，无论是否采用状态连接表，数据包过滤防火墙都工作在 OSI 参考模型的网络层上，而代理防火墙则明显不同。既然代理防火墙会分别与通信双方建立端到端的连接，那么代理防火墙显然工作在 OSI 参考模型的应用层上。有鉴于此，代理防火墙也被称为应用代理防火墙。鉴于应用代理防火墙会把一次应用层访问"打断"，并且把自己插入应用层访问充当其中的"一跳"，因此应用代理防火墙有时也被称为应用层网关。

因此，代理防火墙就像房屋中介（房屋代理），房主不希望直接和租房者进行沟通，这时就可以把房屋交给房屋中介代为出租，这样既可以省去很多麻烦，也可以避免在租房者出现各类违约情况时自己难以追讨房租。在整个租房的过程中，租房者和房东实际上既不需要见面也不需要沟通，就连房租也是通过房屋中介进行支付的。据此可以直观地理解代理防火墙的作用。

代理防火墙的工作方式如图 4-3 所示。

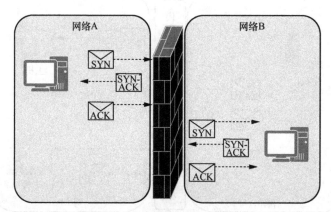

图 4-3 代理防火墙的工作方式

如图 4-3 所示，网络 A 中的一台设备希望向网络 B 中的一台设备发起 TCP 连接。在这个过程中，代理防火墙代表网络 B 中的设备与网络 A 中的设备建立了连接，之后又代表网络 A 中的设备和网络 B 中的设备建立连接。建立连接后，任何在这两台设备之间往返的数据包都会经由代理防火墙上的代理程序进行转发和处理。自始至终，在这两台设备之间都没有直接建立会话，外部网络（本例中的网络 B）中的设备所接收到的消息都源自代理防火墙，因此外部设备也就无法对在内部网络中发起连接的设备进行攻击了。

显然，代理防火墙的设置基本上规避了外部网络会对内部设备构成安全威胁的可能性,其为网络提供的安全防护远比前两代防火墙为网络提供的安全防护更加可靠。不过,代理防火墙的问题也很明显,工作在应用层的代理防火墙速度相对比较慢,而且随着内部设备数量的增加,以及内部设备与外部设备之间建立的连接数量的增加,防火墙上的资源最终有可能会迅速耗竭。

4.1.4 自适应代理防火墙

如前文所述,包过滤防火墙的安全性略差,而代理防火墙的速度较慢且资源消耗严重。合理的推理逻辑是,如果能够把它们的工作方式结合起来,就可以设计出一种平衡了效益和安全性的防火墙,这就是第 5 代防火墙——自适应代理防火墙的由来。

自适应代理防火墙包含两个模块,分别为包过滤模块和代理模块,它既可以工作在 OSI 参考模型的网络层上,根据安全管理员配置的策略执行数据包过滤操作,也可以工作在 OSI 参考模型的应用层上,代理内部网络,在内部网络与外部网络之间建立会话,在这两个模块之间有一条控制通道。防火墙本身可以根据用户配置的策略,来决定针对某次会话/某个数据包是执行应用层代理操作还是数据包过滤操作。

图 4-4 所示为自适应代理防火墙的工作方式。

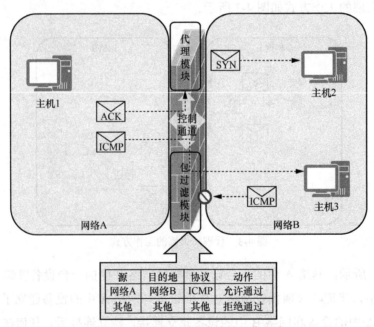

图 4-4 自适应代理防火墙的工作方式

如图 4-4 所示,网络 A 中的主机 1 希望和网络 B 中的主机 2 建立 TCP 会话。防火墙把这些流量交给代理模块进行处理。在图 4-4 所示的阶段,主机 1 正在完成与防火墙之间的 3 次握手,而代理模块也已经开始与主机 2 进行三次握手的信息交互。对于主机 1 要发送给主机 3 的 ICMP 消息,自适应代理防火墙根据管理员配置的数据包过滤策略予以放行，但是当主机 3 想要向主机 1 发送 ICMP 消息时，在包过滤模块中只能匹配最后的拒绝通行语句。

综上所述，自适应代理防火墙很好地把包过滤防火墙的优点和应用代理防火墙的优点结合起来，在安全性和性能上取得了平衡，所以这类设备已经成为主流防火墙设备。目前市面上销售的主流硬件防火墙，或者可以提供防火墙功能的网络基础设施，多可以充当自适应代理防火墙。更多防火墙设备在智能化、应用可视化、自动化等方面走得更远，同时也集成了更多功能，被称为下一代防火墙。

4.1.5 下一代防火墙

下一代防火墙（新一代防火墙）是知名研究和顾问公司 Gartner 在 2009 年提出的概念。按照 Gartner 的定义，下一代防火墙是在当前防火墙的基础上，进一步提升性能和可用性，集成入侵防御系统（IPS），提供应用识别功能，并且具备智能性，也就是可以根据网络攻击行为自行部署对应的安全策略。总之，防火墙的发展方向一是能够针对应用层的安全威胁提供更多防护，二是朝着智能化的方向发展，三是可以更好地应对"零日攻击"。

鉴于下一代防火墙并不是针对一种新的防火墙技术或新的防火墙工作方式所提出的概念，因此本节不对这个概念进行更多的介绍。

4.2 防火墙基础原理

防火墙是一种网络安全系统，它根据预先确定的安全规则监视和控制传入及传出的网络流量。防火墙的基本原理如下。

数据包过滤：防火墙检查每个传入和传出的数据包，并根据一组规则对其进行匹配操作，以确定是否应该允许它通过防火墙或阻止它通过防火墙。

状态检查：防火墙维护一个状态连接表，该表跟踪每个网络连接的状态，并使防火墙能够就应该允许哪些数据包通过防火墙作出明智的决定。

访问控制：防火墙执行访问控制策略，定义允许谁访问特定网络资源及在什么条件下访问特定网络资源。

应用层过滤：防火墙检查网络流量的应用层，阻断特定应用流量或不符合安全策略的应用流量。

网络地址转换（NAT）：防火墙执行 NAT，这样就可以允许专用网络上的多个设备共享一个公共 IP 地址。

VPN 支持：防火墙支持 VPN 连接，允许远程用户通过 Internet 安全地访问专用网络。

总体来说，防火墙通过执行安全策略、检查和过滤网络流量及防止未经授权的访问，为网络提供了一个关键的安全层。

4.2.1 安全区域

安全区域简称区域，是设备所引入的一个安全概念，大部分的安全策略都基于安全区域实施。

安全区域定义如下，一个安全区域是若干接口所连接网络的集合，这些网络中的用户具有相同的安全属性。

创建安全区域的目的如下，在网络安全应用中，如果网络安全设备对所有报文都进行检测，即进行逐包检测，会导致设备资源的大量消耗和性能的急剧下降。而这种对所有报文都进行检查的机制也是没有必要的。所以在网络安全领域中出现了基于安全区域的报文检测机制。在引入安全区域的概念后，网络管理员可以将具有相同优先级（优先级通过1~100的数字表示，数字越大，优先级越高）的网络设备划入同一个安全区域内，系统默认的安全区域不能被删除，优先级也无法被重新配置或者删除。用户可以根据实际组网需要，自行创建安全区域并定义其优先级。由于同一安全区域内的网络设备是"同样安全"的，防火墙认为在同一安全区域内部发生的数据流动是不存在安全风险的，不需要实施任何安全策略。只有当不同安全区域之间发生数据流动时，才会触发设备的安全检测机制，并实施相应的安全策略。综上所述，防火墙在支持报文直接转发的基础上，还支持安全区域的创建，并且允许网络管理员在创建安全区域的基础上实施各种特殊的报文检测机制与安全防护功能。

"安全域间"用来描述流量的传输通道，它是两个"区域"之间的唯一"通道"。任意两个安全区域之间都会有一个安全域间，并具有单独的安全域间视图。如果希望对经过这条通道的流量进行检测等，就必须在通道上设立"关卡"，如 ASPF（应用层报文过滤）等功能。

安全域间的数据流动具有方向性，包括入方向和出方向，具体如下。

入方向：数据由低优先级的安全区域向高优先级的安全区域传输。

出方向：数据由高优先级的安全区域向低优先级的安全区域传输。

通常情况下，通信双方一定会交互报文，即安全域间的两个方向上都有报文的传输。而判断一条数据流的方向应以发起该数据流的第一个报文为准。例如，发起连接的终端位于 Trust 区域内，它向位于 Untrust 区域内的 Web 服务器发送了第一个报文，以请求建立 HTTP 连接。由于 Untrust 区域的优先级比 Trust 区域的优先级低，所以防火墙将认为这个报文的传输方向属于出方向，并根据出方向上的安全域间配置决定是否匹配并进一步处理该数据流。

下面介绍使用 Web 方式配置安全区域的操作步骤。

1. 配置安全区域——Web 配置

（1）新建安全区域

系统默认已经创建了 4 个安全区域。如果用户还需要划分更多的优先级，可以自行创建新的安全区域并定义其优先级。

① 在图形界面中，选择"网络"→"安全区域"。

② 单击"新建"按钮，进入"新建安全区域"界面，如图 4-5 所示。

图 4-5　"新建安全区域"界面

③ 在"新建安全区域"界面中配置安全区域的参数，如表 4-1 所示。

表 4-1　配置安全区域的参数

参数	说明
名称	安全区域名称一旦设定，不允许更改。 不能与系统已存在的安全区域的名称相同
优先级	安全区域优先级的取值越大，优先级越高。 不能与系统已存在的安全区域的优先级相同。 当配置安全域间的 ASPF/ALG 功能或安全域间 SACG 联动策略时，需要为安全区域配置优先级，否则安全域间的 ASPF/ALG 功能或安全域间 SACG 联动策略不生效。配置其他业务时无须配置优先级。两个不配置优先级的安全区域不允许组成安全域间，组成安全域间的两个安全区域不允许删除优先级
描述	安全区域的描述信息。 为方便用户识别安全区域的用途，建议用户输入的描述信息应具有一定的意义。且为了方便用户区分安全区域，不同的安全区域建议配置不同的描述信息

④ 单击"确定"按钮。

界面显示操作成功，则表明已成功创建安全区域。重复执行上述操作，可创建多个不同优先级的安全区域。

(2) 配置接口加入安全区域

除 Local 安全区域外，在使用其他安全区域前，均需将接口加入安全区域。之后，从该接口接收或发送的报文才会被认为是从该安全区域接收或发送的。同一接口不能同时加入不同的安全区域。Local 安全区域定义的是设备本身，包括各设备接口本身，即向安全区域中添加接口只是认为该接口所连接的网络属于该安全区域，而接口本身还是属于 Local 安全区域的。

① 选择"网络"→"安全区域"。

② 使用以下两种方式中的一种进入将接口加入安全区域的操作界面。

- 新建安全区域完成后，直接在"新建安全区域"界面上进行操作。
- 单击需要修改的表项所在行的 ，进入"修改安全区域"界面进行操作。

③ 在"域接口选择"中，使用以下方式将接口加入安全区域。

- 在"未加入域的接口"中，双击需要加入当前安全区域的接口，在"已加入域的接口"中将出现该接口。
- 在"未加入域的接口"中，选中需要加入当前安全区域的接口，单击 ，在"已加入域的接口"中将出现之前选中的接口。
- 单击 ，将所有接口接入当前安全区域。

④ 单击"确定"按钮。

2. 配置安全区域——CLI（命令行界面）配置

(1) 创建安全区域并将接口加入安全区域

系统默认已设立了 4 个安全区域，若用户需要更细致的安全等级划分，可以根据需求自行创建新的安全区域，并为其定义相应的安全等级。新安全区域创建后，必须将相关的网络接口加入这个新区域。只有这样，通过该接口接收或发送的数据包才会被视为属于该安全区域。如果接口未被明确分配到任何安全区域，它将默认不属于任何区域，从而无法通过该接口与其他安全区域进行数据通信。

① 执行命令system-view，进入系统视图。

② 执行命令firewall zone name zone-name [id id]，创建安全区域，并进入安全区域视图。根据以 zone-name 为名称的安全区域是否已经在系统中存在，有以下两种情况。

- 安全区域已经存在，不必配置关键字 name 和 id，执行该命令后将直接进入安全区域视图。
- 安全区域不存在，需要配置关键字 name，以创建该安全区域，并进入安全区域视图。

系统默认安全区域无须创建,也不能删除。

③ 可选:执行命令set priority security-priority,为新创建的安全区域配置优先级。

在配置安全区域的优先级时,需要遵循如下原则——只能为自定义的安全区域配置优先级。

④ 执行命令 add interface interface-type interface-number,将接口加入安全区域。Local 安全区域定义的是设备本身,包括各设备接口本身。向安全区域中添加接口,只是认为该接口所连接的网络属于该安全区域,而接口本身还是属于 Local 安全区域的。

在将接口加入安全区域时,需要遵循以下原则。

- 除 Local 安全区域外,在使用其他所有安全区域前,均需手动将接口加入安全区域。
- 加入安全区域的接口可以是物理接口,也可以是逻辑接口。

⑤ 可选:执行命令description text,添加安全区域的描述信息。

添加描述信息虽然不是配置安全区域的必选操作,但是合适的描述信息将会非常有助于管理员理解系统配置并进行设备维护。

(2)进入安全域间视图

只有当不同安全区域之间发生数据流动时,才会触发安全检查机制。所以如果想对跨安全区域的流量进行控制,需要进入安全域间并应用各种安全策略。在进入安全域间之前,需要已经创建好相关的两个安全区域,详细信息请参见上文"创建安全区域并将接口加入安全区域"。当一个新的安全区域创建完成后,其他的安全区域与该安全区域的安全域间视图已经自动创建。

① 执行命令system-view,进入系统视图。

② 执行命令firewall interzone zone-name1 zone-name2,进入安全域间视图。当数据在安全域间流动时,才会触发设备进行安全策略检查。进入安全域间视图后,可配置ASPF等安全功能。

(3)维护安全区域

通过执行命令可以对安全区域的配置及流量情况进行查看,以帮助用户了解实际的网络情况并决定如何在安全域间部署安全策略。

检查安全区域配置结果的相关操作及命令如表4-2 所示。

表 4-2 检查安全区域配置结果的相关操作及命令

操作	命令
查看当前已经存在的安全区域及其优先级、加入的接口等信息	display zone [zone-name] [interface | priority]
查看安全域间的配置信息	display interzone [zone-name1 zone-name2]

4.2.2 安全策略

防火墙（FW）的基本作用是对进出网络的访问行为进行控制，保护特定网络免受"不信任"网络的攻击，但同时还必须允许在两个网络之间可以进行合法的通信。FW的访问控制功能就是通过安全策略技术来实现的。

安全策略是FW的核心特性，它的作用是对通过FW的数据流进行检验，只有符合安全策略的合法流量才能通过FW进行转发，如图4-6所示。

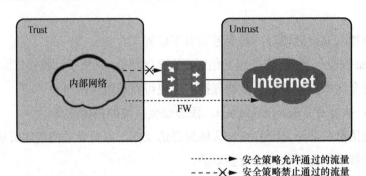

图4-6 FW的安全策略

防火墙的安全策略是由匹配条件（如五元组、用户、时间段等）和动作组成的控制规则，如图4-7所示。FW接收到流量后，对流量的属性（如五元组、用户、时间段等）进行识别，并将流量的属性与安全策略的匹配条件进行匹配。如果所有条件都匹配，则代表此流量成功匹配安全策略。流量成功匹配安全策略后，设备将会执行安全策略的动作。此外，用户还可以根据需求设置其他附加功能，如记录日志功能、配置会话老化时间及自定义长连接等。

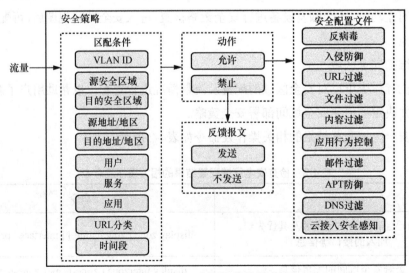

图4-7 FW安全策略的组成

下面具体讲解安全策略的匹配条件、动作及其他附加功能。安全策略的匹配条件均为可选，如果不选，默认为 any，表示该安全策略与任意报文均匹配。

安全策略的动作包括以下内容。

① 允许：如果动作为"允许"，则对流量进行如下处理。

- 如果没有配置内容安全检测机制，则允许流量通过防火墙。
- 如果配置了内容安全检测机制，最终根据内容安全检测的结论来判断防火墙是否对流量进行放行。内容安全检测机制包括反病毒、入侵防御等，它是通过在安全策略中引用安全配置文件来实现的。如果其中一个安全配置文件阻断了该流量，则 FW 将阻断该流量。如果所有的安全配置文件都允许该流量转发，则 FW 允许该流量转发。

② 禁止：表示拒绝符合条件的流量通过防火墙。

如果动作为"禁止"，FW 不仅可以将报文丢弃，还可以针对不同的报文类型选择发送对应的反馈报文。客户端/服务器在接收到 FW 发送的阻断报文后，应用层可以快速结束会话并让用户感知到请求被阻断，具体情况如下。

① Reset 客户端：FW 向 TCP 客户端发送 TCP reset 报文。
② Reset 服务器：FW 向 TCP 服务器发送 TCP reset 报文。
③ ICMP 不可达：FW 向报文客户端发送 ICMP 不可达报文。

如前所述，其他附加功能包括记录日志功能、会话老化时间和自定义长连接功能。

记录日志功能具体介绍如下。

① 记录流量日志：当流量命中动作为"允许"的安全策略时，生成会话，当会话老化时，如果开启记录流量日志功能，FW 将记录流量日志。

② 记录策略命中日志：当流量命中动作为"允许"或"禁止"的安全策略时，如果开启记录策略命中日志功能，FW 将记录策略命中日志。

③ 记录会话日志：当在 FW 上新建会话或会话老化时，如果开启记录会话日志功能，FW 将记录会话日志。

对于一个已经建立的会话表项，它只有不断被报文匹配才有存在的必要。如果长时间没有报文匹配该会话表项，则说明通信双方可能已经断开了连接，不再需要该会话表项了。此时，为了节约系统资源，系统会在一条会话表项连续未被匹配一段时间后，将其删除，即会话表项已经老化。管理员可以根据实际需要，基于安全策略设置会话老化时间。

通常情况下，在设备上对各种协议设定的默认老化时间已经可以满足各种协议的转发需求了。在不同的网络环境下管理员也可以通过调整各种协议的老化时间来保障业务的正常运行。但是对于某些特殊业务，一条会话中的两个连续报文之间的间隔时间可能会相当长。示例如下。

① 用户通过 FTP 下载大文件，需要间隔很长时间才会在控制通道上继续发送控制报文。

② 用户需要查询数据库服务器上的数据，这些查询操作的时间间隔远大于 TCP 的会话老化时间。

如果只靠延长这些业务所属协议的老化时间来解决这个问题，会导致一些同样属于这个协议，但并不需要这么长的老化时间的会话长时间不能被老化。这会导致系统资源被大量占用，系统性能下降，甚至无法再为其他业务建立会话。所以必须缩小延长老化时间的流量范围。自定义长连接功能可以解决这一问题。自定义长连接功能可以为这些特殊流量设定超长的老化时间，使这些特殊的业务数据流的会话信息长时间不被老化，保证此类业务正常运行。目前该功能只针对匹配安全策略的 TCP 报文生效。

4.2.3 状态检测和会话机制

FW 通过状态检测功能来对报文的链路状态进行合法性检查，丢弃链路状态不合法的报文。状态检测功能不仅检测普通报文，也对内层报文（VPN 报文解封装后的报文）进行检测。

当 FW 作为网络的唯一出口时，所有报文都必须经过 FW 转发。在这种情况下，一次通信过程中的来回两个传输方向的报文都能经过 FW 的处理，这种组网环境也被称为报文来回路径一致的组网环境。此时就可以在 FW 上开启状态检测功能，保证业务安全。

但是在报文来回路径不一致的组网环境中，FW 可能只会接收到通信过程中的后续报文，而没有接收到首包，如图 4-8 所示。

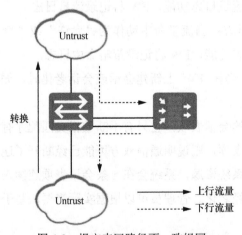

图 4-8 报文来回路径不一致组网

在这种情况下，为了保证业务运行正常，需要关闭 FW 的状态检测功能。在关闭状态检测功能后，FW 可以通过后续报文建立会话，保证业务的正常运行。

管理员可以根据实际需要，开启或关闭 TCP 和 ICMP 的状态检测功能。

1．通过 Web 界面配置状态检测功能

操作步骤如下。

(1) 在 Web 界面中，选择"系统"→"配置"→"高级配置"，如图 4-9 所示。

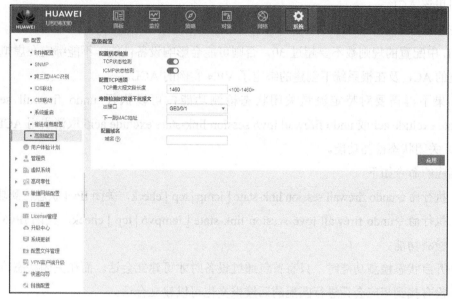

图 4-9 "高级配置"界面

(2) 启用"TCP 状态检测"功能或"ICMP 状态检测"功能。

"TCP 状态检测"功能和"ICMP 状态检测"功能是相互独立的，开启或关闭一种数据流的状态检测功能，不会对另一种数据流的状态检测功能产生影响。通过 Web 界面启用"TCP 状态检测"功能或"ICMP 状态检测"功能会同时开启 IPv4 和 IPv6 的状态检测功能。关闭"TCP 状态检测"功能会导致采用 TCP 代理方式的 SYN 泛洪攻击防范功能无法使用。

(3) 单击"应用"按钮。

2．通过 CLI 配置状态检测功能

管理员可以根据实际需要，通过 CLI 完成状态检测功能的配置，开启或关闭 IPv4/IPv6 的"TCP 状态检测"功能和"ICMP 状态检测"功能。操作步骤如下。

① 执行命令system-view，进入系统视图。

② 请根据需要选择开启或关闭状态检测功能。

a．开启状态检测功能。

相应的命令如下。

- 执行命令firewall session link-state [icmp | tcp] check，开启 IPv4 状态检测功能。

- 执行命令firewall ipv6 session link-state [icmpv6 | tcp] check，开启 IPv6 状态检测功能。

在某些特定场景中，链路状态检测功能已开启的情况下，如果希望不对某些匹配特定规则的流量进行状态检测，可以先创建高级 ACL，然后执行 firewall session link-state exclude acl acl-number 或 firewall ipv6 session link-state exclude acl6 acl-number 命令引用该 ACL。

注意应在该 ACL 中同时配置正反向规则，保证正反向流量都不进行状态检测。在一个 ACL 中配置的规则数不要超过 30，否则可能会影响设备性能。不能绑定在虚拟系统下创建的 ACL 及在根系统下创建的绑定了 VPN 实例的 ACL。

如果不再需要对特定流量关闭状态检测功能，可以执行 undo firewall session link-state exclude acl 或 undo firewall ipv6 session link-state exclude acl6 取消引用 ACL。

b．关闭状态检测功能。

相应的命令如下。

- 执行命令 undo firewall session link-state [icmp | tcp] check，关闭 IPv4 状态检测功能。
- 执行命令 undo firewall ipv6 session link-state [icmpv6 | tcp] check，关闭 IPv6 状态检测功能。

在开启状态检测功能时，只有首包通过设备时才可建立会话。而在关闭状态检测功能后，没有找到相应会话进行匹配的后续报文也可以建立会话。

如果状态检测功能关闭，配置的 first-fin 会话老化时间对第一个 first-fin 会话不生效。第一个 first-fin 会话老化时间保持不变。如前所述，关闭 TCP 状态检测功能会导致采用 TCP 代理方式的 SYN 泛洪攻击防范功能无法使用。

执行命令 display firewall [ipv6] session link-state 查看状态检测功能的开启情况。

查看 IPv4 状态检测功能的开启情况。由显示信息可知，TCP 流量的状态检测功能已开启，并对匹配了编号为 3456 的 ACL 规则的流量关闭状态检测功能。ICMP 流量的状态检测功能没有开启。

```
<FW> display firewall session link-state
 Current firewall session link-state:
 --------------------------------------
 TCP check:                    on
 ICMP check:                   off
 Exclude acl:                  3456
 --------------------------------------
```

查看 IPv6 状态检测功能的开启情况。由显示信息可知，TCP 流量和 ICMP 流量的状态检测功能都已开启，并对匹配了编号为 3333 的 ACL 规则的流量关闭状态检测功能。

```
<FW> display firewall ipv6 session link-state
 Current firewall ipv6 session link-state:
 --------------------------------------
 TCP check:                    on
 ICMPv6 check:                 on
 Exclude acl:                  3333
 --------------------------------------
```

会话表是用来记录 TCP、UDP、ICMP 等协议连接状态的表项,是 FW 转发报文的重要依据。

FW 采用了基于"状态"的报文控制机制——只对首包或者少量报文进行状态检测便确定了一条连接的状态,其余大量报文直接根据所属连接的状态进行控制。这种状态检测机制迅速提高了 FW 的检测和转发效率。

而会话表正是为了记录连接的状态而存在的。设备在转发 TCP、UDP 和 ICMP 报文时都需要通过查询会话表来判断该报文所属的连接及相应的处理措施。UDP 报文、TCP 报文、ICMP ping 报文、ICMPv6 ping 报文、GRE 报文、AH 报文、ESP 报文、IPIP 报文、OSPF 报文、RIP 报文、BFD 报文等 IP 类协议报文会创建会话,ICMP 差错报文、组播报文、广播报文、后续分片报文等非 IP 类协议报文不建立会话。

一个已建立的会话表项,其存在的意义在于不断有报文与之匹配。若长时间没有报文与该会话表项匹配,这意味着通信双方的连接已经中断,也就不再需要该会话表项了。为了有效利用系统资源,系统在检测到某一会话表项连续一段时间未被匹配后,会将其删除,这一过程被称为会话表项的老化,旨在释放不再需要的资源。

如果在会话表项老化之后,又有和这个会话表项五元组相同的报文通过,则系统会重新根据安全策略决定是否为其建立会话表项。如果不能建立会话表项,则这个报文是不能被转发的。所以会话表项老化时间的长短对系统转发产生以下影响。

① 如果会话表项老化时间过长,会导致系统中可能存在很多已经断开的连接的会话表项,占用系统资源,并且有可能导致新的会话表项不能正常建立,影响其他业务的转发。

② 如果会话表项老化时间过短,会导致一些间隔很长时间才收发一次报文的连接被系统强行中断运行,影响业务的转发。

在某些场景下,当网络遭受某些攻击时,FW 上的并发会话数快速增长,可能导致正常业务无法创建新的会话。FW 提供会话快速老化功能,在并发会话数或内存使用率达到一定阈值后,FW 会加速会话老化进程,提前老化会话,快速降低会话表使用率。

3. 通过 Web 配置服务老化时间

管理员可以根据实际需要,配置各服务对应的会话老化时间。通常情况下,可以直接使用系统默认的会话老化时间。如果需要修改会话老化时间,需要首先对实际网络中流量的类型和连接数作出估计和判断。对于某些需要进行长时间连接的特殊业务,建议配置长连接,而不是将一种协议类型的流量的老化时间全部延长。操作步骤如下。

① 选择"对象"→"服务"→"服务",服务列表如图 4-10 所示。

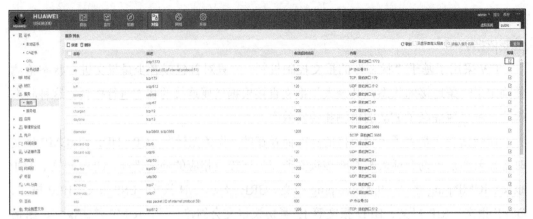

图 4-10 服务列表

② 单击服务对应的 ，修改"会话超时时间"。也可以单击"新建"自定义服务，并配置会话超时时间。

③ 单击"确定"按钮。

④ 可选：配置会话快速老化功能。会话快速老化功能对长连接会话、TCP/SCTP 的连接正在建立阶段和连接已经断开阶段的会话不生效。

a．选择"监控"→"报表"→"会话表"，如图 4-11 所示。

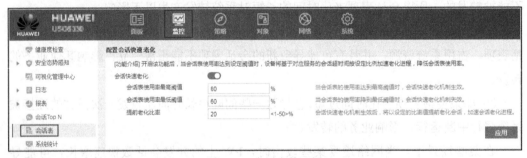

图 4-11 会话表的配置

b．启用会话快速老化功能。

c．指定"会话表使用率最高阈值"，当会话表使用率达到最高阈值时，会话快速老化功能生效。

d．指定"会话表使用率最低阈值"，当会话表使用率回到最低阈值及其以下时，会话快速老化功能失效。

e．指定"提前老化比率"，按指定比率提前老化会话。

比如将提前老化比率设置为 20%，某会话的正常老化时间为 5 分钟，在会话快速老化功能生效的情况下，提前 1（5×20%）分钟老化会话，当会话未被命中的时间达到 4 分钟时，该会话就会被删除。

f．单击"应用"按钮。

4.2.4　ASPF/ALG 技术

ASPF（针对应用层的包过滤/基于状态的报文过滤）功能可以自动检测某些报文的应用层信息并根据应用层信息开放相应的访问规则（生成 Server-map 表）。

以多通道协议[如 FTP、H.323 协议、SIP（会话起始协议）等]为例，这些多通道协议的应用需要先在控制通道中协商后续数据通道的 IP 地址和端口，然后根据协商结果建立数据通道。由于数据通道的 IP 地址和端口是动态协商的，管理员无法预知，因此无法制订完善精确的安全策略。为了保证数据通道的顺利建立，只能放开所有端口，这样显然会为服务器或客户端带来被攻击的风险。

开启 ASPF 功能后，FW 通过检测协商报文的应用层携带的 IP 地址和端口信息，自动生成相应的 Server-map 表，用于放行后续建立数据通道的报文，相当于自动创建了精细的"安全策略"。

ALG（应用层网关）功能用于在 NAT 场景下自动检测某些报文的应用层信息，根据应用层信息开放相应的访问规则（生成 Server-map 表），并自动转换报文载荷中的 IP 地址和端口。

普通 NAT 只能转换报文头中的 IP 地址和端口，无法对应用层中的数据进行转换。在许多应用层协议中，报文载荷中也带有 IP 地址或端口信息，如果不对这些数据进行转换，可能会导致后续通信异常。

通过配置 ALG 功能，既可以根据应用层信息开放相应的访问规则，同时也可以对应用层的数据进行 NAT。

ASPF 功能和 ALG 功能使用同一个配置，只是在不同场景下 FW 对报文的处理不同，因而该功能的叫法不同，在非 NAT 场景下叫 ASPF，在 NAT 场景下叫 ALG。

Server-map 表是实现 ASPF/ALG 功能的基础之一。Server-map 表用于放行某些基于安全策略无法明确放行的报文，是通过 ASPF/ALG 功能自动生成的精细"安全策略"，也是 FW 上的"隐形通道"。

ASPF/ALG 功能可以检测某些报文的应用层信息，并将应用层信息中的关键数据记录在 Serve-map 表中。后续报文命中 Server-map 表，将直接放行该报文或对其进行 NAT，并建立会话，不受安全策略控制。

以多通道协议（如 FTP、H.323 协议、SIP 等）的 ASPF 功能为例，这些多通道协议的应用通常需要建立控制通道和数据通道两个连接。在控制通道建立后，通过控制通道协商后续数据通道的 IP 地址和端口，然后根据协商结果建立数据通道。FW 通过动态检测协商报文的应用层携带的 IP 地址和端口信息，自动生成相应的 Server-map 表。后续的数据报文命中 Server-map 表被放行，从而成功建立数据通道。

以 FTP 的主动模式（FTP 服务器主动访问 FTP 客户端）为例，FW 检测 PORT 命令报文的应用层信息,将应用层携带的 IP 地址和端口信息记录在 Server-map 表中,如图 4-12 所示。

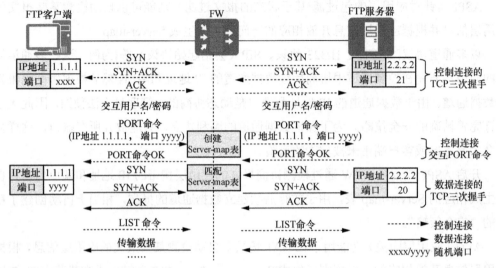

图 4-12　FTP 的主动模式的 ASPF

在 FW 上查看生成的 Server-map 表。

```
<sysname> display firewall server-map
Type: ASPF, 2.2.2.2 -> 1.1.1.1:yyyy, Zone: ---
  Protocol: tcp(Appro: ftp-data), Left-Time: 00:00:57
  VPN: public -> public
```

yyyy 端口即 FTP 客户端通过控制通道向 FTP 服务器开放的数据端口。后续 FTP 服务器(IP 地址为 2.2.2.2)主动访问 FTP 客户端(IP 地址为 1.1.1.1)的 yyyy 端口,数据报文由于匹配了该 Server-map 表而被放行。对于 ASPF/ALG 功能创建的 Server-map 表,只有在相应的流量经过设备时,才会生成相应的 Server-map 表。

ASPF/ALG 功能创建的 Server-map 表的优先级高于安全策略,报文命中了 ASPF/ALG 功能创建的 Server-map 表后直接被放行并生成会话表,不需要再匹配安全策略。后续报文如果命中了会话表则被直接放行,无须再匹配 Server-map 表。Server-map 表在简化的转发流程中的位置如图 4-13 所示。

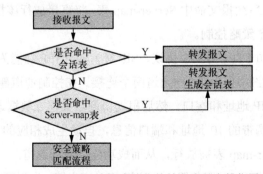

图 4-13　Server-map 表在简化的转发流程中的位置

除了手动清除 Server-map 表外，FW 也为 Server-map 表设定了老化机制。由于 Server-map 表也会占用一定的设备资源，其老化机制和会话表老化机制一样，当 Server-map 表未被流量匹配的时间达到老化时间时该 Server-map 表将会被删除。

和会话表老化时间不同，ASPF/ALG 功能创建的 Server-map 表的老化时间是固定的、不可配置的。比如 FTP 的 Server-map 表的老化时间为 15 秒。

1. 通过 Web 界面配置 ASPF/ALG 功能

为了简化配置，ASPF 功能和 ALG 功能使用同一个配置界面，无须重复配置。Web 配置是全局配置（对应配置 ASPF/ALG 功能的命令是 firewall detect protocol 命令），在开启了全局的 ASPF/ALG 功能后，同时开启了安全域间和安全域内的 ASPF/ALG 功能。当用户使用非知名端口提供知名应用服务时，可以先配置端口映射功能将该业务识别为知名应用，再开启相应协议的 ASPF/ALG 功能。

（1）选择"策略"→"ASPF 配置"。

（2）勾选需要检测的协议类型，如图 4-14 所示。

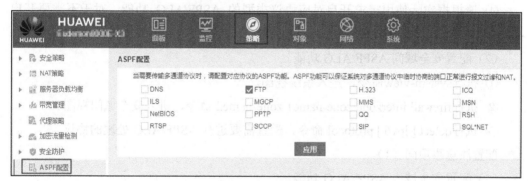

图 4-14 ASPF 配置

SIP 的 ASPF/ALG 功能仅对基于 UDP 的 SIP 流量和 TLS 加密的 SIP 流量生效。对于 TLS 加密的 SIP 流量，FW 会先进行 SSL 解密，然后进行 ASPF/ALG 处理。请根据实际使用需求开启对应协议类型的 ASPF/ALG 功能，对于不需要开启 ASPF/ALG 功能的协议类型请及时关闭此功能。

（3）单击"应用"按钮。

2. 通过 CLI 配置 ASPF/ALG 功能

也可以通过 CLI 配置知名协议的 ASPF/ALG 功能。为了简化配置，ASPF 功能和 ALG 功能使用的是同一个配置界面，无须重复配置。FW 支持配置全局、安全域间和安全域内的 ASPF/ALG 功能。

开启全局 ASPF/ALG 功能，相当于同时开启了安全域间和安全域内的 ASPF/ALG 功能，配置简单快速，但可能会造成很多不必要的流量进入 ASPF/ALG 处理流程，导致不必要的性能占用。开启安全域间或安全域内的 ASPF/ALG 功能后，FW 仅会对指定安全域间或安全域内的流量进行 ASPF/ALG 处理。

(1) 配置全局 ASPF/ALG 功能。

① 执行 system-view 命令，进入系统视图。

② 执行 firewall detect [ipv6] protocol 命令，配置需要进行 ASPF/ALG 处理的协议。配置时请注意以下几点。

① 如果需要对多种协议的流量进行 ASPF/ALG 处理，重复执行该命令。

② 在 NAT64 场景下，开启任意协议的 IPv4 ASPF/ALG 功能（无须指定 IPv6 参数）时，即开启了 NAT64 ALG 功能。在 DS-Lite 场景中，FW 对穿越 IPv6 网络的 IPv4 地址进行转换，在开启指定协议的 DS-Lite ALG 功能时，同样，无须指定 IPv6 参数。在 IPv6 非 NAT 和 NAT66 场景下，在开启指定协议的 IPv6 ASPF/NAT66 ALG 功能时，需要指定 IPv6 参数。

③ firewall detect sip 命令配置的针对 SIP 的 ASPF/ALG 功能仅对基于 UDP 的 SIP 流量或 TLS 加密的 SIP 流量生效。对于 TLS 加密的 SIP 流量，FW 会先进行 SSL 解密，然后进行 ASPF/ALG 处理。

④ 请根据实际使用需求开启对应协议类型的 ASPF/ALG 功能，对于不需要开启 ASPF/ALG 功能的协议类型请及时关闭此功能。

(2) 配置安全域间 ASPF/ALG 功能。

① 执行 system-view 命令，进入系统视图。

② 执行 firewall interzone zone-name1 zone-name2 命令，进入安全域间视图。

③ 执行 detect [ipv6] protocol 命令，配置需要进行 ASPF/ALG 处理的协议。

配置注意事项同（1）。

(3) 配置安全域内 ASPF/ALG 功能。

① 执行 system-view 命令，进入系统视图。

② 执行 firewall zone [name] zone-name 命令，进入安全域内视图。

③ 执行 detect [ipv6] protocol 命令，配置需要进行 ASPF/ALG 处理的协议。

配置注意事项同（1）。

4.3 防火墙在网络安全方案中的应用场景

4.3.1 防火墙在校园出口安全方案中的应用

本案例介绍了防火墙在校园出口安全方案中的应用。通过分析校园网面临的主要安全问题及校方在网络访问管理中的常见需求，本案例给出了最典型的防火墙应用方案，可以解决大多数情况下的校园网安全方案部署问题。本案例基于 USG6000&USG9500 V500R005C00 版本的防火墙，可供 USG6000&USG9500 V500R005C00、USG6000E V600R006C00 及后续版本的防火墙参考。不同版本的防火墙之间可能存在差异，请以实际版本为准。

随着教育信息化加速,高校网络建设日趋完善,在师生畅享丰富网络资源的同时,校园网络的安全问题也逐渐凸显,并直接影响学校的教学、管理、科研等活动。如何构建一个安全、高速的校园网,已成为高校网络管理者迫切需要解决的问题。

从网络层到应用层,校园网的各个层面都面临着不同的安全威胁,具体如下。

网络边界安全防护面临的安全威胁:校园网一般拥有多个出口,链路带宽高,校园网结构复杂;蠕虫病毒等计算机病毒的传播成为最大安全隐患;越来越多的外部网络远程接入校园网,面临极大安全挑战。

内容安全防护面临的安全威胁:无法及时发现和阻断网络入侵行为;需要对用户访问的 URL 进行控制,允许或禁止用户访问某些网页资源,规范上网行为;需要防范不当的网络留言和内容发布,防止造成不良的社会影响。

FW 作为高性能的下一代防火墙,可以部署在校园网出口处,帮助高校减少安全威胁,实现有效的网络管理。FW 不仅可以提供安全隔离和日常攻击防范能力,还具备多种高级应用安全能力,如高级攻击防范、IPS、防高级计算机病毒、上网行为审计等,在实施网络边界安全防护的同时提供应用层安全防护。

如图 4-15 所示,FW 作为安全网关部署在校园网出口外,提供私、公网互访的安全隔离和安全防护。FW 不仅可以提供传统的基于 IP 地址的安全策略制定和网络访问控制功能,还可以提供针对上网用户的访问控制和上网用户行为溯源功能。这极大程度地提升了网络管理者的工作灵活性,可以依据网络实际情况选择最高效的管控策略,并减少安全维护的工作量。

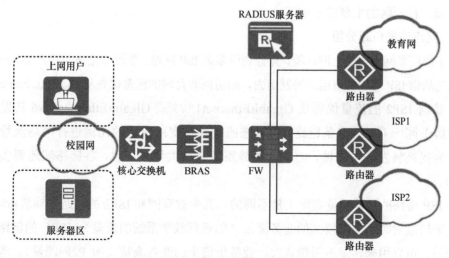

图 4-15 FW 在校园网中的应用

如图 4-16 所示,FW 作为安全网关部署在校园网出口处,为校内用户提供宽带服务,为校外用户提供服务器访问服务。由于校园网是逐步、分期发展起来的,所以出口链路的带宽并不均衡，其中教育网的链路带宽为 1Gbit/s，ISP1 的 3 条链路带宽分别为 200Mbit/s、1Gbit/s 和 200Mbit/s，ISP2 的 2 条链路带宽均为 1Gbit/s。

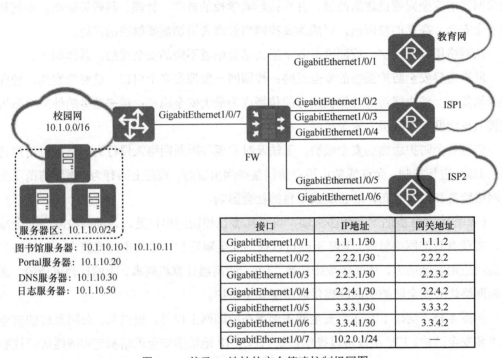

接口	IP地址	网关地址
GigabitEthernet1/0/1	1.1.1.1/30	1.1.1.2
GigabitEthernet1/0/2	2.2.2.1/30	2.2.2.2
GigabitEthernet1/0/3	2.2.3.1/30	2.2.3.2
GigabitEthernet1/0/4	2.2.4.1/30	2.2.4.2
GigabitEthernet1/0/5	3.3.3.1/30	3.3.3.2
GigabitEthernet1/0/6	3.3.4.1/30	3.3.4.2
GigabitEthernet1/0/7	10.2.0.1/24	—

图 4-16　基于 IP 地址的安全策略控制组网图

由于校园网主要是供学生学习和教师工作使用，所以在保证私网用户和服务器安全的同时，要合理分配带宽资源，并对网络流量进行负载分担，提升公私网用户的校园网访问体验。校园网的主要需求如下。

1. 网络流量负载分担

为了保证私网用户的上网体验，充分利用多条 ISP 链路，学校希望访问特定 ISP 网络的流量优先从该 ISP 对应的出接口转发出去，如访问教育网的流量优先从 GigabitEthernet1/0/1 转发，访问 ISP2 的流量优先从 GigabitEthernet1/0/5 或 GigabitEthernet1/0/6 转发。同时，对属于同一 ISP 的多条链路，可以按照链路带宽或权重的比例进行网络流量负载分担。为提高转发的可靠性，防止单条链路流量过大导致丢包，各链路间还要实现链路备份。

各 ISP 链路的传输质量实际上是不同的，其中教育网和 ISP2 的链路传输质量较高，可以用来转发对时延要求较高的业务流量（如远程教学系统的流量），ISP1 的链路传输质量较差，可以用来转发占用带宽大、业务价值小的业务流量（如 P2P 流量）。考虑到费用因素，访问其他高校服务器的流量、图书馆内用户的上网流量、所有匹配默认路由的流量均需要从教育网链路转发出去。

由于校内用户自动获得的是同一个 DNS 服务器地址，所以流量将从同一条 ISP 链路转发出去。学校希望充分利用其他链路资源，所以要分流部分 DNS 请求报文到其他 ISP 链路上。如果只是改变了报文的出接口，还是无法解决后续上网流量集中在一条链路上传输的问题。所以要将报文发送到不同 ISP 的 DNS 服务器上，这样解析后的地址就属于不同的 ISP 了，达到了分流的目的。

学校内部署的 DNS 服务器提供域名解析服务，当不同 ISP 的用户访问学校网站时，可以解析到属于自己的 ISP 的地址，不会解析到其他 ISP 的地址，提高访问质量。

由于访问图书馆服务器的流量较大，所以需要部署 2 台服务器对流量进行负载分担。

2．地址转换

校内用户访问 Internet 时需要使用公网 IP 地址。

校内服务器使用公网 IP 地址同时为私、公网用户提供服务。校内服务器包括图书馆服务器、Portal 服务器、DNS 服务器等。

3．安全防护

按照网络设备所处的位置划分不同区域，并对各区域间的流量进行安全隔离，控制各区域间的互访权限。例如，允许校内用户访问公网资源，只允许公网用户访问校内服务器的指定端口。

防火墙能够防御常见的 DDoS 攻击（如 SYN 泛洪攻击）和单包攻击[如 LAND（局域网拒绝服务）攻击]，且能够对网络入侵行为进行阻断或告警。

4．带宽管控

由于带宽资源有限，所以学校希望限制 P2P 流量占用的带宽比例，并限制每个用户的 P2P 流量所占用带宽。常见的 P2P 流量主要来源于下载软件（如迅雷）、音乐软件（如酷我音乐、酷狗音乐）或视频网站及软件（如爱奇艺、搜狐影音）。

5．溯源审计

为了防止个别校内用户的不当网络行为对学校声誉造成损害，并做到事后能够回溯和还原事件，需要对校内用户的网络行为进行审计，供日后审查和分析。需要审计的网络行为和内容主要包括 URL 访问记录、BBS 和微博的发帖内容、HTTP 上传和下载行为、FTP 上传和下载行为。

学校部署了日志服务器，需要在日志服务器上查看攻击防范和入侵检测的日志，并且能够查看 NAT 前后的 IP 地址。

4.3.2　防火墙在企业园区出口安全方案中的应用

本案例介绍了如何将设备作为大中型企业的出口网关，来进行企业网络安全防护。本案例描述了设备最常用的场景和特性，可供管理员在规划和组建企业网络时参考。仍基于 USG6000&USG9500　V500R005C00 版本的防火墙介绍，可供 USG6000&USG9500

V500R005C00、USG6000E V600R006C00 及后续版本的防火墙参考。不同版本的防火墙之间可能存在差异，请以实际版本为准。

企业园区网指企业或者机构的内部网络，路由结构完全由同一个机构来管理，与广域互联、数据中心相关。合作伙伴、出差员工或者访客等通过 VPN、WAN 或者 Internet 访问企业内部网络。企业园区网通常是一种用户密度较高的非运营网络，在有限的网络空间内聚集了大量的终端和用户。企业园区网应注重网络的简单可靠、易部署、易维护的特性。因此在企业园区网中，网络拓扑结构通常以星形结构为主，较少使用环网结构（环网结构较多运用在运营商的城域网和骨干网中，可以节约光纤资源）。

企业园区网架构如图 4-17 所示，数据从私网用户处出发，需要经过三层汇聚交换机、三层核心交换机及网关设备接入 Internet。

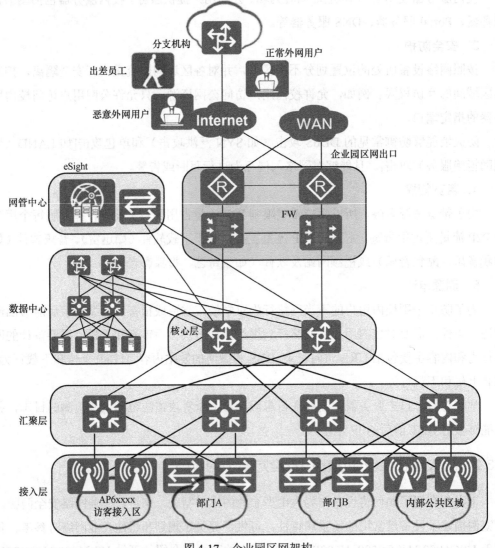

图 4-17 企业园区网架构

企业内部员工按照负责业务类型的不同,被划分在多个不同部门中。在保证企业私网用户能正常访问 Internet 并不被公网恶意流量攻击的基础上,企业园区网还要对不同部门员工的上网权限和流量进行限制。同时,还要保证分支机构员工和出差员工能正常访问企业总部网络以便进行业务交流和资源共享。

接入层:负责将各种终端接入企业园区网络,通常由以太网交换机组成。对于某些终端,可能还要增加特定的接入设备,如无线接入的 AP 设备、POTS 话机接入的 IAD(综合接入设备)等。

汇聚层:汇聚层将众多的接入设备和大量用户经过一次汇聚后再接入核心层,扩展核心层接入用户的数量。

核心层:核心层负责整个企业园区网的高速互联,一般不部署具体业务。核心网需要实现带宽的高利用率和故障的快速收敛。

企业园区网出口:企业园区网出口是企业园区网与外部公网的边界,企业园区网的内部用户通过边缘网络接入公网,外部用户(包括客户、合作伙伴、分支机构、远程用户等)也通过边缘网络接入私网。

数据中心:部署服务器和应用系统的区域,为企业内部和外部用户提供数据和应用服务。

网管中心:对网络、服务器、应用系统进行管理的区域,包括故障管理、配置管理、性能管理、安全管理等工作。

FW 通常作为企业园区网出口的网关,常见特性如下。

双机热备:为提升网络可靠性,可在企业园区网出口部署两台 FW 以构成双机热备组网。当一台 FW 所在链路出现问题时,企业网络流量可被切换至备用 FW,保证企业内外部的正常通信。

NAT:由于 IPv4 公网地址资源有限,企业私网为企业私网用户分配的一般是私网地址,很少会直接分配公网地址,当企业私网用户访问 Internet 时需要进行地址转换,将 FW 部署在企业私网的 Internet 出口可提供 NAT 功能。

安全防护:FW 可提供攻击防范功能,保护企业网络免受外网恶意流量攻击。

内容安全:FW 可提供入侵防御、反病毒及 URL 过滤等安全功能,为企业私网提供绿色的网络环境。

带宽管理:FW 可提供带宽管理功能,按照应用或用户等识别流量并针对不同流量进行带宽控制。

在接入 Internet 时,企业的网络环境在访问控制、安全防护、出口带宽管理等方面面临诸多问题。在企业私网的 Internet 出口部署 FW,可以帮助企业解决这些问题,保证业务正常运行。

如图 4-18 所示,某企业分别向两个 ISP 租用了两条 10Gbit/s 链路,为企业网用户提供宽带上网服务。该企业还在服务器区内部署了服务器,为公私网用户提供访问功能。

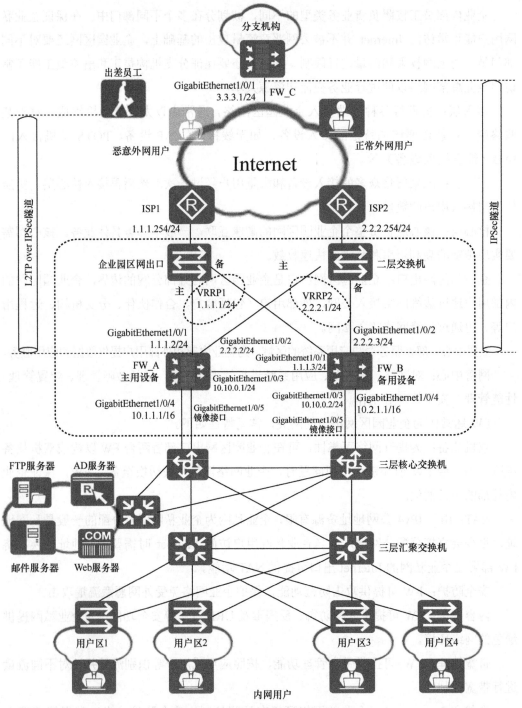

图 4-18 企业出口安全防护组网

在企业私网的 Internet 出口处部署了两台 FW 作为出口网关连接企业园区公私网并保护企业私网的安全。两台 FW 的上行接口通过出口汇聚交换机与两个 ISP 相连接,下行接口通过三层核心交换机与企业私网和服务器区内的交换机相连接。

企业内部员工众多，业务复杂，流量构成多种多样，企业在将私网接入 Internet 时需要实现的目标及面临的问题具体如下。

① 企业园区网出口网关设备必须具备较高的可靠性，为了避免单点故障，要求使用两台设备形成双机热备状态。当一台设备发生故障时，另一台设备会接替其工作，不会影响业务正常运行。

② 企业从两个 ISP 租用了两条链路，要求企业网出口网关设备可以识别流量的应用类型，将不同应用类型的流量送往合适的链路，提高链路利用率，避免网络拥塞。

③ 企业内部用户分为研发部员工、市场部员工、生产部员工及管理者等，根据企业内部各个部门的实际业务需求，在企业网出口网关设备上基于用户/部门和应用来制定访问控制策略。

④ 为了实现企业私网大量用户通过公网地址访问 Internet 的目的，要求企业网出口网关设备能够将私网地址转换为公网地址。

⑤ 在网关设备上存储用户和部门的信息，体现企业的组织结构，供策略引用。在服务器区内部署 AD 服务器，为实现基于用户的网络行为控制和网络权限分配提供基础。

⑥ 为企业外的用户提供访问 Web 服务器和 FTP 服务器的功能。

⑦ 企业私网面临来自 Internet 的非法访问及各种攻击和入侵行为，要求企业网出口网关设备可以防范各种病毒（蠕虫、木马）和僵尸网络攻击，保护企业网络的安全。此外，对企业员工访问的网站进行过滤，禁止访问所有非法网站。

⑧ 要求企业网出口网关设备防范针对企业私网的 SYN 泛洪攻击、UDP 泛洪攻击和畸形报文攻击。

⑨ 要求企业网出口网关设备可以基于应用的流量控制，对大量占用网络带宽的流量（如 P2P 流量）进行限制，保证关键业务的正常运行。此外，还可以基于不同用户/部门实施差异化的带宽管理。

⑩ 要求出差和家庭办公的研发员工能够安全地使用企业的 ERP 系统和邮件系统，高级管理者和市场员工能够像在企业私网上一样正常办公。

第5章
防火墙网络地址转换技术

本章主要内容

5.1 NAT 概述

5.2 源 NAT 技术

5.3 目的 NAT 技术

5.4 双向 NAT 技术

NAT 是一种地址转换技术，支持对报文的源地址进行转换，也支持对报文的目的地址进行转换；是一种在数据包传输过程中修改网络地址信息的方法，通过将一个网络的 IP 地址空间重新映射到另一个网络中。NAT 用于连接两个网络，并将内部网络中的私有（不是全局唯一的）地址转换为合法地址，通常是用于互联网的可路由地址。NAT 允许在一个网络上的多台设备共享单个 IP 地址，在节省公共 IP 地址方面起了很大的作用。然而，它也可能在 P2P 网络场景（如在线游戏和 VoIP）中引入限制。P2P 网络场景依赖于使用唯一 IP 地址直接与互联网上的其他设备进行通信的能力。

NAT 有几种不同的实现方式。最简单的一种实现方式被称为静态 NAT，它将内部网络中的一个私有 IP 地址映射为一个公共 IP 地址。这样，外部网络中的设备可以访问内部网络中的设备，而内部网络中的设备则可以访问互联网。但是，静态 NAT 只能支持有限数量的设备，因为它需要手动配置每台设备的映射关系。

为了突破静态 NAT 的限制，一种被称为动态 NAT 的 NAT 实现方式被开发了出来。动态 NAT 可以自动检测内部网络中的设备并为它们分配公共 IP 地址。这种方法通常与网络地址和端口翻译（NAPT）一起使用，它通过不同的端口号来区分内部网络中的不同设备，并为它们分配唯一的公共 IP 地址。

尽管 NAT 可以为许多网络提供便利和保护，但它也会对某些应用程序造成影响。例如，如果两台设备都在使用 NAT，它们将无法直接相互通信，因为它们都在私有地址空间中。此外，如果应用程序需要在互联网上公开自己的 IP 地址和端口号，那么使用 NAT 可能会导致无法实现此目标。

5.1 NAT 概述

NAT 也是一种网络协议，用于将一个 IP 地址转换为另一个 IP 地址，或将一个端口号转换为另一个端口号，以实现两个不同的网络之间的通信。NAT 通常被用于将一个公网 IP 地址映射为一个或多个私网 IP 地址，以便在内部网络中使用 Internet 服务。NAT 有 3 种基本类型——源 NAT、目的 NAT 和双向 NAT，在下文中将具体介绍。NAT 的优点是可以将内部网络隐藏在外网后面，提高了网络的安全性；同时，NAT 可以节省公网 IP 地址的使用，因为一个公网 IP 地址可以被多个私网 IP 地址共享。

5.1.1 NAT 类型

如前所述，根据转换方式的不同，NAT 可以分为以下 3 类，如表 5-1 所示。

表 5-1 NAT 分类

分类		转换内容	是否转换端口	适合场景
源 NAT	转换源 IP 地址时不转换端口	源 IP 地址	否	适合公网 IP 地址数量充足的、仅有少量私网用户访问 Internet 的场景。私网 IP 地址与公网 IP 地址一对一转换
	转换源 IP 地址时转换端口	源 IP 地址	是	适合大量的私网用户访问 Internet 的场景。大量私网 IP 地址转换为少量公网 IP 地址
目的 NAT	静态目的 NAT（包括目的 NAT 策略和 NAT Server）：公网 IP 地址与私网 IP 地址一对一映射	目的 IP 地址	可选	适用于通过一个公网 IP 地址访问一个私网 IP 地址或者多个公网 IP 地址访问多个私网 IP 地址的场景
	静态目的 NAT（包括目的 NAT 策略和 NAT Server）：公网端口与私网端口一对一映射	目的 IP 地址	可选	适用于通过一个公网 IP 地址的多个端口访问一个私网 IP 地址的多个端口的场景
	静态目的 NAT（包括目的 NAT 策略和 NAT Server）：公网 IP 地址的多个端口与多个私网 IP 地址一对一映射	目的 IP 地址	是	适用于通过一个公网 IP 地址的多个端口访问多个私网 IP 地址的场景
	静态目的 NAT（包括目的 NAT 策略和 NAT Server）：多个公网 IP 地址与多个私网端口一对一映射	目的 IP 地址	是	适用于通过多个公网 IP 地址访问一个私网 IP 地址的多个端口的场景
	动态目的 NAT（包括目的 NAT 策略和基于 ACL 的目的 NAT 策略）：公网 IP 地址随机转换为目的 IP 地址池中的地址	目的 IP 地址	可选	适合公网 IP 地址与私网 IP 地址之间不存在固定的映射关系，公网 IP 地址随机转换为目的 IP 地址池中的 IP 地址的场景
双向 NAT	源 NAT+静态目的 NAT	源 IP 地址+目的 IP 地址	可选	适合源和目的 IP 地址同时需要转换，且目的 IP 地址转换前后存在固定映射关系的场景
	源 NAT+动态目的 NAT	源 IP 地址+目的 IP 地址	可选	适合源和目的IP地址同时需要转换，且目的 IP 地址转换前后不存在固定映射关系的场景

5.1.2 NAT 策略

FW 的 NAT 功能可以通过配置 NAT 策略实现。NAT 策略由转换后的 IP 地址（IP 地址池中的 IP 地址或者出接口中的 IP 地址）、匹配条件、动作 3 部分组成。

IP 地址池类型包括源 IP 地址池（NAT No-PAT、NAPT、三元组 NAT、Smart NAT）和目的 IP 地址池。根据 NAT 方式的不同，可以选择不同类型的 IP 地址池或者出接口方式。

匹配条件包括源 IP 地址、目的 IP 地址、源安全区域、目的安全区域、出接口、服务、时间段。根据不同的需求配置不同的匹配条件，对与匹配条件相符合的流量进行 NAT。目的 NAT 策略不支持配置目的安全区域和出接口。

动作包括源 IP 地址转换或者目的 IP 地址转换。无论是源 IP 地址转换还是目的 IP 地址转换，都可以对与匹配条件相符合的流量进行 NAT 或者不进行 NAT。

如果创建了多条 NAT 策略，设备会从上到下依次进行匹配，如图 5-1 所示。如果流量匹配了某个 NAT 策略，进行 NAT 后，将不再与下一个 NAT 策略进行匹配。双向 NAT 策略和目的 NAT 策略会在源 NAT 策略的前面与流量进行匹配。双向 NAT 策略和目的 NAT 策略之间按配置先后顺序排列，源 NAT 策略也按配置先后顺序排列。新增的策略和被修改 NAT 动作的策略都会被调整到同类 NAT 策略的最后面与流量进行匹配。NAT 策略的匹配顺序可根据需要调整，但是源 NAT 策略不允许调整到双向 NAT 策略和目的 NAT 策略之前。

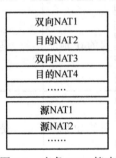

图 5-1　多条 NAT 策略

5.1.3　NAT 处理流程

不同的 NAT 类型对应不同的 NAT 策略，在 FW 上的处理顺序不同，如图 5-2 所示。对 NAT 处理流程的简述如下。

① FW 接收到报文后，查找 NATServer 生成的 Server-map 表，如果报文匹配到 Server-map 表，则根据表项转换报文的目的 IP 地址，然后执行步骤④；如果报文没有匹配到 Server-map 表，则执行步骤②。

② 查找基于 ACL 的目的 NAT，如果报文符合匹配条件，则转换报文的目的 IP 地址，然后执行步骤④；如果报文不符合基于 ACL 的目的 NAT 的匹配条件，则执行步骤③。

③ 查找 NAT 策略中的目的 NAT，如果报文符合匹配条件，则在转换报文的目的 IP 地址后进行路由处理；如果报文不符合目的 NAT 的匹配条件，则直接进行路由处理。

④ 根据报文当前的信息查找路由（包括策略路由），如果找到路由，则进入步骤⑤；

如果没有找到路由，则丢弃报文。

⑤ 查找安全策略，如果安全策略允许报文通过且之前并未匹配过 NAT 策略（目的 NAT 或者双向 NAT），则执行步骤⑥；如果安全策略允许报文通过且之前匹配过双向 NAT，则直接进行源 IP 地址转换，然后创建会话并进入步骤⑦；如果安全策略允许报文通过且之前匹配过目的 NAT，则直接创建会话，然后执行步骤⑦；如果安全策略不允许报文通过，则丢弃报文。

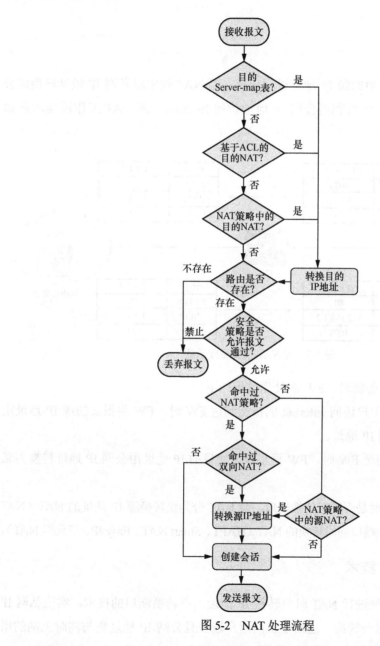

图 5-2 NAT 处理流程

⑥ 查找 NAT 策略中的源 NAT，如果报文符合源 NAT 的匹配条件，则转换报文的

源 IP 地址，然后创建会话；如果报文不符合源 NAT 的匹配条件，则直接创建会话。

⑦ FW 发送报文。

NAT 策略中的目的 NAT 会在路由和安全策略之前处理，NAT 策略中的源 NAT 会在路由和安全策略之后处理。因此，配置路由和安全策略的源 IP 地址是 NAT 前的源 IP 地址，配置路由和安全策略的目的 IP 地址是 NAT 转换后目的地址。

5.2 源 NAT 技术

源 NAT 是指对报文中的源 IP 地址进行转换。源 NAT 技术将私网 IP 地址转换成公网 IP 地址，使私网用户可以利用公网 IP 地址访问 Internet。源 NAT 工作原理示意如图 5-3 所示。

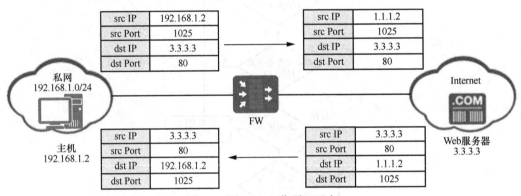

图 5-3　源 NAT 工作原理示意

当主机访问 Web 服务器时，FW 的处理过程如下。

① 当私网 IP 地址用户访问 Internet 的报文到达 FW 时，FW 将报文的源 IP 地址由私网 IP 地址转换为公网 IP 地址。

② 当回程报文返回至 FW 时，FW 再将报文的目的 IP 地址由公网 IP 地址转换为私网 IP 地址。

根据转换源 IP 地址时是否同时转换端口，源 NAT 分为仅转换源 IP 地址的 NAT（NAT No-PAT）、源 IP 地址和源端口同时转换的 NAT（NAPT、Smart NAT、Easy IP、三元组 NAT）。

5.2.1　NAT No-PAT 技术

NAT No-PAT 是一种进行 NAT 时只转换 IP 地址，不转换端口的技术，实现私网 IP 地址与公网 IP 地址一对一转换。适用于上网用户较少且公网 IP 地址数与同时上网的用户数量相同的场景。工作原理如图 5-4 所示。

当主机访问 Web 服务器时，FW 的处理过程如下。

① FW 接收到主机发送的报文后，根据目的 IP 地址判断报文需要在 Trust 区域和 Untrust 区域之间流动，通过安全策略检查后继而查找 NAT 策略，发现需要对报文进行地址转换。

② FW 根据轮询算法从 NAT 地址池中选择一个空闲的公网 IP 地址，替换报文的源 IP 地址，并建立 Server-map 表和会话表，然后将报文发送至 Internet。

③ FW 接收到 Web 服务器响应主机的报文后，通过查找会话表匹配到步骤②中建立的表项，将报文的目的 IP 地址替换为主机的 IP 地址，然后将报文发送至私网。

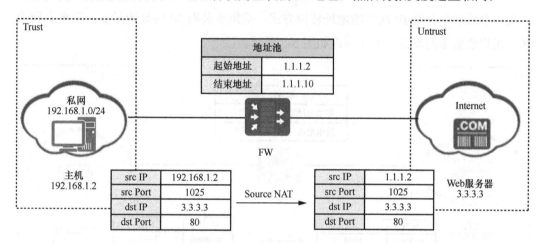

图 5-4 NAT No-PAT 工作原理

在此方式下，公网 IP 地址和私网 IP 地址之间属于一对一转换。如果 NAT 地址池中的地址已经全部分配出去了，则剩余私网主机访问公网时不会进行 NAT，直到 NAT 地址池中有空闲地址才会进行 NAT。

在 FW 上生成的 Server-map 表中存放主机的私网 IP 地址与公网 IP 地址间的映射关系。

正向 Server-map 表项保证在特定私网主机访问 Internet 时，快速转换地址，提高了 FW 处理效率。

反向 Server-map 表项允许 Internet 上的主机主动访问私网主机，对报文进行地址转换。

NAT No-PAT 可分为两种，具体如下。

① 本地 No-PAT 生成的 Server-map 表包含安全区域参数，只有此安全区域中的服务器可以访问私网主机。

② 全局 No-PAT 生成的 Server-map 表不包含安全区域参数，一旦建立，所有安全区域内的服务器都可以访问私网主机。

5.2.2 NAPT 技术

NAPT 是一种在进行 NAT 时同时转换 IP 地址和端口的技术，实现多个私网 IP 地址共用一个或多个公网 IP 地址的地址转换方式。适用于公网 IP 地址数量少，需要上网的私网用户数量多的场景。工作原理如图 5-5 所示。

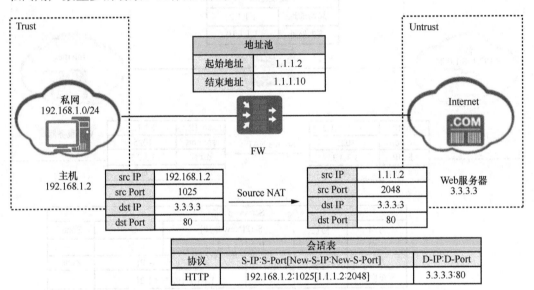

图 5-5　NAPT 工作原理

当主机访问 Web 服务器时，FW 的处理过程如下。

① FW 接收到主机发送的报文后，根据目的 IP 地址判断报文需要在 Trust 区域和 Untrust 区域之间流动，通过安全策略检查后继而查找 NAT 策略，发现需要对报文进行地址转换。

② FW 根据源 IP 哈希算法从 NAT 地址池中选择一个公网 IP 地址，替换报文的源 IP 地址，同时使用新的端口号替换报文的源端口号，并建立会话表，然后将报文发送至 Internet。

③ FW 接收到 Web 服务器响应主机的报文后，通过查找会话表匹配到步骤②中建立的表项，将报文的目的 IP 地址替换为主机的 IP 地址，将报文的目的端口号替换为原始的端口号，然后将报文发送至私网。

在此方式下，由于进行地址转换的同时还进行端口的转换，可以实现多个私网用户共同使用同一个公网 IP 地址上网，FW 根据端口号区分不同用户，所以可以支持更多用户同时上网。此外，NAPT 方式不会生成 Server-map 表，这一点也与 NAT No-PAT 方式不同。

5.2.3 Smart NAT 技术

Smart NAT 是 NAT No-PAT 的一种补充。Smart NAT 是一种可以在 NAT No-PAT 的 NAT 模式下，指定某个 IP 地址预留进行 NAPT 的地址转换方式。适用于平时上网的用户数量少，公网 IP 地址数量与同时上网用户数基本相同，但个别时段上网用户数激增的场景。

在使用 NAT No-PAT 方式时，进行地址池的一对一转换。随着内部用户数量的不断增加，地址池中的地址数可能不能再满足用户上网需求，部分用户将因得不到转换地址而无法访问 Internet。此时，用户可以利用预留的 IP 地址进行 NAPT，然后访问 Internet。工作原理如图 5-6 所示。

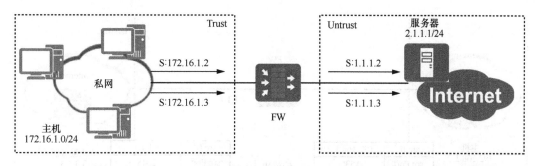

图 5-6 Smart NAT 工作原理

当私网中的多台主机同时访问服务器时，处理过程如下。

① FW 接收到私网发送的报文后，根据目的 IP 地址判断报文需要在 Trust 区域和 Untrust 区域之间流动，通过域间安全策略检查后继而查找域间 NAT 策略，发现需要对报文进行地址转换。

② 如果 NAT 地址池中有空闲地址，FW 会从 NAT 地址池中选择一个空闲的公网 IP 地址，替换报文的源 IP 地址，并建立会话表，然后将报文发送至服务器。

③ 如果 NAT 地址池中没有空闲地址，FW 使用预留的 NAPT 地址替换报文的源 IP 地址，同时使用新的端口号替换报文的源端口号，并建立会话表，然后将报文发送至 Internet。

在此方式下，FW 优先采用 NAT No-PAT 的方式转换地址。当可使用 NAT No-PAT

方式转换的公网 IP 地址用完时,新的用户连接将使用预留的 IP 地址进行 NAPT 方式的地址转换。

5.2.4　Easy IP 技术

Easy IP 是一种利用出接口的公网 IP 地址作为 NAT 后的 IP 地址,同时转换地址和端口的地址转换方式。对于动态获取接口 IP 的场景,Easy IP 也一样支持。

当 FW 的公网接口通过拨号方式动态获取公网 IP 地址时,如果只想使用这一个公网 IP 地址进行地址转换,此时不能在 NAT 地址池中配置固定的 IP 地址,因为公网 IP 地址是动态变化的。此时,可以使用 Easy IP 方式,即使出接口上获取的公网 IP 地址发生变化,FW 也会按照新的公网 IP 地址来进行地址转换。工作原理如图 5-7 所示。

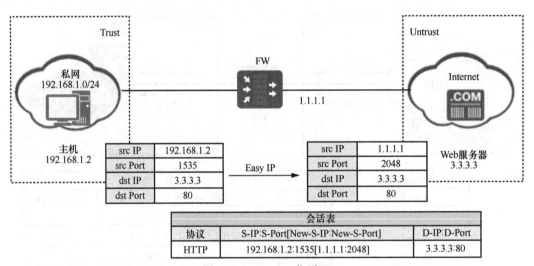

图 5-7　Easy IP 工作原理

当主机访问 Web 服务器时,FW 的处理过程如下。

① FW 接收到主机发送的报文后,根据目的 IP 地址判断报文需要在 Trust 区域和 Untrust 区域之间流动,通过安全策略检查后继而查找 NAT 策略,发现需要对报文进行地址转换。

② FW 使用与 Internet 连接的接口的公网 IP 地址替换报文的源 IP 地址,同时使用新的端口号替换报文的源端口号,并建立会话表,然后将报文发送至 Internet。

③ FW 接收到 Web 服务器响应主机的报文后,通过查找会话表匹配到步骤②中建立的表项,将报文的目的地址替换为主机的 IP 地址,将报文的目的端口号替换为原始的端口号,然后将报文发送至私网。

在此方式下,由于进行地址转换的同时还进行端口转换,可以实现多个私网用户共同使用同一个公网 IP 地址上网,FW 根据端口号区分不同用户,所以可以支持更多用户同时上网。

5.2.5 三元组 NAT 技术

三元组 NAT 是一种同时转换地址和端口，实现多个私网 IP 地址共用一个或多个公网 IP 地址的地址转换方式。它允许 Internet 上的主机主动访问私网主机，与基于 P2P 技术的文件共享、语音通信、视频传输等业务可以很好地共存。

当私网主机访问 Internet 时，如果 FW 采用五元组 NAT（NAPT）方式进行地址转换，外部设备无法通过转换后的地址和端口主动访问内部主机。

使用三元组 NAT 方式可以很好地解决上述问题，因为三元组 NAT 方式有以下两个特点。工作原理如图 5-8 所示。

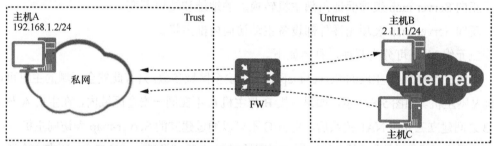

图 5-8 三元组 NAT 工作原理

① 三元组 NAT 的端口不能复用，保证了内部主机对外呈现的端口的一致性，不会发生动态变化，但是公网 IP 地址利用率低。

② 支持外部设备通过转换后的地址和端口主动访问内部主机。FW 即使没有配置相应的安全策略，也允许此类访问报文通过。

在默认情况下，端点无关过滤功能处于开启状态。端点无关过滤功能开启后，当 Internet 上的主机主动访问位于私网中的主机时，将会匹配目的 Server-map 表，FW 根据目的 Server-map 表中的转换关系进行地址转换，然后不查找安全策略，直接转发报文。如果没有开启端点无关过滤功能，则还是会查找安全策略规则，根据安全策略决定是否转发报文。

当主机 A 访问主机 B 时，FW 的处理流程如下。

① FW 接收到主机 A 发送的报文后，根据目的 IP 地址判断报文需要在 Trust 区域和 Untrust 区域之间流动，通过域间安全策略检查后继而查找域间 NAT 策略，发现需要对

报文进行地址转换。

② FW 从 NAT 地址池中选择一个公网 IP 地址，将报文的源 IP 地址替换为 1.1.1.10，将报文的端口号替换为 2296，并建立会话表和 Server-map 表，然后将报文发送至主机 B。

③ FW 接收到主机 B 响应主机 A 的报文后，通过查找会话表匹配到步骤②中建立的表项，将报文的目的 IP 地址替换为 192.168.1.2，将端口号替换为 6363，然后将报文发送至主机 A。

④ 在 Server-Map 表老化之前，当 FW 接收到主机 C 访问主机 A 的请求时，也可以通过查找 Server-map 表匹配 IP 地址映射关系，然后将报文发送至主机 A。

FW 上生成的 Server-map 表中存放主机的私网 IP 地址与公网 IP 地址间的映射关系。

正向 Server-map 表项保证内部主机转换后的地址和端口不变。

反向 Server-map 表项允许外部设备主动访问内部主机。

三元组 NAT 可分为两种，具体如下。

本地三元组 NAT 生成的 Server-map 表包含安全区域参数，只有此安全区域的主机可以访问私网主机。如图 5-8 所示，如果主机 B 与主机 C 不在同一安全区域内，在主机 A 与主机 B 之间建立三元组 NAT 关系后，主机 C 不可以通过建立的 Server-map 表访问主机 A。

全局三元组 NAT 生成的 Server-map 表不包含安全区域参数，一旦建立，所有安全区域内的主机都可以访问私网主机。如果主机 B 与主机 C 不在同一安全区域内，在主机 A 与主机 B 之间建立三元组 NAT 关系后，主机 C 也可以通过建立的 Server-map 表访问主机 A。

FW 支持 Smart 三元组 NAT 功能，可以根据报文的目的端口来选择分配端口的模式，在一定程度上提高了公网 IP 地址的利用率。当报文的目的端口在设置的端口范围之内，则采用 NAPT 模式来分配端口，如果报文的目的端口不在设置的端口范围之内，则采用三元组 NAT 模式来分配端口。

5.2.6 源 NAT 配置要点

源 NAT 配置基本过程如下。

① 配置源 NAT 地址池，指定 NAT 后使用的公网 IP 地址范围。如果配置 Easy IP 方式的源 NAT，不用执行此步骤。

　a. 创建地址池，配置地址池包含的地址段。

　b. 根据源 NAT 类型指定地址池模式。

　c. 可选：控制地址池的使用。支持配置 NAT 后的端口范围、每个公网 IP 地址对应的私网 IP 地址数。

② 配置 NAT 策略进行地址转换。

　a. 创建 NAT 规则并配置匹配条件，指定需要进行源 NAT 的数据流。

　b. 配置策略动作。

1. 配置源 NAT 地址池

(1) 创建地址池。

在指定地址池中包含的地址范围时,一种配置方式是直接配置一个或多个地址段;另一种配置方式是先指定一个大的地址范围,再排除不允许使用的地址和端口,如表 5-2 所示。

表 5-2 创建地址池

操作	命令
创建地址池	nat address-group group-name [group-number]
配置地址段	section [id] start-ipv4 [end-ipv4]
排除部分地址或端口号	exclude-ip { ip-address1 [to ip-address2] | ip-address1 mask { mask-value | mask-length } } exclude-port port1 [to port2]

(2) 配置地址池模式。

不同源 NAT 类型的地址池模式不同,如表 5-3 所示。配置命令如下。

```
mode { pat | no-pat { global | local } | full-cone { global | local } [ no-reverse ] }
```

表 5-3 不同源 NAT 类型的地址池及配置命令与说明

源 NAT 模式	命令	说明
NAT No-PAT	mode no-pat { global | local }	—
NAPT	mode pat	—
三元组 NAT	mode full-cone { global | local } [no-reverse] 可选:smart-fullcone exclude-dest-port port1 port2	三元组 NAT 还支持保留一个端口用于 NAPT
Smart NAT	mode no-pat { global | local } smart-nopat ip-address	对于 Smart NAT,配置地址池模式后还需要指定一个保留地址用于 NAPT

(3) 可选:控制地址池中地址的使用。

控制地址池中地址的使用如表 5-4 所示。

表 5-4 控制地址池中地址的使用

操作	命令
限制每个公网 IP 地址对应的私网 IP 地址数	srcip-car-num srcip-number [no-port-translation]
限制端口转换后的端口范围	nat port range begin-port end-port
配置地址池状态	status { maintenance | inactive }

（4）配置黑洞路由，使用route enable命令，避免路由环路。

2．配置 NAT 策略

设备的 NAT 通过 NAT 策略下的 NAT 规则实现。创建 NAT 规则指定需要转换的数据流及转换动作。

如果同时配置多条 NAT 规则，设备会在 NAT 规则列表中从上到下依次进行匹配。如果流量与某个 NAT 规则相匹配，将不再继续匹配。因此配置时要注意配置顺序。

创建 NAT 规则并配置匹配条件。在匹配流量时各种匹配条件均为可选配置，默认情况下为"any"。如果选择配置，则满足所配置条件的流量才会匹配成功。如果选择不配置，相当于不对该匹配条件进行要求。

3．配置 NAT 规则的动作

配置 NAT 规则的动作，命令如下。

```
action { source-nat { address-group address-group-name | easy-ip } | no-nat }
```

NAT 规划的动作包括 nat 动作和 no-nat 动作。nat 动作表示对该数据流进行 NAT，no-nat 动作表示不对该数据流进行 NAT。

no-nat 动作主要用于配置一些特殊客户端。例如需要对 192.168.1.0/24 网段内除 192.168.1.2 以外的所有主机进行 NAT，可以利用 NAT 策略的匹配优先级，先配置一条不对 192.168.1.2 网段进行转换的 NAT 策略，再配置一条对 192.168.1.0/24 网段进行转换的 NAT 策略。

5.3 目的 NAT 技术

目的 NAT 是指对报文中的目的地址和端口进行转换。目的 NAT 技术将公网 IP 地址转换成私网 IP 地址，使公网用户可以利用公网 IP 地址访问内部服务器。目的 NAT 工作原理如图 5-9 所示。

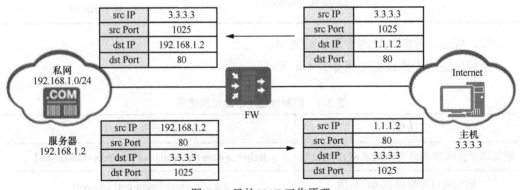

图 5-9　目的 NAT 工作原理

当公网用户访问私网服务器时，FW 的处理过程如下。

① 当公网用户访问私网服务器的报文到达 FW 时，FW 将报文的目的 IP 地址由公网 IP 地址转换为私网 IP 地址。

② 当回程报文返回至 FW 时，FW 再将报文的源地址由私网 IP 地址转换为公网 IP 地址。

根据转换后的目的 IP 地址是否固定，目的 NAT 分为静态目的 NAT 和动态目的 NAT。

5.3.1 静态目的 NAT 技术

静态目的 NAT 是一种转换报文目的 IP 地址的方式，且 NAT 前后的 IP 地址之间存在一种固定的映射关系。

通常情况下，出于安全考虑，不允许公网主动访问私网。但是在某些情况下，还是希望能够为公网访问私网提供一种途径。例如，企业需要将私网中的资源提供给公网中的客户和出差员工，供他们访问。

基于 NAT 策略的静态目的 NAT 工作原理如图 5-10 所示。

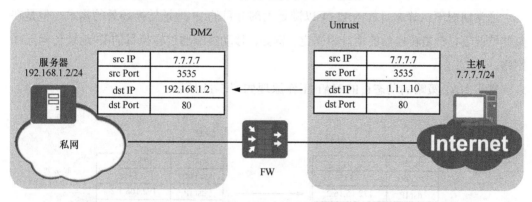

图 5-10 基于 NAT 策略的静态目的 NAT 工作原理

如图 5-10 所示，当主机访问服务器时，FW 的处理过程如下。

① FW 接收到 Internet 上的用户访问 1.1.1.10 的报文的首包后，对匹配 NAT 策略的报文的目的 IP 地址进行 NAT。

② FW 选择一个私网 IP 地址，替换报文的目的 IP 地址，同时可以选择使用新的端口号替换目的端口号或者端口号保持不变。在公网 IP 地址与私网 IP 地址进行一对一映射的场景下，公网 IP 地址与目的地址池中的地址按顺序一对一进行映射，FW 从地址池中依次取出私网 IP 地址，替换报文的目的 IP 地址。

③ 报文通过安全策略后，FW 建立会话表，然后将报文发送至私网服务器。

④ FW 接收到服务器响应主机的报文后，通过查找会话表匹配步骤③中建立的表

项，用原主机报文的目的 IP 地址（1.1.1.10）替换服务器的 IP 地址（192.168.1.2），然后将报文发送至主机。

⑤ 主机后续发送给服务器的报文，FW 都会直接根据会话表项的记录对其进行转换。

NAT Server 会生成 Server-map 表，并通过 Server-map 表保存 NAT 前后的地址之间的映射关系。与 NAT Server 不同，基于 NAT 策略的静态目的 NAT 不会产生 Server-map 表。但如果转换前的地址没有变化，转换后的目的地址也不会改变，转换前后的目的地址之间依然会存在固定的映射关系。FW 在进行地址转换的过程中还可以选择是否将多个地址转换为同一个目的地址，是否选择端口转换，以满足不同场景的需求。

5.3.2 动态目的 NAT 技术

动态目的 NAT 是一种动态转换报文目的 IP 地址的方式，转换前后的地址之间不存在一种固定的映射关系。

通常情况下，静态目的 NAT 可以满足大部分目的 IP 地址转换场景的需求。但是在某些情况下，希望转换后的地址不固定。例如，移动终端通过转换目的 IP 地址访问无线网络。

基于 NAT 策略的动态目的 NAT 工作原理如图 5-11 所示。

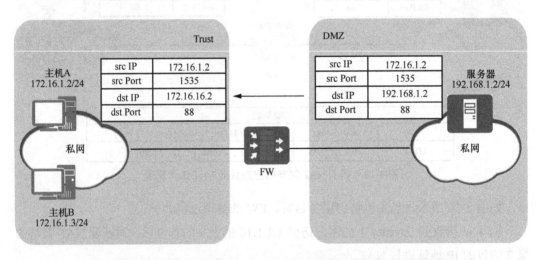

图 5-11　基于 NAT 策略的动态目的 NAT 工作原理

当主机 A 访问服务器时，FW 的处理过程如下。

① FW 接收到主机 A 发送的报文后，将匹配 NAT 策略的报文进行目的地址转换，

从 NAT 地址池中随机选择一个地址作为转换后的地址，将报文的目的 IP 地址由 172.16.16.2 转换为 192.168.1.2。

② FW 通过安全域间安全策略检查后建立会话表，然后将报文发送至服务器。

③ FW 接收到服务器响应主机 A 的报文后，通过查找会话表匹配到步骤②中建立的表项，将报文的源地址替换为 172.16.16.2，然后将报文发送至主机 A。

基于 ACL 的目的 NAT 将符合特定条件的报文的目的地址及目的端口转换为指定的地址及端口。其中特定条件包含"安全区域""ACL"两项，即设备只对来自某一安全区域且命中特定 ACL 的报文进行目的 NAT。工作原理与基于 NAT 策略的动态目的 NAT 的工作原理类似，区别在于转换地址的匹配条件不同。基于 ACL 的目的 NAT 通过特定条件匹配，而基于 NAT 策略的动态目的 NAT 通过 NAT 策略匹配。

5.3.3 目的 NAT 配置要点

目的 NAT 配置基本过程如下。

① 配置目的 NAT 地址池，指定 NAT 后使用的私网 IP 地址范围。

② 通过配置 NAT 策略进行 NAT。

a. 创建 NAT 规则并配置匹配条件，指定需要进行目的 NAT 的数据流。

b. 配置 NAT 策略动作。

1. 配置目的 NAT 地址池

（1）创建地址池并配置地址段，如表 5-5 所示。

表 5-5 创建地址池并配置地址段

操作	命令
创建地址池	destination-nat address-group address-group-name [address-group-number]
配置地址段	section start-address end-address [weight weight-value]

（2）配置黑洞路由，避免路由环路。

```
ip route-static x.x.x.x 255.255.255.255 NULL0
```

2. 配置 NAT 策略

设备的 NAT 通过 NAT 策略下的 NAT 规则实现。创建 NAT 规则指定需要进行 NAT 的数据流及转换动作。

如果同时配置多条 NAT 规则，设备会在 NAT 规则列表中从上到下依次进行匹配。如果流量匹配了某个 NAT 规则，将不再继续匹配。因此配置时要注意配置顺序。

（1）创建 NAT 规则并配置匹配条件。

（2）配置 NAT 规则的动作。

```
action destination-nat
```

5.4 双向 NAT 技术

双向 NAT 指的是在转换过程中同时转换报文的源信息和目的信息。双向 NAT 不是一个单独的功能，而是源 NAT 和目的 NAT 的组合。双向 NAT 针对同一条流，在其经过 FW 时同时转换报文的源地址和目的地址。

双向 NAT 主要应用在以下两个场景中。

1．公网用户访问内部服务器

当公网用户访问内部服务器时，使用该双向 NAT 功能同时转换该报文的源和目的地址可以避免在内部服务器上设置网关，简化配置。

如图 5-12 所示，当主机访问服务器时，FW 的处理过程如下。

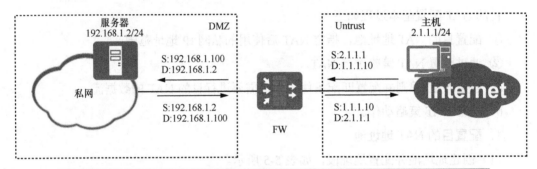

图 5-12　公网用户访问内部服务器的工作原理

① FW 对匹配双向 NAT 处理策略的报文进行 NAT。

② FW 从目的 NAT 地址池中选择一个私网 IP 地址替换报文的目的 IP 地址，同时使用新的端口号替换报文的目的端口号。

③ 判断是否满足安全策略的要求，通过安全策略后从源 NAT 地址池中选择一个私网 IP 地址替换报文的源 IP 地址，同时使用新的端口号替换报文的源端口号，并建立会话表，然后将报文发送至私网。

④ FW 接收到服务器响应主机的报文后，通过查找会话表匹配建立的表项，将报文的源 IP 地址和目的 IP 地址替换为原先的 IP 地址，将报文源和目的端口号替换为原始的端口号，然后将报文发送至 Internet。

2．私网用户访问内部服务器

私网用户与内部服务器在同一安全区域内的同一网段时，私网用户希望像公网用户一样,通过公网地址来访问内部服务器。

如图 5-13 所示,当主机访问服务器时,FW 的处理过程如下。

① FW 对匹配双向 NAT 处理策略的报文进行地址转换。

② FW 从目的 NAT 地址池中选择一个私网 IP 地址替换报文的目的 IP 地址,同时使用新的端口号替换报文的目的端口号。

③ 判断是否满足安全策略的要求,通过安全策略后从源 NAT 地址池中选择一个公网 IP 地址替换报文的源 IP 地址,同时使用新的端口号替换报文的源端口号,并建立会话表,然后将报文发送至服务器。

④ FW 接收到服务器响应主机的报文后,通过查找会话表匹配建立的表项,将报文的源 IP 地址和目的 IP 地址替换原先的 IP 地址,将报文源和目的端口号替换为原始的端口号,然后将报文发送至主机。

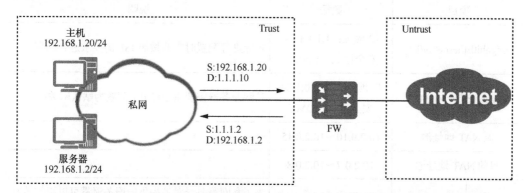

图 5-13　私网用户访问内部服务器的工作原理

在 FW 中,双向 NAT 还可采用源 NAT 和 NAT Server 组合的方式。通过源 NAT 转换报文的源 IP 地址,同时通过 NAT Server 转换同一报文的目的 IP 地址,实现双向 NAT 功能。

5.4.1　公网用户通过双向 NAT 访问内部服务器

企业在网络边界处部署了 FW 作为安全网关。为了使私网 Web 服务器和 FTP 服务器能够对外提供服务,需要在 FW 上配置目的 NAT。除了公网接口的 IP 地址外,企业还向 ISP 申请了 IP 地址(1.1.10.10、1.1.10.11)作为私网服务器对外提供服务的地址。同时,为了简化内部服务器的回程路由配置,通过配置源 NAT 策略,使内部服务器默认将回应报文发给 FW。网络环境如图 5-14 所示,其中路由器是 ISP 提供的接入网关。

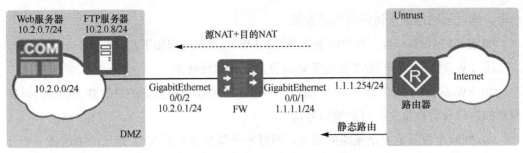

图 5-14 源 NAT+目的 NAT 组网

1．数据规划

公网用户通过双向 NAT 访问内部服务器的数据规划如表 5-6 所示。

表 5-6 公网用户通过双向 NAT 访问内部服务器的数据规划

项目		数据	说明
GigabitEthernet 0/0/1		IP 地址：1.1.1.1/24 安全区域：Untrust	实际进行配置时需要按照 ISP 的要求进行配置
GigabitEthernet 0/0/2		IP 地址：10.2.0.1/24 安全区域：DMZ	私网服务器需要将 10.2.0.1 配置为默认网关
源 NAT 地址池		10.2.0.10～10.2.0.15	—
目的 NAT 地址池		10.2.0.7～10.2.0.8	—
路由	默认路由	目的地址：0.0.0.0 下一跳：1.1.1.254	为了私网服务器对外提供的服务流量可以正常转发至 ISP 的路由器，可以在 FW 上配置去往 Internet 的默认路由

2．配置思路

① 配置接口 IP 地址和安全区域，完成网络基本参数配置。

② 配置安全策略，允许公网用户访问内部服务器。

③ 配置目的 NAT 策略，将公网访问内部服务器报文的目的 IP 地址转换为目的 NAT 地址池中的地址。

④ 配置源 NAT 策略，将公网访问内部服务器报文的源 IP 地址转换为源 NAT 地址池中的地址。

⑤ 在 FW 上配置默认路由，使私网服务器对外提供的服务流量可以正常转发至 ISP 的路由器。

⑥ 在路由器上配置映射到服务器上的公网 IP 地址的静态路由。

3．操作步骤

（1）配置 FW 的接口 IP 地址，并将接口加入安全区域。

① 配置接口 GigabitEthernet 0/0/1 的 IP 地址，并将该接口加入安全区域。

a. 选择"网络"→"接口"。

b. 在"接口列表"中,单击接口 GigabitEthernet 0/0/1 所在行的 ☑,按表 5-7 中的参数进行配置。

表 5-7 配置接口 GigabitEthernet 0/0/1 的 IP 地址参数

安全区域	Untrust
IPv4	
IP 地址	1.1.1.1/24

c. 单击"确定"按钮。

② 配置接口 GigabitEthernet 0/0/2 的 IP 地址,并将该接口加入安全区域。

a. 在"接口列表"中,单击接口 GigabitEthernet 0/0/2 所在行的 ☑,按表 5-8 中的参数进行配置。

表 5-8 配置接口 GigabitEthernet 0/0/2 的 IP 地址参数

安全区域	DMZ
IPv4	
IP 地址	10.2.0.1/24

b. 单击"确定"按钮。

(2) 配置安全策略,允许公网用户访问内部服务器。

① 选择"策略"→"安全策略"→"安全策略"。

② 在"安全策略列表"中,单击"新建",选择"新建安全策略",按表 5-9 中的参数配置安全策略。

表 5-9 配置安全策略参数

名称	policy1
源安全区域	Untrust
目的安全区域	DMZ
目的地址/地区	10.2.0.0/24
动作	允许

③ 单击"确定"按钮。

(3) 配置 NAT 地址池和 NAT 策略。

① 选择"策略"→"NAT 策略"→"NAT 策略"→"源转换地址池",如图 5-15 所示。

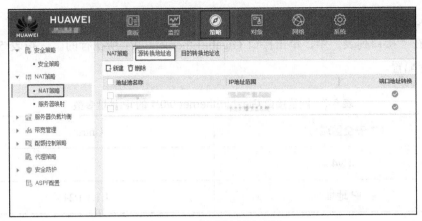

图 5-15 源转换地址池配置

② 在"源转换地址池"界面中,单击"新建"按钮,按相应的参数配置 NAT 地址池。"新建源转换地址池"界面如图 5-16 所示。

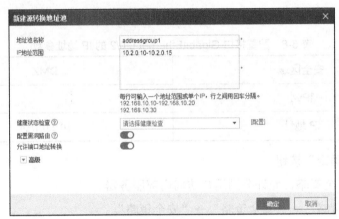

图 5-16 "新建源转换地址池"界面

③ 单击"确定"按钮。

④ 选择"策略"→"NAT 策略"→"NAT 策略"→"目的转换地址池",如图 5-17 所示。

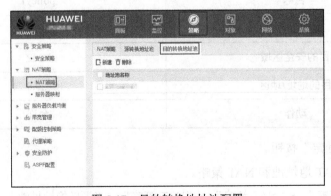

图 5-17 目的转换地址池配置

⑤ 在"目的转换地址池"界面中,单击"新建"按钮,按相应的参数配置 NAT 地址池。"新建目的转换地址池"界面如图 5-18 所示。

图 5-18 "新建目的转换地址池"界面

⑥ 单击"确定"按钮。
⑦ 选择"策略"→"NAT 策略"→"NAT 策略",如图 5-19 所示。

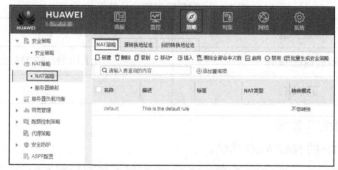

图 5-19 NAT 策略配置

⑧ 在"NAT 策略"界面中,单击"新建"按钮,按相应的参数配置 NAT 策略。"新建 NAT 策略"界面如图 5-20 所示。

图 5-20 "新建 NAT 策略"界面

⑨ 单击"确定"按钮。

(4) 在 FW 上配置黑洞路由,以防路由环路。

① 选择"网络"→"路由"→"静态路由"。

② 在"静态路由"界面中,单击"新建",按表 5-10 中的参数配置黑洞路由。

表 5-10 配置黑洞路由参数 1

协议类型	IPv4
目的地址/掩码	1.1.10.10/255.255.255.0
下一跳	NULL0

③ 重复上述步骤,按表 5-11 中的参数配置黑洞路由。

表 5-11 配置黑洞路由参数 2

协议类型	IPv4
目的地址/掩码	1.1.10.11/255.255.255.0
下一跳	NULL0

④ 单击"确定"按钮。

(5) 开启 FTP 的 NAT ALG 功能。

① 选择"策略"→"ASPF 配置","ASPF 配置"界面如图 5-21 所示。

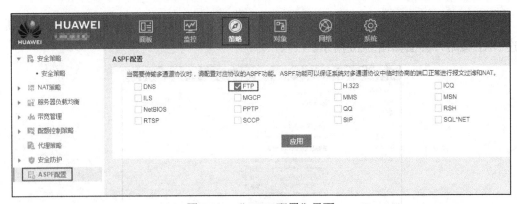

图 5-21 "ASPF 配置"界面

② 在"ASPF 配置"界面上,勾选"FTP"。

(6) 在 FW 上配置默认路由,使私网服务器对外提供的服务流量可以正常转发至 ISP 的路由器。

① 选择"网络"→"路由"→"静态路由"。

② 在"静态路由"界面中,单击"新建",按表 5-12 中的参数配置默认路由。

表 5-12　配置默认路由参数

协议类型	IPv4
目的地址/掩码	0.0.0.0/0.0.0.0
下一跳	1.1.1.254

③ 单击"确定"按钮。

（7）在路由器上配置到公网 IP 地址（1.1.10.10、1.1.10.11）的静态路由，下一跳为 1.1.1.1，使得去服务器的流量能够送往 FW。通常需要联系 ISP 的网络管理员来配置此静态路由。

5.4.2　公网用户通过 NAT Server 访问内部服务器

某企业在网络边界处部署了 FW 作为安全网关。为了使私网 Web 服务器和 FTP 服务器能够对外提供服务，需要在 FW 上配置 NAT Server 功能。除了公网接口的 IP 地址外，企业还向 ISP 申请了一个 IP 地址（1.1.1.10）作为内网服务器对外提供服务的地址。网络环境如图 5-22 所示，其中路由器是 ISP 提供的接入网关。

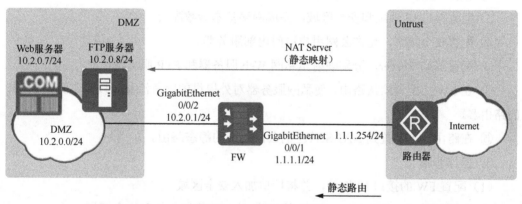

图 5-22　NAT Server 组网

1．数据规划

公网用户通过 NAT Server 访问内部服务器的数据规划如表 5-13 所示。

表 5-13　公网用户通过 NAT Server 访问内部服务器的数据规划

项目	数据	说明
GigabitEthernet 0/0/1	IP 地址：1.1.1.1/24 安全区域：Untrust	实际进行配置时需要按照 ISP 的要求进行配置
GigabitEthernet 0/0/2	IP 地址：10.2.0.1/24 安全区域：DMZ	内网服务器需要将 10.2.0.1 配置为默认网关

续表

项目		数据	说明
NAT Server		名称：policy_web 公网地址：1.1.1.10 私网地址：10.2.0.7 公网端口：8080 私网端口：80	通过该映射，使公私网用户能够访问 1.1.1.10，且通过 8080 端口的流量能够被送给私网的 Web 服务器。 Web 服务器的私网地址为 10.2.0.7，私网端口号为 80
		名称：policy_ftp 公网地址：1.1.1.10 私网地址：10.2.0.8 公网端口：21 私网端口：21	通过该映射，使公私网用户能够访问 1.1.1.10，且通过 21 端口的流量能够送给内网的 FTP 服务器。 FTP 服务器的私网地址为 10.2.0.8，私网端口号为 21
路由	默认路由	目的地址：0.0.0.0 下一跳：1.1.1.254	为了私网服务器对外提供的服务流量可以正常转发至 ISP 的路由器，可以在 FW 上配置去往 Internet 的默认路由

2．配置思路

公网用户通过 NAT Server 访问内部服务器的配置思路如下。

① 配置接口 IP 地址和安全区域，完成网络基本参数配置。

② 配置安全策略，允许公网用户访问内部服务器。

③ 配置 NAT Server，分别映射至私网 Web 服务器和 FTP 服务器。

④ 在 FW 上配置默认路由，使私网服务器对外提供的服务流量可以正常转发至 ISP 的路由器。

⑤ 在路由器上配置到 NAT Server 的公网地址的静态路由。

3．操作步骤

（1）配置 FW 的接口 IP 地址，并将接口加入安全区域。

① 配置接口 GigabitEthernet 0/0/1 的 IP 地址，并将接口加入安全区域。

a．选择"网络"→"接口"。

b．在"接口"界面中，单击接口 GigabitEthernet 0/0/1 所在行的 ☑，按表 5-14 中的参数进行配置。

表 5-14　配置接口 GigabitEthernet 0/0/1 的 IP 地址参数

安全区域	Untrust
IPv4	
IP 地址	1.1.1.1/24

c．单击"确定"按钮。

② 配置接口 GigabitEthernet 0/0/2 的 IP 地址，并将接口加入安全区域。

a．在"接口"界面中，单击接口 GigabitEthernet 0/0/2 所在行的 ⬜，按表 5-15 中的参数进行配置。

表 5-15　配置接口 GigabitEthernet 0/0/2 的 IP 地址参数

安全区域	DMZ
IPv4	
IP 地址	10.2.0.1/24

b．单击"确定"按钮。

（2）配置安全策略，允许外部网络用户访问内部服务器。

① 选择"策略"→"安全策略"→"安全策略"。

② 在"安全策略"界面中，单击"新建"，选择"新建安全策略"，按表 5-16 中的参数配置安全策略。

表 5-16　配置安全策略参数

名称	policy1
源安全区域	Untrust
目的安全区域	DMZ
目的地址/地区	10.2.0.0/24
动作	允许

③ 单击"确定"按钮。

（3）配置服务器映射（NAT Server）功能，创建两条服务器映射，分别映射内网 Web 服务器和 FTP 服务器。

① 选择"策略"→"NAT 策略"→"服务器映射"，如图 5-23 所示。

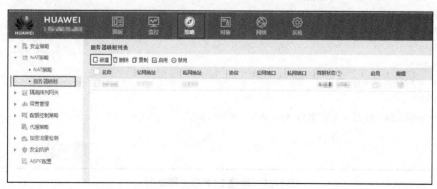

图 5-23　服务器映射配置

② 单击"新建"按钮，按相应的参数配置服务器映射，用于映射私网 Web 服务器，如图 5-24 所示。

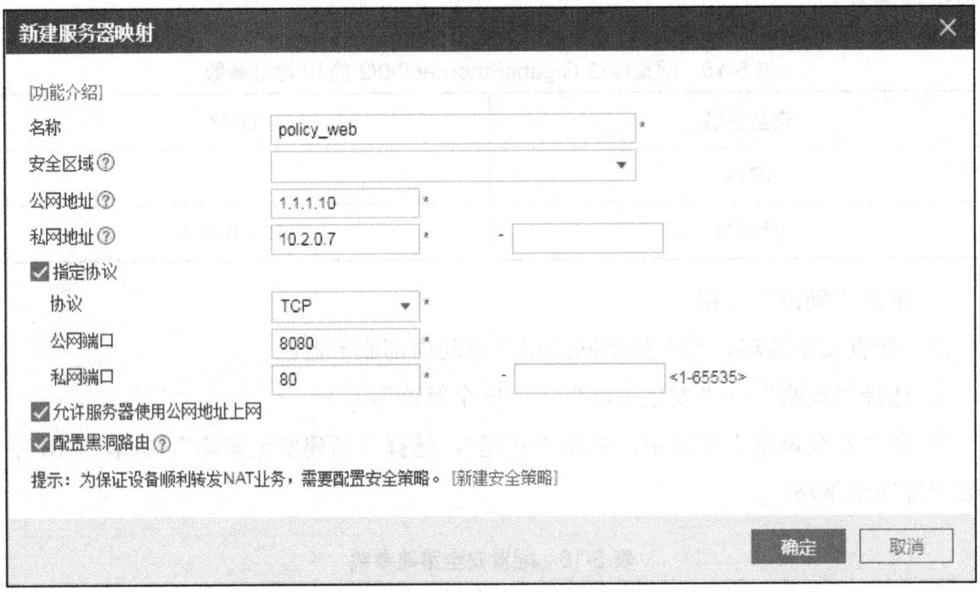

图 5-24 新建 Web 服务器映射

③ 单击"确定"按钮。

④ 参考上述步骤，按相应的参数再创建一条服务器映射，用于映射私网 FTP 服务器，如图 5-25 所示。

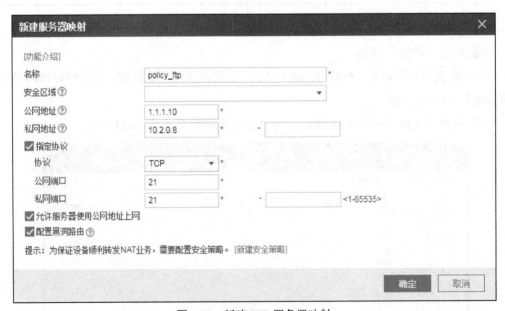

图 5-25 新建 FTP 服务器映射

当 NAT Server 的 global 地址与公网接口地址不在同一网段时，必须配置黑洞路由；

当 NAT Server 的 global 地址与公网接口地址在同一网段时,建议配置黑洞路由;当 NAT Server 的 global 地址与公网接口地址一致时,不会产生路由环路,不需要配置黑洞路由。

(4) 开启 FTP 的 NAT ALG 功能。

① 选择"策略"→"ASPF 配置",如图 5-21 所示。

② 在"ASPF 配置"界面上,勾选"FTP"。

(5) 在 FW 上配置默认路由,使私网服务器对外提供的服务流量可以正常转发至 ISP 的路由器。

① 选择"网络"→"路由"→"静态路由"。

② 在"静态路由"界面中,单击"新建"按钮,按表 5-17 中的参数配置默认路由。

表 5-17 配置默认路由参数

协议类型	IPv4
目的地址/掩码	0.0.0.0/0.0.0.0
下一跳	1.1.1.254

③ 单击"确定"按钮。

(6) 在路由器上配置到服务器映射的公网 IP 地址(1.1.1.10)的静态路由,下一跳为 1.1.1.1,使得去服务器的流量能够送往 FW。通常需要联系 ISP 的网络管理员来配置此静态路由。

第6章
防火墙双机热备技术

本章主要内容

6.1 双机热备技术原理

6.2 VRRP 备份

6.3 双机热备基本组网与配置

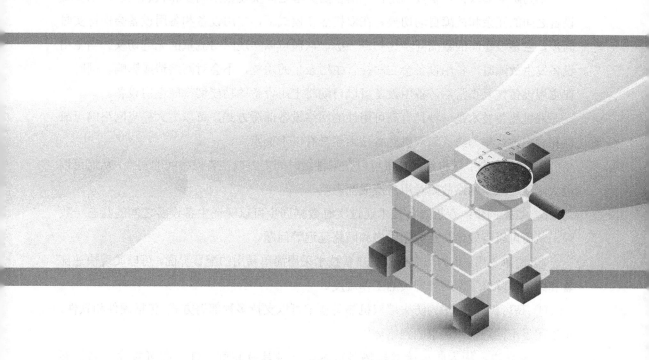

华为防火墙双机热备技术是指在两台防火墙之间实现数据同步和状态同步,以实现设备之间的冗余和故障自动切换。在双机热备模式下,主用设备和备用设备会保持实时同步,主备设备间的数据同步达到毫秒级,从而可以实现网络流量的无缝切换。当主用设备发生故障时,备用设备会立即接管主用设备的功能,不会对网络造成影响。同时,在主用设备恢复正常后,备用设备可以自动将主用设备的功能切换回主用设备。

双机热备技术是一种具有高可用性的网络设备部署方式,可以大大提高网络的可靠性和稳定性。华为防火墙双机热备技术还具有以下优点。

① 快速切换:双机热备技术可以在毫秒级时间内完成主备设备间的切换,从而可以最大限度地减少网络故障对用户造成的影响。

② 数据同步:双机热备技术通过实时数据同步可以保证主备设备之间的状态一致性,从而可以有效地防止数据丢失和网络延迟等问题。

③ 简单易用:华为防火墙双机热备技术采用简单易用的配置界面,可以实现快速部署和维护,降低了网络管理员的工作难度。

④ 高可扩展性:华为防火墙双机热备技术可以支持多种部署方式,包括硬件和软件,可以满足不同规模和需求的网络环境。

总体来说,华为防火墙双机热备技术是一种具有高可用性、高可靠性、高扩展性的网络设备部署方式,可以保证网络的稳定运行,是保障企业网络安全性的重要手段之一。

6.1 双机热备技术原理

当将 FW 部署在网络出口位置时,如果发生故障会影响到整网业务。为提升网络的可靠性,需要部署两台 FW 并组成双机热备。

实现防火墙双机热备需要部署两台硬件和软件配置均相同的 FW。两台 FW 之间通过一条独立的链路连接,这条链路通常被称为"心跳线"。两台 FW 通过"心跳线"了解对端的健康状况,向对端备份配置和表项(如会话表、IPSec SA 等)。当一台 FW 出现故障时,业务流量能平滑地切换到另一台设备上处理,使业务不中断,如图 6-1 所示。

6.1.1 双机热备的系统要求

1. 硬件要求

组成双机热备的两台 FW 的型号必须相同,安装的单板类型、数量及单板安装的位置也必须相同。以 USG6680E 和 USG6712E/6716E 为例,要求组成双机热备的两台同型号 FW 的 BomID Version 匹配,即 BomID Version 为 000、001、002 的设备不能与 BomID

Verison 为 003 及之后的同型号设备组成双机热备,其中,BomID Version 可通过 display version 查看。

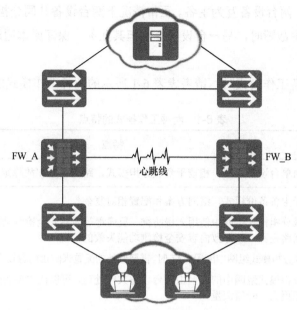

图 6-1 防火墙双机热备典型组网

两台 FW 的硬盘配置可以不同。例如,一台 FW 安装硬盘,另一台 FW 不安装硬盘,不会影响双机热备的运行。但未安装硬盘的 FW 的日志存储量将远低于安装了硬盘的 FW,而且部分日志和报表功能不可用。

2. 软件要求

组成双机热备的两台 FW 的系统软件版本、系统补丁版本、动态加载的组件包、特征库版本、哈希选择 CPU 模式及哈希因子都必须相同。

实际上,在系统软件版本升级或回退的过程中,两台 FW 可以暂时运行不同版本的系统软件。

3. License 要求

双机热备功能自身不需要 License。但对于其他需要 License 的功能,如 IPS、反病毒等功能,组成双机热备的两台 FW 需要分别申请和加载 License,两台 FW 不能共享 License。两台 FW 的 License 控制项种类、资源数量、升级服务到期时间都要相同。

6.1.2 双机热备工作模式

接下来,将介绍 FW 支持的双机热备工作模式及选择使用两种双机热备工作模式时分别需要考虑的因素。

FW 支持主备备份模式和负载分担模式两种工作模式。

主备备份模式:两台设备一主一备。正常情况下业务流量由主用设备处理。当主用设备发生故障时，备用设备接替主用设备处理业务流量，保证业务不中断。镜像模式是实现主备备份模式的双机热备的一种特殊技术手段，主要用于DCN（数据通信网络）和云管理场景中。

负载分担模式：两台设备互为主备。正常情况下两台设备共同分担整网的业务流量。当其中一台设备发生故障时，另一台设备会承担其业务，保证原本通过该设备转发的业务不中断。

在选择双机热备工作模式时，请考虑表6-1所示的两种工作模式的特点。

表6-1　两种工作模式的特点

项目	特点
主备备份模式	流量由单台设备处理，相较于负载分担模式，路由规划和故障定位相对简单
负载分担模式	相较于主备备份模式，组网方案和配置相对复杂。 在负载分担模式组网中使用入侵防御、反病毒等内容安全检测功能时，可能会出现流量来回路径不一致导致内容安全检测功能失效的情况。 在负载分担模式组网中配置NAT时，需要额外的配置来防止两台设备NAT资源分配冲突。 负载分担模式组网中的流量由两台设备共同处理，可以比主备备份模式或镜像模式组网承担更大的峰值流量。 在负载分担模式组网中的设备发生故障时，只有一半的业务需要切换，故障切换的速度更快

6.1.3　VGMP组

VGMP（VRRP组管理协议）是华为的私有协议。在VGMP中定义了VGMP组，FW基于VGMP组实现设备主备状态管理。

每台FW都有一个VGMP组，用户不能删除这个VGMP组，也不能再创建其他VGMP组。VGMP组有优先级和状态两个属性。VGMP组的优先级决定了VGMP组的状态。

VGMP组的优先级是不可配置的。设备正常启动后，会根据设备的硬件配置自动生成一个VGMP组优先级，将这个优先级称为初始优先级。初始优先级与CPU个数有关，不同型号设备的初始优先级如表6-2所示。当设备发生故障时，VGMP组优先级会降低。

表6-2　不同型号设备的初始优先级

类型	型号	初始优先级
单CPU机型	除USG6635E/6640E-K/6655E、USG6680E和USG6712E/6716E外	45000
双CPU机型	USG6635E/6640E-K/6655E、USG6680E和USG6712E/6716E	45002

VGMP组有4种状态，即initialize、load-balance、active和standby。其中，initialize是初始化状态，在设备未启用双机热备功能时，VGMP组处于这个状态。其他3种状态

则是设备通过比较自身和对端设备 VGMP 组优先级高低确定的。设备通过心跳线接收对端设备的 VGMP 报文，了解对端设备的 VGMP 组优先级。

设备自身的 VGMP 组优先级与对端设备的 VGMP 组优先级相同时，设备的 VGMP 组状态为 load-balance。

设备自身的 VGMP 组优先级高于对端设备的 VGMP 组优先级时，设备的 VGMP 组状态为 active。

设备自身的 VGMP 组优先级低于对端设备的 VGMP 组优先级时，设备的 VGMP 组状态为 standby。

设备没有接收到对端设备的 VGMP 报文，无法了解对端 VGMP 组优先级时，设备的 VGMP 组状态为 active。例如，心跳线故障。

如前文所述，双机热备要求两台设备的硬件型号、安装的单板的类型和数量都要相同。因此，正常情况下两台设备的 VGMP 组优先级是相同的，VGMP 组状态为 load-balance。如果某一台设备发生了故障，该设备的 VGMP 组优先级会降低。故障设备的 VGMP 组优先级低于无故障设备的 VGMP 组优先级，故障设备的 VGMP 组状态会变成 standby，无故障设备的 VGMP 组状态会变成 active。

FW 能根据 VGMP 组的状态调整 VRRP 备份组状态、动态路由（OSPF、OSPFv3 和 BGP）的开销值、VLAN 的状态及接口的状态（镜像模式），从而实现主备备份模式或负载分担模式的双机热备。

使用 display hrp state 命令可以查看设备的 VGMP 组优先级和状态。

```
HRP_M<sysname> display hrp state
 Role: active, peer: standby
 Running priority: 45000, peer: 44998
 Backup channel usage: 0.00%
 Stable time: 0 days, 2 hours, 15 minutes
 Last state change information: 2017-09-22 14:31:24 HRP core state changed, old_
 state = normal, new_state = abnormal(active), local_priority = 45000, peer_prior
 ity = 44998.
```

6.2　VRRP 备份

VRRP（虚拟路由器备份协议）是一种容错协议，它保证当主机的下一跳路由器（默认网关）出现故障时，由备份路由器自动代替出现故障的路由器完成报文转发任务，从而保持网络通信的连续性和可靠性。

在 FW 上配置 VRRP 时，将两台 FW 上编号相同的接口加入一个 VRRP 备份组。一个 VRRP 备份组相当于一台虚拟路由器，拥有虚拟 IP 地址和虚拟 MAC 地址。网络内主机将其网关设置为 VRRP 备份组的虚拟 IP 地址。这些主机都是通过虚拟路由器与外部网络通信的。

VRRP 备份组有 3 种状态——Initialize、Master 和 Backup。

Initialize：初始化状态。当设备的 VRRP 备份组状态为 Initialize 时，该 VRRP 备份组处于不可用状态。

Master：活动状态。VRRP 备份组状态为 Master 的设备被称为 Master 设备。Master 设备拥有 VRRP 备份组的虚拟 IP 地址和虚拟 MAC 地址。在 Master 设备接收到目的 IP 地址是虚拟 IP 地址的 ARP 请求时，会响应这个 ARP 请求。

Backup：备份状态。VRRP 备份组状态为 Backup 的设备被称为 Backup 设备。Backup 设备不会响应目的 IP 地址为虚拟 IP 地址的 ARP 请求。

当 Master 设备正常工作时，私网主机通过 Master 设备与公网通信。当 Master 设备出现故障时，Backup 设备会成为新的 Master 设备，接替原 Master 设备的报文转发工作，保证网络不中断。如图 6-2 所示，在 FW_A 和 FW_B 的下行业务接口上配置了 VRRP 备份组 1。私网主机的网关被配置成 VRRP 备份组 1 的虚拟 IP 地址 10.0.0.1。私网主机在访问公网时，会广播一个 ARP 请求报文，请求 10.0.0.1 的 MAC 地址。FW_A 的 VRRP 备份组 1 状态为 Master，会响应私网主机的 ARP 请求。FW_B 的 VRRP 备份组 1 状态为 Backup，不会响应私网主机的 ARP 请求。私网主机访问公网的流量都被引导到 FW_A 进行转发，如图 6-2 所示。

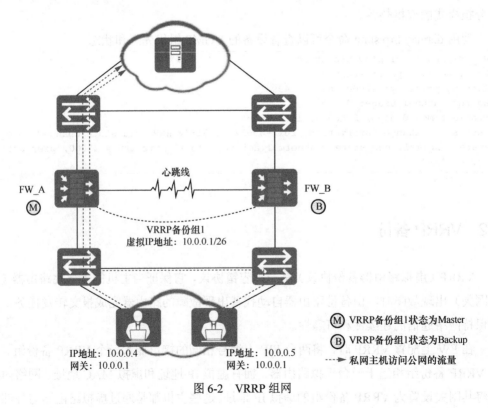

图 6-2　VRRP 组网

6.2.1 VGMP 组控制 VRRP 备份组状态

在华为交换机或路由器设备上，VRRP 备份组的状态是由 VRRP 优先级高低决定的。在同一个 VRRP 备份组中，VRRP 优先级最高的设备的 VRRP 备份组状态为 Master，其他设备的 VRRP 备份组状态为 Backup。FW 的 VRRP 备份组状态则不是由 VRRP 优先级高低决定的。实际上，FW 的 VRRP 优先级是不可配置的。FW 启用双机热备功能后，VRRP 优先级固定为 120。

在 FW 上，当接口出现故障时，接口下 VRRP 备份组状态为 Initialize。而当接口无故障时，接口下 VRRP 备份组状态由 VGMP 组的状态决定，具体如下。

当 VGMP 组状态为 active 时，VRRP 备份组的状态都是 Master。

当 VGMP 组状态为 standby 时，VRRP 备份组的状态都是 Backup。

当 VGMP 组状态为 load-balance 时，VRRP 备份组状态由 VRRP 备份组的配置决定。

VRRP 备份组的配置命令如下。

```
vrrp vrid virtual-router-id virtual-ip virtual-address { active | standby }
```

其中，active 表示指定 VRRP 备份组的状态为 Master，standby 表示指定 VRRP 备份组的状态为 Backup。

下面以图 6-3 所示的组网为例来说明设备根据 VGMP 组状态调整 VRRP 备份组状态的过程。图 6-3 中的 FW_A 和 FW_B 的关键配置如表 6-3 所示。

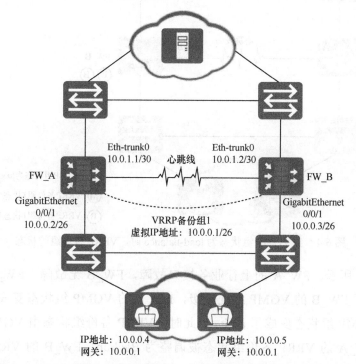

图 6-3 FW 业务接口工作在网络层，上下行连接交换机的双机热备组网

表 6-3　FW_A 和 FW_B 的关键配置

FW_A	FW_B
# hrp enable/*启用双机热备功能*/ hrp interface eth-trunk0 remote 10.0.1.2 /*配置心跳口*/ # interface GigabitEthernet 0/0/1 　ip addresss 10.0.0.2 255.255.255.192 　vrrp vrid 1 virtual-ip 10.0.0.1 active　/*配置 VRRP 备份组*/	# hrp enable/*启用双机热备功能*/ hrp interface eth-trunk0 remote 10.0.1.1 /*配置心跳口*/ # interface GigabitEthernet 0/0/1 　ip addresss 10.0.0.3 255.255.255.192 　vrrp vrid 1 virtual-ip 10.0.0.1 standby /* 配置 VRRP 备份组*/

如图 6-4 所示，两台设备都没有出现任何故障，且两台设备的 VGMP 组优先级相同，VGMP 组状态都是 load-balance。VRRP 备份组状态由配置决定——FW_A 的 VRRP 备份组 1 状态为 Master，FW_B 的 VRRP 备份组 1 状态为 Backup。

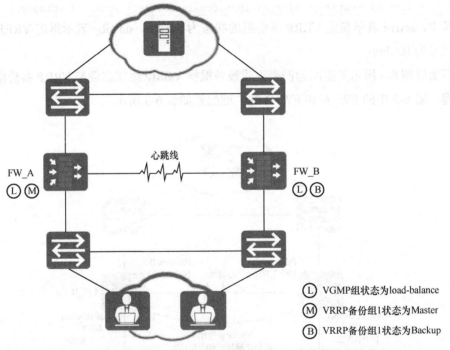

图 6-4　当 VGMP 组状态为 load-balance 时，VRRP 备份组的状态

如图 6-5 所示，FW_A 的上行业务接口故障，FW_B 无故障。FW_A 的 VGMP 组优先级低于 FW_B 的 VGMP 组优先级，FW_A 的 VGMP 组状态变成了 standby，FW_B 的 VGMP 组状态变成了 active。此时，VRRP 备份组状态由 VGMP 组的状态决定，即 FW_A 的 VRRP 备份组状态被调整为 Backup，FW_B 的 VRRP 备份组状态被调整为 Master。

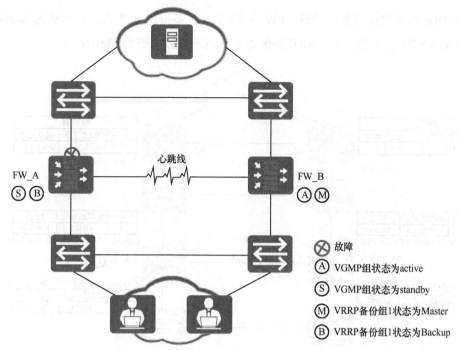

图 6-5 当 VGMP 组状态为 active 或 standby 时，VRRP 备份组的状态

6.2.2 基于 VRRP 实现主备备份双机热备

如果想要两台 FW 工作在主备备份模式下，需要将一台 FW 的所有 VRRP 备份组状态都配置为 active，将另一台 FW 的所有 VRRP 备份组状态都配置为 standby。

如图 6-6 所示，FW_A 的所有 VRRP 备份组状态都被配置成 active，FW_B 的所有 VRRP 备份组状态都被配置成 standby。图 6-6 中的 VRRP 备份组配置如表 6-4 所示。正常情况下，两台 FW 的 VGMP 组状态都是 load-balance，VRRP 备份组状态由配置决定。因此，FW_A 的 VRRP 备份组状态都是 Master，FW_B 的 VRRP 备份组状态都是 Backup。

由于私网中的主机的网关都被设置成了 VRRP 备份组 2 的虚拟 IP 地址 10.0.0.1，这些主机在访问公网时，会广播一个 ARP 请求报文，请求 10.0.0.1 的 MAC 地址。FW_A 的 VRRP 备份组 2 状态为 Master，会响应私网主机的 ARP 请求。FW_B 的 VRRP 备份组 2 状态为 Backup，不会响应私网主机的 ARP 请求。FW_A 响应的 ARP 报文会刷新交换机的 MAC 地址表和主机的 ARP 缓存表，使主机发往公网的流量都被引导到 FW_A 上进行处理。

同理，路由器 R1 和 R2 到私网路由的下一跳 IP 地址被设置成了 VRRP 备份组 1 的虚拟 IP 地址 10.0.1.1。公网发往私网的流量也被引导到 FW_A 上进行处理。

如图 6-7 所示，FW_A 的上行业务接口故障，FW_A 的 VRRP 备份组 1 的状态变为 Initialize。同时，FW_A 和 FW_B 的 VGMP 组状态也发生了变化。FW_A 的 VGMP 组状态变为 standby，FW_B 的 VGMP 组状态变为 active。FW_A 和 FW_B 基于 VGMP 组状

态对 VRRP 备份组状态进行调整。FW_A 的 VRRP 备份组 2 的状态被调整为 Backup。FW_B 的 VRRP 备份组 1 和 VRRP 备份组 2 的状态都被调整为 Master。

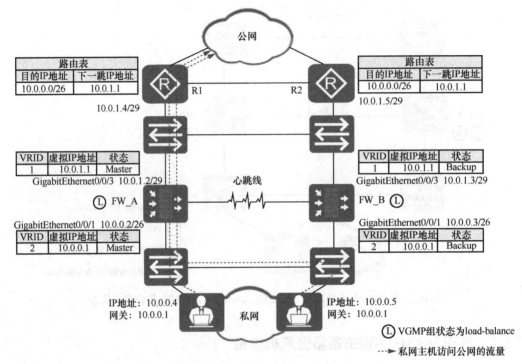

图 6-6 基于 VRRP 实现主备备份（双机状态正常）

表 6-4 图 6-6 中的 VRRP 备份组配置

FW_A	FW_B

#
interface GigabitEthernet 0/0/1
  vrrp vrid 2 virtual-ip 10.0.0.1 active
#
interface GigabitEthernet 0/0/3
  vrrp vrid 1 virtual-ip 10.0.1.1 active
	#
	interface GigabitEthernet 0/0/1
	  vrrp vrid 2 virtual-ip 10.0.0.1 standby
	#
	interface GigabitEthernet 0/0/3
	  vrrp vrid 1 virtual-ip 10.0.1.1 standby

在 FW_B 的 VRRP 备份组状态由 Backup 变为 Master 时会广播免费 ARP 报文，报文中携带 VRRP 备份组的虚拟 IP 地址和接口的 MAC 地址（开启接口虚拟 MAC 地址功能时，携带虚拟 MAC 地址）。免费 ARP 报文会刷新交换机的 MAC 地址表、主机和路由器的 ARP 缓存表。这样，公私网之间的流量都会被引导到 FW_B 上进行转发。

综上所述，正常情况下，只有 FW_A 在处理公私网之间的流量，FW_B 没有处理流量。在 FW_A 和 FW_B 之间形成主备备份模式的双机热备，FW_A 为主用机，FW_B 为备用机。当 FW_A 发生故障时，FW_B 能自动接替 FW_A 继续处理公私网之间的流量，保证业务不中断。

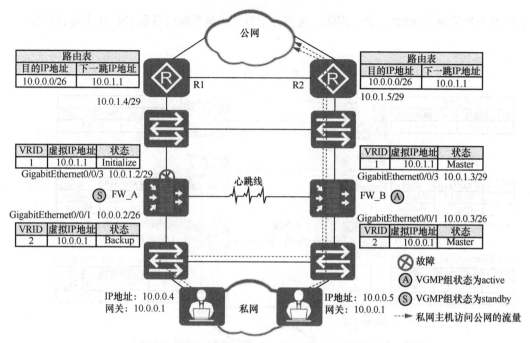

图 6-7 基于 VRRP 实现主备备份（FW_A 故障）

6.2.3 基于 VRRP 实现负载分担双机热备

如果想要两台 FW 工作在负载分担模式下，两台 FW 都要有状态配置为 active 的 VRRP 备份组。

如图 6-8 所示，FW_A 的 VRRP 备份组 1 和 VRRP 备份组 3 状态均被配置为 active，VRRP 备份组 2 和 VRRP 备份组 4 状态均被配置为 standby。FW_B 的 VRRP 备份组 2 和 VRRP 备份组 4 状态均被配置为 active，VRRP 备份组 1 和 VRRP 备份组 3 状态均被配置为 standby。图 6-8 中的 VRRP 备份组配置如表 6-5 所示。正常情况下，两台设备的 VGMP 组状态都是 load-balance，VRRP 备份组状态由配置决定。因此，FW_A 的 VRRP 备份组 1 和 VRRP 备份组 3 状态均是 Master，VRRP 备份组 2 和 VRRP 备份组 4 状态均是 Backup。FW_B 的 VRRP 备份组 2 和 VRRP 备份组 4 状态均是 Master，VRRP 备份组 1 和 VRRP 备份组 3 状态均是 Backup。

私网中部分主机的网关被设置成了 VRRP 备份组 3 的虚拟 IP 地址 10.0.0.1。这些主机在访问公网时，会广播一个 ARP 请求报文，请求 10.0.0.1 的 MAC 地址。FW_A 的 VRRP 备份组 3 状态为 Master，会响应私网主机的 ARP 请求。FW_B 的 VRRP 备份组 3 状态为 Backup，不会响应私网主机的 ARP 请求。FW_A 响应的 ARP 报文会刷新交换机的 MAC 地址表和主机的 ARP 缓存表，使这部分主机发往公网的流量都被引导到 FW_A 上进行处理。

而另一部分主机的网关被设置成了 VRRP 备份组 4 的虚拟 IP 地址 10.0.0.2。这些主机在访问公网时，同样会广播一个 ARP 请求报文，请求 10.0.0.2 的 MAC 地址。此时，只有

FW_B 会响应这个 ARP 请求。因此,这部分主机的流量都被引导到 FW_B 上进行转发。

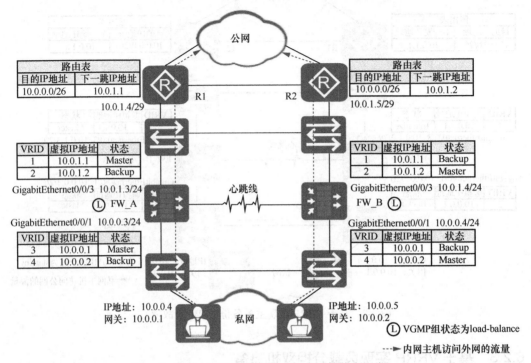

图 6-8 基于 VRRP 实现负载分担(双机状态正常)

表 6-5 图 6-8 中的 VRRP 备份组配置

FW_A	FW_B
#	#
interface GigabitEthernet 0/0/1	interface GigabitEthernet 0/0/1
vrrp vrid 3 virtual-ip 10.0.0.1 active	vrrp vrid 3 virtual-ip 10.0.0.1 standby
vrrp vrid 4 virtual-ip 10.0.0.2 standby	vrrp vrid 4 virtual-ip 10.0.0.2 active
#	#
interface GigabitEthernet 0/0/3	interface GigabitEthernet 0/0/3
vrrp vrid 1 virtual-ip 10.0.1.1 active	vrrp vrid 1 virtual-ip 10.0.1.1 standby
vrrp vrid 2 virtual-ip 10.0.1.2 standby	vrrp vrid 2 virtual-ip 10.0.1.2 active

同理,路由器 R1 到私网路由的下一跳 IP 地址被设置成了 VRRP 备份组 1 的虚拟 IP 地址 10.0.1.1,路由器 R1 发往私网的流量会被引导到 FW_A 上进行处理。路由器 R2 到私网路由的下一跳 IP 地址被设置成了 VRRP 备份组 2 的虚拟 IP 地址 10.0.1.2,路由器 R2 发往私网的流量会被引导到 FW_B 上进行处理。

如图 6-9 所示,FW_A 的上行业务接口故障,FW_A 的 VRRP 备份组 1 和 VRRP 备份组 2 的状态均变为 Initialize。同时,FW_A 和 FW_B 的 VGMP 组状态也发生了变化。FW_A 的 VGMP 组状态变为 standby,FW_B 的 VGMP 组状态变为 active。FW_A 和 FW_B

基于 VGMP 组状态对 VRRP 备份组状态进行调整。FW_A 的 VRRP 备份组 3 和 VRRP 备份组 4 的状态被调整为 Backup。FW_B 的所有 VRRP 备份组的状态都被调整为 Master。

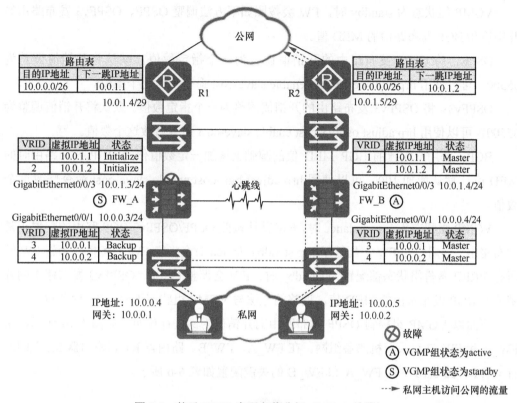

图 6-9 基于 VRRP 实现负载分担（FW_A 故障）

FW_B 的 VRRP 备份组状态均由 Backup 变为 Master 时会广播免费 ARP 报文，该报文携带 VRRP 备份组的虚拟 IP 地址和接口的 MAC 地址（开启接口虚拟 MAC 地址功能时，携带虚拟 MAC 地址）。免费 ARP 报文会刷新交换机的 MAC 地址表、主机和路由器的 ARP 缓存表。这样，公私网之间的流量会被引导到 FW_B 上进行转发。

同理，如果 FW_B 发生故障，FW_A 无故障，公私网之间的流量会被引导到 FW_A 上转发。

综上所述，正常情况下，FW_A 和 FW_B 都会处理公私网之间的流量。在 FW_A 和 FW_B 之间形成负载分担模式的双机热备。在 FW_A 和 FW_B 中的任意一台发生故障时，流量都会自动切换到未故障的 FW 上进行处理，保证业务不中断。

6.2.4 基于动态路由的双机热备

1. VGMP 组控制动态路由开销值

启用双机热备功能后，FW 能根据 VGMP 组状态动态调整 OSPF、OSPFv3 发布路由的开销值、动态调整 BGP 发布路由的 MED（多出口标识符）值，具体如下。

当 VGMP 组状态为 active 时，FW 按照 OSPF/OSPFv3/BGP 路由的配置正常发布路由。

VGMP 组状态为 standby 时，FW 会按照如下方法调整 OSPF、OSPFv3 发布路由的开销值和 BGP 发布路由的 MED 值。

OSPF：将 OSPF 发布路由的开销值调整为一个指定数值。默认将开销值调整为 65500，可以使用 hrp adjust ospf-cost enable slave-cost 命令修改这个数值。

OSPFv3：将 OSPFv3 发布路由的开销值调整为一个指定数值。默认将开销值调整为 65500，可以使用 hrp adjust ospfv3-cost enable slave-cost 命令修改这个数值。

BGP：在用户配置的 BGP MED 值的基础上增加一定数值作为 BGP 发布路由时的 MED 值。默认增加 100，可以使用 hrp adjust bgp-cost enable slave-cost 命令修改这个数值。

VGMP 组状态为 load-balance 时，FW 默认按照 OSPF/OSPFv3/BGP 路由的配置正常发布路由。当用户在 FW 上配置了 hrp standby-device 命令指定 FW 为备机或者将 FW 的所有 VRRP 备份组状态都配置为 standby 时，FW 会调整 OSPF、OSPFv3 发布路由的开销值和 BGP 发布路由的 MED 值，调整的方法与 VGMP 组状态为 standby 时相同。

下面以 VGMP 组控制 OSPF 发布路由的开销值为例进行说明。如图 6-10 所示，由 FW_A 和 FW_B 组成双机热备组网。在 FW_A、FW_B、路由器 R1 和路由器 R2 之间运行 OSPF。图 6-10 中的 FW_A 和 FW_B 的关键配置如表 6-6 所示。

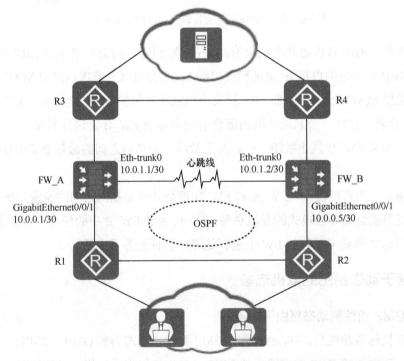

图 6-10 FW 业务接口工作在第 3 层，上下行均连接路由器的双机热备组网

表 6-6 图 6-10 中的 FW_A 和 FW_B 的关键配置

FW_A	FW_B

#
hrp enable /*启用双机热备功能*/
hrp interface eth-trunk0 remote 10.0.1.2 /*配置心跳口*/
hrp adjust ospf-cost enable 65000 /*配置 VGMP 组调整 OSPF 开销值*/
#
ospf 100 router-id 10.0.0.1
  default-route-advertise always /*引入默认路由*/
  area 0.0.0.0
    network 10.0.0.1 0.0.0.0
#
interface GigabitEthernet 0/0/1
  ospf cost 1 /*配置接口 OSPF 开销值*/
	#
	hrp enable /*启用双机热备功能*/
	hrp interface eth-trunk0 remote 10.0.1.1 /*配置心跳口*/
	hrp adjust ospf-cost enable 65000 /*配置 VGMP 组调整 OSPF 开销值*/
	hrp standby-device /*指定设备为备机*/
	#
	ospf 100 router-id 10.0.0.5
	  default-route-advertise always /*引入默认路由*/
	  area 0.0.0.0
	    network 10.0.0.5 0.0.0.0
	#
	interface GigabitEthernet 0/0/1
	  ospf cost 1 /*配置接口 OSPF 开销值*/

如图 6-11 所示，FW_A 和 FW_B 都没有发生任何故障，VGMP 组优先级相同，VGMP 组的状态都是 load-balance。FW_A 按照 OSPF 配置正常发布路由，如图 6-12 所示。因为在 FW_B 上有 hrp standby-device 配置，FW_B 发布的 OSPF 路由开销值被调整为 65000，如图 6-13 所示。

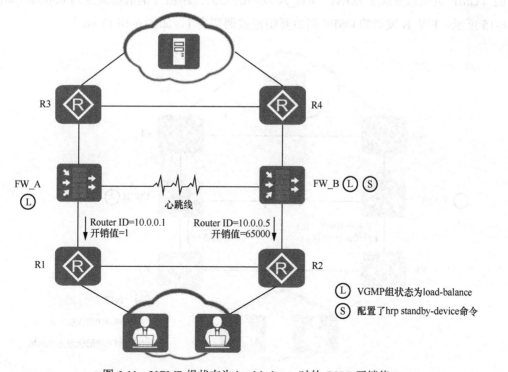

图 6-11　VGMP 组状态为 load-balance 时的 OSPF 开销值

```
HRP_M<   _A>display ospf 100 lsdb self-originate
15:18:56  2017/11/24

       OSPF Process 100 with Router ID 10.0.0.1
             Link State Database

              Area: 0.0.0.0
Type      LinkState ID    AdvRouter       Age    Len   Sequence   Metric
Router    10.0.0.1        10.0.0.1        1672   36    80000036   1


             AS External Database
Type      LinkState ID    AdvRouter       Age    Len   Sequence   Metric
External  0.0.0.0         10.0.0.1        1672   36    80000019   1
```

图 6-12 VGMP 组状态为 load-balance 时 FW_A 发布的 LSA

```
HRP_S<   _B>display ospf 100 lsdb self-originate
15:27:57  2017/11/24

       OSPF Process 100 with Router ID 10.0.0.5
             Link State Database

              Area: 0.0.0.0
Type      LinkState ID    AdvRouter       Age    Len   Sequence   Metric
Router    10.0.0.5        10.0.0.5        21     36    80000041   65000


             AS External Database
Type      LinkState ID    AdvRouter       Age    Len   Sequence   Metric
External  0.0.0.0         10.0.0.5        21     36    8000001F   65000
```

图 6-13 VGMP 组状态为 load-balance 时 FW_B 发布的 LSA

如图 6-14 所示，FW_A 的上行业务接口故障，FW_B 没有故障。FW_A 的 VGMP 组优先级低于 FW_B 的 VGMP 组优先级，FW_A 的 VGMP 组状态变成了 standby，FW_B 的 VGMP 组状态变成了 active。FW_A 发布的 OSPF 路由开销值被调整为 65000，如图 6-15 所示。FW_B 发布的 OSPF 路由开销值被调整为 1，如图 6-16 所示。

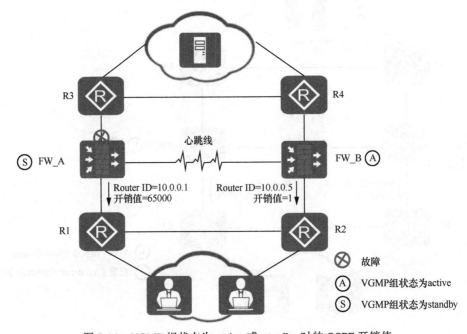

图 6-14 VGMP 组状态为 active 或 standby 时的 OSPF 开销值

```
HRP_S<   _A>display ospf 100 lsdb self-originate
15:29:52  2017/11/24

        OSPF Process 100 with Router ID 10.0.0.1
                Link State Database

                  Area: 0.0.0.0
Type       LinkState ID      AdvRouter         Age    Len    Sequence    Metric
Router     10.0.0.1          10.0.0.1          12     36     80000039    65000


           AS External Database
Type       LinkState ID      AdvRouter         Age    Len    Sequence    Metric
External   0.0.0.0           10.0.0.1          12     36     8000001B    65000
```

图 6-15　VGMP 组状态为 standby 时 FW_A 发布的 LSA

```
HRP_M<   _B>display ospf 100 lsdb self-originate
15:31:20  2017/11/24

        OSPF Process 100 with Router ID 10.0.0.5
                Link State Database

                  Area: 0.0.0.0
Type       LinkState ID      AdvRouter         Age    Len    Sequence    Metric
Router     10.0.0.5          10.0.0.5          95     36     80000042    1


           AS External Database
Type       LinkState ID      AdvRouter         Age    Len    Sequence    Metric
External   0.0.0.0           10.0.0.5          95     36     80000020    1
```

图 6-16　VGMP 组状态为 active 时 FW_B 发布的 LSA

2. 基于动态路由实现主备备份模式的双机热备

在图 6-17 所示的组网中，如果想要让两台 FW 形成主备备份模式的双机热备组网，需要在一台 FW 上配置 hrp standby-device 命令，将其指定为备用机。例如在图6-17中，便是在 FW_B 上配置了 hrp standby-device 命令。这样，两台 FW 都正常工作时，FW_A 按照 OSPF 配置正常发布路由，而 FW_B 发布的 OSPF 路由开销值则被调整为 65500（默认值，可修改为其他数值）。FW_A 所在链路的开销值将远小于 FW_B 所在链路的开销值。路由器在转发流量时会选择开销更小的路径，因此公私网之间的流量都被引导到 FW_A 上进行转发。

如图 6-18 所示，FW_A 的上行业务接口故障。FW_A 的 VGMP 组状态变为 standby，FW_B 的 VGMP 组状态变为 active。FW_A 和 FW_B 根据 VGMP 组状态对 OSPF 开销值进行调整，即 FW_A 发布的 OSPF 路由开销值被调整为 65500，FW_B 发布的 OSPF 路由开销值被调整为 1。路由完成收敛后，公私网之间的流量都被引导到 FW_B 上进行转发。

综上所述，正常情况下，只有 FW_A 在处理公私网之间的流量，FW_B 则没有处理流量。在 FW_A 和 FW_B 之间形成主备备份模式的双机热备，FW_A 为主用机，FW_B

为备用机。当 FW_A 发生故障时,FW_B 能自动接替 FW_A 继续处理公私网之间的流量,保证业务不中断。

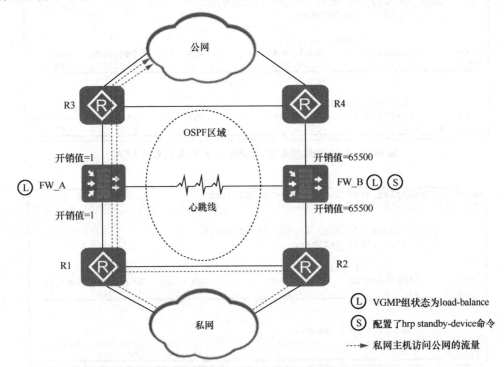

图 6-17 基于动态路由实现主备备份模式的双机热备(双机状态正常)

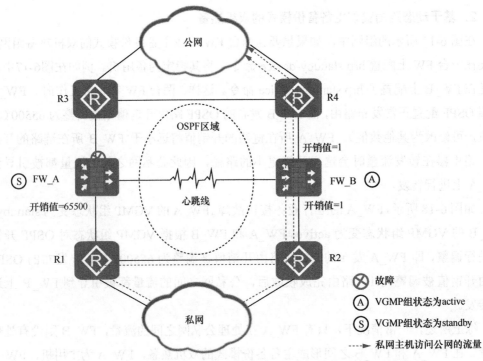

图 6-18 基于动态路由实现主备备份模式的双机热备(FW_A 故障)

3. 基于动态路由实现负载分担模式的双机热备

在图 6-19 所示的组网中,如果想要让两台 FW 形成负载分担模式的双机热备组网,需要在 FW 和上下行路由器上合理配置 OSPF 路由开销值,将流量均匀地引导到两台 FW 上进行处理。例如在图 6-19 中,FW 和路由器的 OSPF 路由开销值都保持为默认值 1。这样,两台 FW 都正常工作时,FW_A 和 FW_B 所在链路的开销值相等。公私网之间的流量将会由 FW_A 和 FW_B 共同处理。

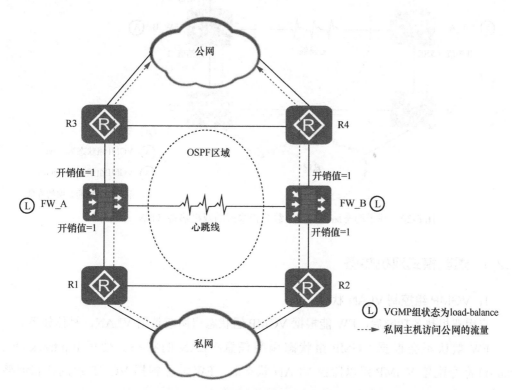

图 6-19 基于动态路由实现负载分担模式的双机热备(双机状态正常)

如图 6-20 所示,FW_A 的上行业务接口故障。FW_A 的 VGMP 组状态变为 standby,FW_B 的 VGMP 组状态变为 active。FW_A 和 FW_B 根据 VGMP 组状态对 OSPF 开销值进行调整,即 FW_A 发布的 OSPF 路由开销值被调整为 65500,FW_B 发布的 OSPF 路由开销值被调整为 1。路由完成收敛后,公私网之间的流量都被引导到 FW_B 上进行转发。

同理,如果 FW_B 发生故障,FW_A 无故障,公私网之间的流量会被引导到 FW_A 上进行转发。

综上所述,正常情况下,FW_A 和 FW_B 都会处理公私网之间的流量。在 FW_A 和 FW_B 之间形成负载分担模式的双机热备。FW_A 和 FW_B 中的任意一台发生故障时,流量都会自动切换到未故障的 FW 上处理,保证业务不中断。

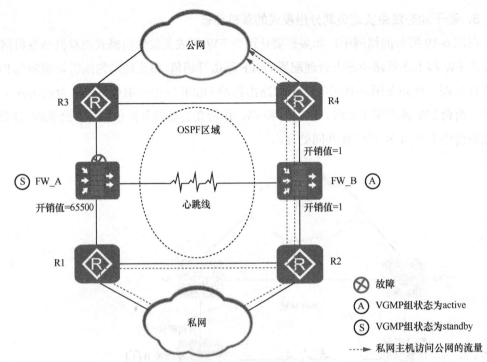

图 6-20　基于动态路由实现负载分担模式的双机热备（FW_A 故障）

6.2.5 透明模式双机热备

1. VGMP 组控制 VLAN 状态

启用双机热备功能后，FW 能根据 VGMP 组状态启用或禁用 VLAN，具体如下。

FW 默认不会根据 VGMP 组状态调整任意 VLAN 的状态。使用 hrp track vlan vlan-id 命令配置 VGMP 组以监控 VLAN 状态后，FW 才会根据 VGMP 组的状态调整 VLAN 的状态。

VGMP 组状态为 active 时，FW 将 VGMP 组监控的 VLAN 状态调整为启用状态，该 VLAN 可以转发报文。

VGMP 组状态为 standby 时，FW 将 VGMP 组监控的 VLAN 状态调整为禁用状态，该 VLAN 不能转发报文。

VGMP 组状态为 load-balance 时，FW 默认将 VGMP 组监控的 VLAN 状态调整为启用状态。当用户在 FW 上配置了 hrp standby-device 命令指定 FW 为备用机或者将 FW 的所有 VRRP 备份组状态都配置为 standby 时，FW 会将 VGMP 组监控的 VLAN 状态调整为禁用状态。

下面以图 6-21 所示的组网为例来说明 FW 根据 VGMP 组状态调整 VLAN 状态的过程。图中 6-21 中的 FW_A 和 FW_B 的关键配置如表 6-7 所示。

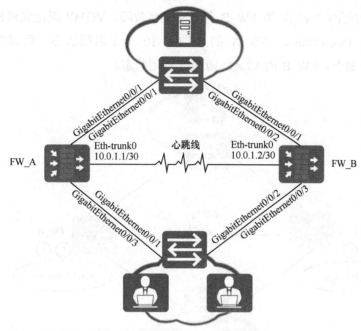

图 6-21 FW 工作在透明模式下,上下行连接交换机的双机热备组网

表 6-7 图 6-21 中的 FW_A 和 FW_B 的关键配置

FW_A	FW_B
#	#
hrp enable /*启用双机热备功能*/	hrp enable /*启用双机热备功能*/
hrp interface eth-trunk0 remote 10.0.1.2 /*配置心跳口*/	hrp interface eth-trunk0 remote 10.0.1.1 /*配置心跳口*/
hrp track vlan 10 /*配置 VGMP 监控 VLAN 状态*/	hrp track vlan 10 /*配置 VGMP 监控 VLAN 状态*/
	hrp standby-device /*指定设备为备用机*/
#	#
interface GigabitEthernet 0/0/1	interface GigabitEthernet 0/0/1
portswitch	portswitch
port link-type trunk	port link-type trunk
port trunk allow-pass vlan 10 /*配置接口允许通过的 VLAN*/	port trunk allow-pass vlan 10 /*配置接口允许通过的 VLAN*/
undo port trunk allow-pass vlan 1	undo port trunk allow-pass vlan 1
#	#
interface GigabitEthernet 0/0/3	interface GigabitEthernet 0/0/3
portswitch	portswitch
port link-type trunk	port link-type trunk
port trunk allow-pass vlan 10 /*配置接口允许通过的 VLAN*/	port trunk allow-pass vlan 10 /*配置接口允许通过的 VLAN*/
undo port trunk allow-pass vlan 1	undo port trunk allow-pass vlan 1

如图 6-22所示，FW_A 和 FW_B 都没有任何故障，VGMP 组优先级相同，VGMP 组的状态都是 load-balance。FW_A 的 VLAN 10 处于启用状态。而因为配置了 hrp standby-device 命令，FW_B 的 VLAN 10 处于禁用状态。

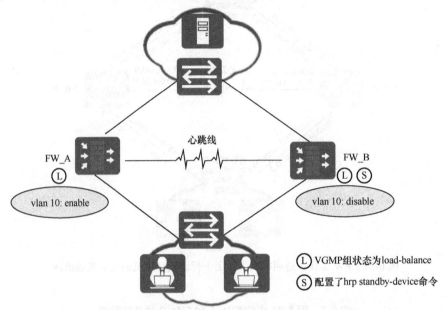

图 6-22　VGMP 组状态为 load-balance 时的 VLAN 状态

如图 6-23 所示，FW_A 的上行业务接口故障，FW_B 没有故障。FW_A 的 VGMP 组优先级低于 FW_B，FW_A 的 VGMP 组状态变成了 standby，FW_B 的 VGMP 组状态变成了 active。FW_A 的 VLAN 10 处于禁用状态，FW_B 的 VLAN 10 处于启用状态。

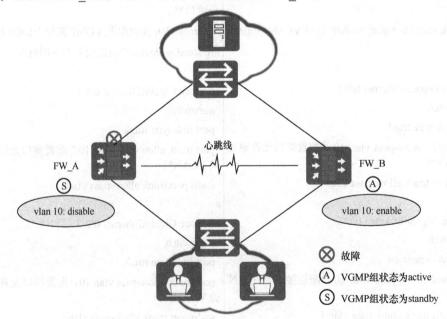

图 6-23　VGMP 组状态为 active 或 standby 时的 VLAN 状态

2. FW 上下行连接交换机的透明模式双机热备

如图 6-24 所示，FW 的上下行业务接口工作在第 2 层，与交换机直连。FW 的上下行业务接口、交换机与 FW 连接的接口都加入 VLAN10。

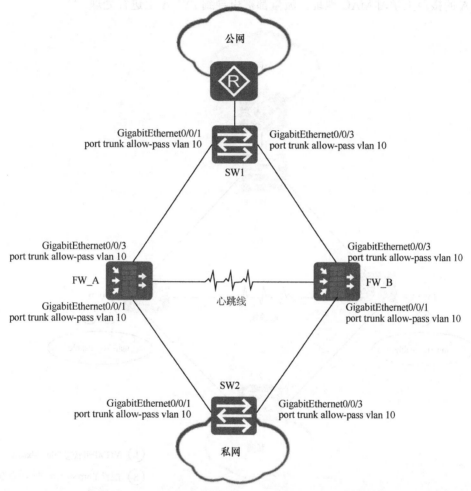

图 6-24　FW 工作在透明模式下，上下行连接交换机的组网

在这种组网环境中，两台 FW 推荐工作在主备备份模式下，不建议采用负载分担模式。因为在 FW 和交换机之间形成了二层环路，为了消除环路，必然有一台 FW 所在的链路需要被阻塞。也就是说，在同一时刻，公私网之间的流量只能通过两台 FW 中的某一台 FW 转发。如果 FW 工作于负载分担模式下，则两台 FW 上的 VLAN 都会被启用，都能转发流量，此时需要在交换机上配置破环协议，以达到消除二层环路的目的。

针对图 6-24 所示的组网，如果要让两台 FW 形成主备备份模式的组网，需要在一台 FW 上配置 hrp standby-device 命令，将其指定为备用机。同时在两台 FW 上使用 hrp track vlan 命令配置 VGMP 组监控接口加入的 VLAN。如图 6-25 所示，在 FW_B 上配置了 hrp standby-device 命令，FW_B 被指定为备用机。当两台 FW 都正常工作时，因为在 FW_B 上配置了 hrp standby-device 命令，VLAN 10 处于禁用状态。FW_A 没有配置 hrp standby-device 命令，则 FW_A 的 VLAN10 处于启用状态。上下行交换机只能从连接 FW_A 的接口上学习 MAC 地址，流量都被引导到 FW_A 上进行处理。

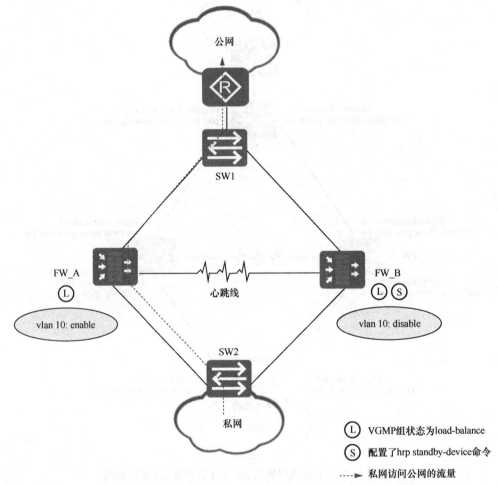

图 6-25　FW 工作在透明模式下，双机热备组网（双机状态正常）

如图 6-26 所示，FW_A 的上行业务接口故障。FW_A 的 VGMP 组状态变为 standby，FW_B 的 VGMP 组状态变为 active。FW_A 和 FW_B 根据 VGMP 组状态调整 VLAN 的状态，即 FW_A 的 VLAN 10 被禁用，FW_B 的 VLAN 10 被启用。同时，FW_A 上的加入 VLAN 10 的所有接口都会 Down 然后 Up 一次，触发上下行交换机删除 MAC 地址表。当报文到达交换机时，由于没有 MAC 地址表，报文会在 VLAN 10 内泛洪。报文泛洪一次后，上下行交换机从连接 FW_B 的接口学习 MAC 地址表，后续流量被引导到 FW_B 上进行处理。

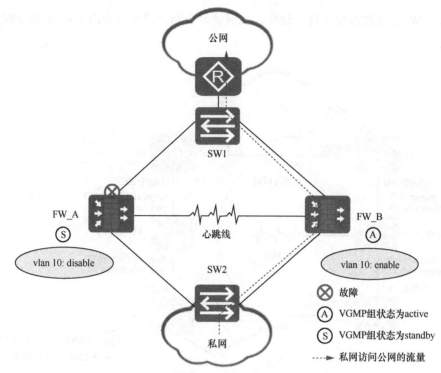

图 6-26 FW 工作在透明模式下，双机热备组网（FW_A 故障）

3. FW 上下行连接路由器的透明模式双机热备

如图 6-27 所示，FW 的上下行业务接口工作在第 2 层，与路由器直连。在路由器之间运行 OSPF，FW 透传路由器的 OSPF 报文。

如果要让两台 FW 形成主备备份模式的组网，需要在上下行路由器上合理配置 OSPF 路由开销值，让流量只通过一台 FW 转发。在图 6-27 中，对于路由器 R2 而言，有两条路径可以到达公网，即①R2→FW_B→R4；②R2→R1→FW_A→R3。路径①的开销值为 200，路径②的开销值为 110，路径②的开销值更小。也就是说，在从路由器 R2 到达公网的两条路径中，FW_A 所在路径更优。同理，对于其他路由器而言，也都是 FW_A 所在路径更优。这样，公私网之间的流量都被引导到 FW_A 上进行处理。FW_A 和 FW_B 形成主备备份模式下的双机热备组网，FW_A 为主用机，FW_B 为备用机。

如果要让两台 FW 形成负载分担模式下的双机热备组网，需要在上下行路由器上合理配置 OSPF 路由开销值，将流量均匀地引导到两台 FW 上处理。如图 6-28 所示，路由器的 OSPF 路由开销值都被设置成 10。对于路由器 R2 而言，有两条路径可以到达公网，即①R2→FW_B→R4；②R2→R1→FW_A→R3。路径①的开销值为 10，路径②的开销值为 20，路径①的开销值更小。也就是说，从路由器 R2 到达公网的两条路径中，FW_B 所在路径更优。路由器 R1 到达公网的两条路径（R1→FW_A→R3 和 R1→R2→FW_B→

R4)中,FW_A 所在路径更优。这样,私网访问公网的流量将会由 FW_A 和 FW_B 共同处理。

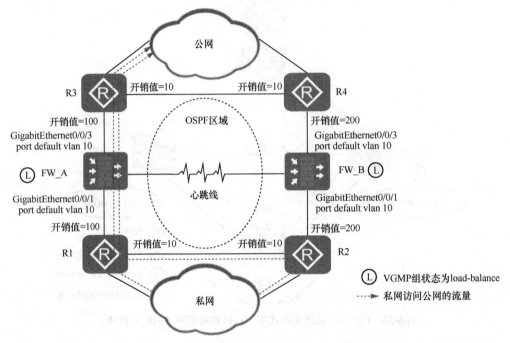

图 6-27　FW 工作在透明模式下,双机热备组网(主备备份模式)

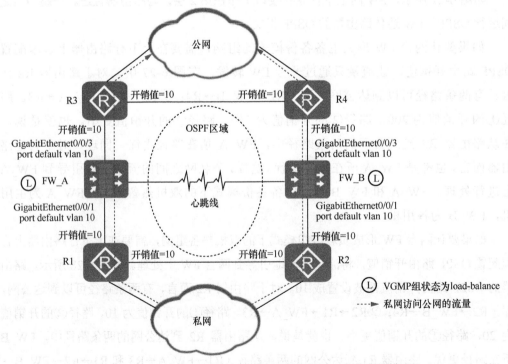

图 6-28　FW 工作在透明模式下,双机热备组网(负载分担模式)

同理，公网访问私网的流量也由 FW_A 和 FW_B 共同处理。在 FW_A 和 FW_B 之间形成负载分担模式的双机热备。

在这种组网环境中，在 FW 上也要使用 hrp track vlan 命令配置 VGMP 组监控接口加入的 VLAN，原因如下。在使用 hrp track vlan 命令配置 VGMP 组监控接口加入的 VLAN 后，当 VLAN 内的一个接口故障时，VLAN 内的其他接口都会 Down 然后 Up 一次。这种机制能加快上下行路由器的路由收敛速度。例如，图 6-29 中的 FW_A 上行业务接口故障时，下行业务接口会立即 Down 然后 Up 一次。路由器 R1 能立即感知到网络拓扑的变化，开始路由重收敛。

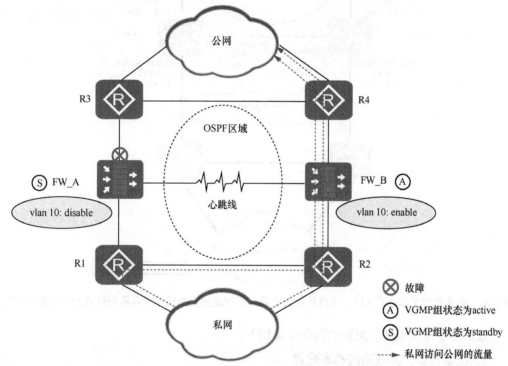

图 6-29 FW 工作在透明模式下，双机热备组网（FW_A 故障）

6.3 双机热备基本组网与配置

如图 6-30 所示，两台 FW 的业务接口都工作在第 3 层，上行连接路由器，下行连接二层交换机。在 FW 与路由器之间运行 OSPF。本案例介绍了业务接口工作在第 3 层，上行连接路由器（OSPF），下行连接交换机的主备备份模式的双机热备组网。

现在希望两台 FW 以主备备份模式工作。正常情况下，流量通过 FW_A 转发。当 FW_A 出现故障时，流量通过 FW_B 转发，保证业务不中断。

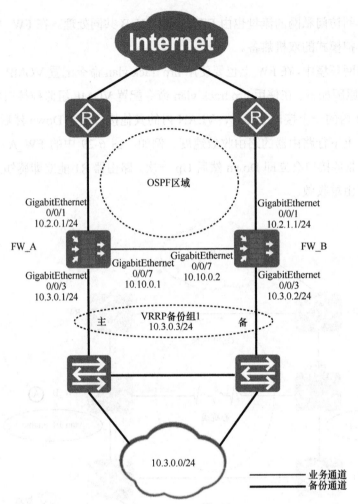

图 6-30 业务接口工作在第 3 层,上行连接路由器,下行连接交换机的主备备份模式的双机热备组网

双机热备基本组网与配置的操作步骤如下。

1. 配置接口,完成网络基本配置

(1)在 FW_A 上配置接口。

① 选择"网络"→"接口"。

② 单击 GigabitEthernet0/0/1,按表 6-8 中的参数配置,单击"确定"按钮。

表 6-8 在 FW_A 上配置 GigabitEthernet0/0/1

安全区域	Untrust
IPv4	
IP 地址	10.2.0.1/24

③ 参考上述步骤按表 6-9 中的参数配置 GigabitEthernet0/0/3 接口。

表 6-9　在 FW_A 上配置 GigabitEthernet0/0/3

安全区域	Trust
IPv4	
IP 地址	10.3.0.1/24

④ 参考上述步骤按表 6-10 中的参数配置 GigabitEthernet0/0/7 接口。

表 6-10　在 FW_A 上配置 GigabitEthernet0/0/7

安全区域	DMZ
IPv4	
IP 地址	10.10.0.1/24

（2）在 FW_B 上配置接口。

① 选择"网络"→"接口"。

② 单击 GigabitEthernet0/0/1，按表 6-11 中的参数配置，单击"确定"按钮。

表 6-11　在 FW_B 上配置 GigabitEthernet0/0/1

安全区域	Untrust
IPv4	
IP 地址	10.2.1.1/24

③ 参考上述步骤按表 6-12 中的参数配置 GigabitEthernet0/0/3 接口。

表 6-12　在 FW_B 上配置 GigabitEthernet0/0/3

安全区域	Trust
IPv4	
IP 地址	10.3.0.2/24

④ 参考上述步骤按表 6-13 中的参数配置 GigabitEthernet0/0/7 接口。

表 6-13　在 FW_B 上配置 GigabitEthernet0/0/7

安全区域	DMZ
IPv4	
IP 地址	10.10.0.2/24

2. 配置 OSPF，保证路由可达

（1）在 FW_A 上配置 OSPF。

① 选择"网络"→"路由"→"OSPF"，如图 6-31 所示。

② 单击"新建"按钮，按表 6-14 中的参数新建 OSPF，单击"确定"按钮。

表 6-14　在 FW_A 上新建 OSPF

类型	OSPFv2
进程 ID	10

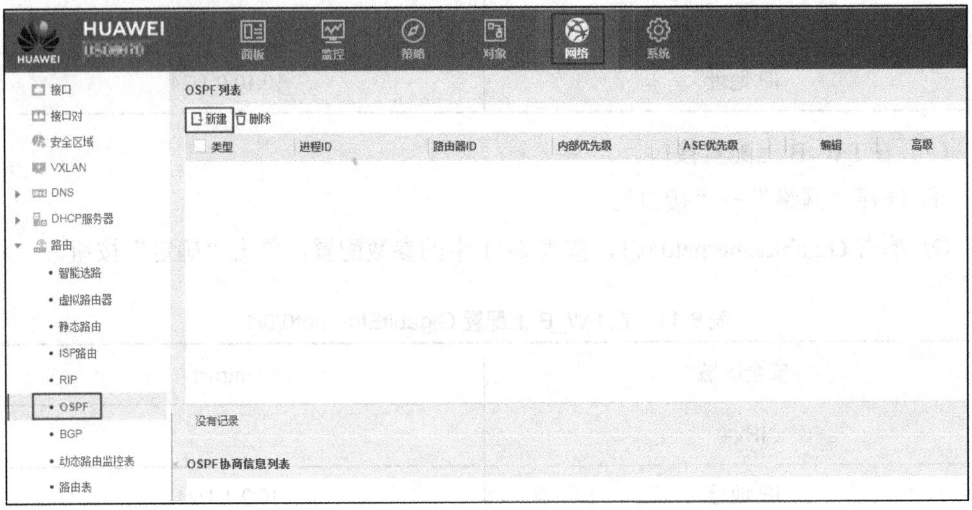

图 6-31　新建 OSPF

③ 单击"新建"按钮，按表 6-15 中的参数新建区域，单击"确定"按钮。

表 6-15　新建区域 1

区域	0.0.0.0
网段 IP	10.2.0.0
正/反掩码	255.255.255.0

④ 选择"基本配置"→"网络配置"，单击"新建"按钮，按表 6-16 中的参数新建网络，单击"确定"按钮。

表 6-16　新建网络 1

网络	0.0.0.0
网段 IP	10.3.0.0
正/反掩码	255.255.255.0

(2) 在 FW_B 上配置 OSPF。

① 选择"网络"→"路由"→"OSPF"。

② 单击"新建"按钮，按表 6-17 中的参数新建 OSPF，单击"确定"按钮。

表 6-17　在 FW_B 上新建 OSPF

类型	OSPFv2
进程 ID	10

③ 单击"新建"按钮，按表 6-18 中的参数新建区域，单击"确定"按钮。

表 6-18　新建区域 2

区域	0.0.0.0
网段 IP	10.2.1.0
正/反掩码	255.255.255.0

④ 选择"基本配置"→"网络配置"，单击"新建"按钮，按表 6-19 中的参数新建网络，单击"确定"按钮。

表 6-19　新建网络 2

网络	0.0.0.0
网段 IP	10.3.0.0
正/反掩码	255.255.255.0

3. 配置双机热备

（1）在 FW_A 上配置双机热备功能。

① 选择"系统"→"高可靠性"→"双机热备"，单击"配置"按钮，如图 6-32 所示。

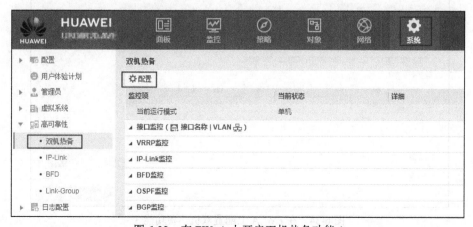

图 6-32　在 FW_A 上开启双机热备功能 1

② 开启"双机热备"功能后，按相应参数配置，单击"确定"按钮，如图 6-33 和图 6-34 所示。

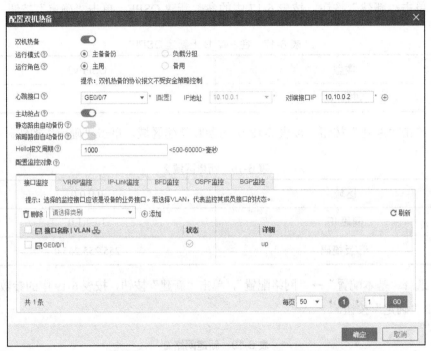

图 6-33　在 FW_A 上配置双机热备功能 2

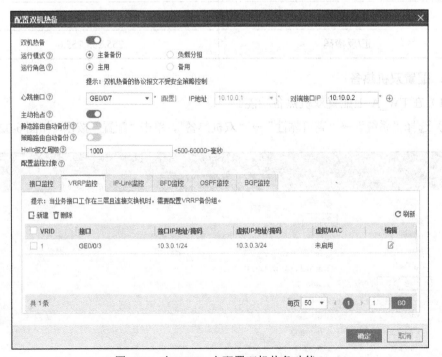

图 6-34　在 FW_A 上配置双机热备功能 3

(2) 在 FW_B 上配置双机热备功能。

① 选择 "系统" → "高可靠性" → "双机热备",单击 "配置" 按钮。

② 开启 "双机热备" 功能后,按相应参数配置,单击 "确定" 按钮,如图 6-35 和图 6-36 所示。

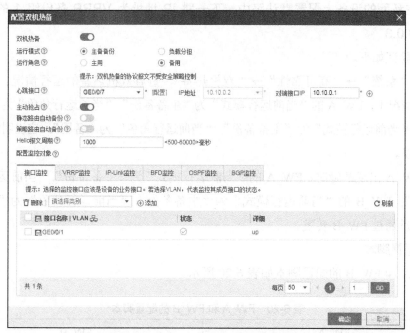

图 6-35　在 FW_B 上配置双机热备功能 1

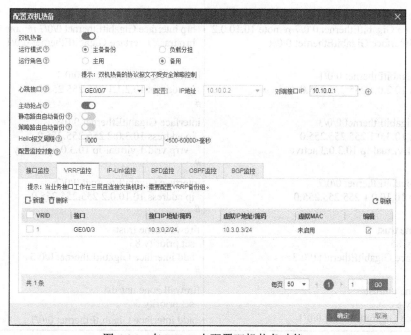

图 6-36　在 FW_B 上配置双机热备功能 2

4．配置安全策略

在 FW_A 上配置的安全策略会自动备份到 FW_B 上。

① 选择"策略"→"安全策略"→"安全策略"。

② 单击"新建安全策略",按照默认参数配置安全策略,单击"确定"按钮。

5．在私网的设备上配置默认路由,下一跳 IP 地址为 VRRP 备份组 1 的虚拟 IP 地址 10.3.0.3

结果验证如下。

选择"系统"→"高可靠性"→"双机热备",查看双机热备的运行情况。

正常情况下,FW_A 的"当前运行模式"为"主备备份","当前运行角色"为"主用";FW_B 的"当前运行模式"为"主备备份","当前运行角色"为"备用"。这说明流量通过 FW_A 转发。

当 FW_A 出现故障时,FW_A 的"当前运行模式"为"主备备份","当前运行角色"为"备用";FW_B 的"当前运行模式"为"主备备份","当前运行角色"为"主用"。这说明流量通过 FW_B 转发。

6．配置脚本

FW_A 和 FW_B 的配置脚本如表 6-20 所示。

表 6-20　FW_A 和 FW_B 的配置脚本

FW_A	FW_B
# hrp enable hrp interface GigabitEthernet 0/0/7 remote 10.10.0.2 hrp track interface GigabitEthernet 0/0/1 # interface GigabitEthernet 0/0/1 ip address 10.2.0.1 255.255.255.0 # interface GigabitEthernet 0/0/3 ip address 10.3.0.1 255.255.255.0 vrrp vrid 1 virtual-ip 10.3.0.3 active # interface GigabitEthernet 0/0/7 ip address 10.10.0.1 255.255.255.0 # firewall zone trust set priority 85 add interface GigabitEthernet 0/0/3 # firewall zone untrust set priority 5 add interface GigabitEthernet 0/0/1	# hrp enable hrp interface GigabitEthernet 0/0/7 remote 10.10.0.1 hrp track interface GigabitEthernet 0/0/1 # interface GigabitEthernet 0/0/1 ip address 10.2.1.1 255.255.255.0 # interface GigabitEthernet 0/0/3 ip address 10.3.0.2 255.255.255.0 vrrp vrid 1 virtual-ip 10.3.0.3 standby # interface GigabitEthernet 0/0/7 ip address 10.10.0.2 255.255.255.0 # firewall zone trust set priority 85 add interface GigabitEthernet 0/0/3 # firewall zone untrust set priority 5 add interface GigabitEthernet 0/0/1

续表

FW_A	FW_B

#
firewall zone dmz
  set priority 50
  add interface GigabitEthernet 0/0/7
#
ospf 10
  area 0.0.0.0
    network 10.2.0.0 0.0.0.255
    network 10.3.0.0 0.0.0.255
#
security-policy
  rule name policy_ospf_1
    source-zone local
    destination-zone untrust
    service ospf
    action permit
  rule name policy_ospf_2
    source-zone untrust
    destination-zone local
    service ospf
    action permit
  rule name policy_sec
    source-zone trust
    destination-zone untrust
    source-address 10.3.0.0 24
    action permit
	#
	firewall zone dmz
	  set priority 50
	  add interface GigabitEthernet 0/0/7
	#
	ospf 10
	  area 0.0.0.0
	    network 10.2.1.0 0.0.0.255
	    network 10.3.0.0 0.0.0.255
	#
	security-policy
	  rule name policy_ospf_1
	    source-zone local
	    destination-zone untrust
	    service ospf
	    action permit
	  rule name policy_ospf_2
	    source-zone untrust
	    destination-zone local
	    service ospf
	    action permit
	  rule name policy_sec
	    source-zone trust
	    destination-zone untrust
	    source-address 10.3.0.0 24
	    action permit

第7章
防火墙用户管理技术

本章主要内容

7.1　AAA 的基本原理

7.2　本地 AAA

7.3　基于服务器的 AAA

7.4　防火墙用户认证及应用

防火墙用户管理技术指用于管理用户通过防火墙访问网络资源的各种工具和技术。防火墙的设置旨在防止未经授权的用户访问网络，但它们也提供了一种控制授权用户访问网络的方法。

有多种技术可用于防火墙用户管理，具体如下。

用户身份验证：涉及要求用户在访问网络之前提供凭据，如用户名和密码。通常是通过使用 RADIUS 或 LDAP 等协议来完成的。

访问控制列表（ACL）：这些规则确定允许哪些用户或组织访问特定网络资源。ACL 可用于限制对特定端口、协议或 IP 地址的访问。

基于角色的访问控制（RBAC）：这是一种根据用户在组织中的角色来控制访问的方法。即根据用户的工作职责为用户分配角色，将防火墙配置为允许相应用户访问基于这些角色的网络资源。

单点登录（SSO）：允许用户进行一次身份验证，然后用户无须重新输入其凭据即可访问多个资源。SSO 通常是通过使用 SAML（安全断言置标语言）或 OAuth（开放授权）等协议来实现的。

网络分段：涉及将网络划分为更小的隔离段（网段），以限制安全漏洞的潜在影响。每个网段都可以通过配置自己的防火墙规则来控制对网络资源的访问。

总体来说，防火墙用户管理技术在保护网络安全和保护敏感数据免遭未经授权的访问方面起着至关重要的作用。通过采用适当的工具和技术，组织可以确保只有授权用户才能访问组织的网络资源。

7.1 AAA 的基本原理

网络安全需要通过安全策略来提供安全保障，安全策略需要借助安全设备来实施。显然，如果想要实施安全策略的人却无法管理安全设备，或者想要破坏安全策略的人也能管理安全设备，那么一切安全策略设计落实到网络安全性上，势必尽付阙如。所以，无论从哪个角度来看，网络设备的管理权限都决定了安全策略是否能够在网络中得以贯彻。

总之，要想确保网络安全，必须对未拥有网络设备管理权限的人员进行行为限制，避免非法用户登录网络设备，对现行网络安全策略进行修改和破坏。即使对于有权管理网络设备的人员，也需要限制拥有不同管理权限的人员所能够执行的命令，而不是"一刀切"地给予所有合法管理人员相同的管理权限。当然，同样重要的一点是，人们常常需要设备能够记录各个管理人员执行的操作，以便在对网络执行进行排错或者追踪攻击行为时可以查看在各个设备上执行过的命令。在这一章中，将重点介绍如何为设备提供上述 3 项服务,从而甄别、赋予管理权限,并且记录管理行为。

身份认证、授权和记账合称 AAA,它们在保护设备管理平面中发挥着重要的作用。它们提供的服务分别确保了访问设备的人员是合法用户、人员可以执行的操作是合法操作,并且人员曾经执行的操作可以追溯。这 3 项服务可以在很大程度上确保设备管理平面的安全,避免让网络安全的"千里之堤"溃于设备自身管理平面的安全问题。这一节的重点是首先对这 3 项服务的概念,以及它们的工作方式进行介绍。

7.1.1 身份认证、授权和记账

对于本书的读者来说,身份认证已经不是一个陌生的概念了。为设备配置的登录信息是要求用户提供的身份认证信息。身份认证是让用户证明自己身份的操作,让设备的用户提供自己是合法用户的凭据,这里所说的凭据包括用户名和密码、数字证书、指纹及其他生物信息等。总之,进行身份认证的目的是设备要求用户回答"你是谁"这个问题,并且提供凭据来证明自己确实是(自己宣称的)那个人。图 7-1 为身份认证示意图。

图 7-1 身份认证示意

授权的作用是通过用户的身份,判断该用户可以访问哪些网络资源、执行哪些操作、查看哪些信息。因此,授权的目的是设备根据用户提供的身份来判断该用户拥有的权限级别,如图 7-2 所示。

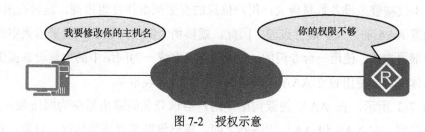

图 7-2 授权示意

记账的目的则是记录各个用户曾经在这台设备上执行了哪些操作,以及执行这些操作的时间。

7.1.2 AAA 的部署方式

AAA 有两种部署方式。一种是被登录设备自己充当 AAA 服务器,它利用管理员在

自己本地数据库中配置的信息，对登录者提供的信息进行校验，这种方式也可以称为本地 AAA。另一种方式是部署一台独立的 AAA 服务器，在需要执行 AAA 操作时，被登录设备把相关信息发送给 AAA 服务器进行校验，然后由 AAA 服务器把校验后的数据发回被登录设备，再由被登录设备将数据发送给登录者，这种方式也可以称为基于服务器的 AAA。这两种部署方式如图 7-3 所示。

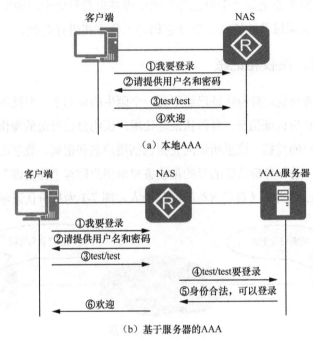

图 7-3　AAA 的两种部署方式

在上述两种 AAA 的部署方式中，直接使用网络设备（被登录设备）充当 AAA 服务器，在本地对用户提供的数据进行校验，这种做法适合规模很小的网络。在规模稍大的网络中，不仅被登录设备数量庞大，用户信息的变更频率往往也很高，这种在所有设备上一一配置 AAA 的方式扩展性过差。因此，规模稍大的网络往往只能采用集中式 AAA 服务器的部署方式，使用一台专门的 AAA 服务器来统一为网络中的大量设备提供 AAA 服务。总体来说，使用独立 AAA 服务器的做法相对比较常见。

如图 7-3 所示，在 AAA 的架构中，用户尝试登录的路由器称为网络接入服务器（NAS）。显然，在 NAS 和 AAA 服务器之间，需要借助某种通信协议。目前，在 NAS 和 AAA 服务器之间使用的通信协议包括 RADIUS 和 TACACS+两种。这两种协议的具体内容在下文中进行介绍。

在这一节中，介绍了 AAA 的基本概念和两种部署方式。在介绍基于服务器的 AAA 时，也提到了 NAS 和 AAA 服务器之间的两种通信协议。在下一节中，我们会首先介绍如何实现本地 AAA。

7.2 本地 AAA

在第 7.1 节中，曾经提到，所谓本地 AAA，就是利用被登录设备自身的数据库来匹配登录用户提供的凭证，决定是否允许该用户登录，以及应该为该用户分配什么级别的操作权限。因此，本地 AAA 实际上只能提供"本地 AA"，即（使用设备的本地数据库实现）身份认证和授权。

配置本地 AAA 的过程基本上可以分为下面几个步骤。

（1）配置本地用户名、密码和特权级别。

（2）启用 AAA。

（3）配置 AAA 中的身份认证方法。

（4）配置 AAA 中的授权方法。

（5）应用身份认证方法。

（6）应用授权方法。

7.3 基于服务器的 AAA

前文介绍了如何部署本地 AAA，即使用被管理设备自身的数据库，来对用户执行身份认证和授权。然而在实际网络中，本地 AAA 应用的往往只是 7.2 节第 3 步和第 4 步定义的 AAA 身份认证和授权方法列表中一种排名靠后的方法（methodx）。这是只有在前面定义的方法因各种原因（如 AAA 服务器临时不可达）无法执行 AAA 服务时，才临时回退的一种 AAA 方法。它存在扩展性差、难以管理、不支持记账等多方面的缺陷。无论从哪个角度来看，基于服务器的 AAA 才是实际网络环境中部署 AAA 服务的主流部署方式。在本节中，会对与这种 AAA 部署方式相关的内容进行介绍。

在 7.1 节中，曾经提到如果采用基于服务器的 AAA 这种部署方式，那么在 NAS 和 AAA 服务器之间，需要某种协议来定义 AAA 消息的封装和发送的流程，让 NAS 可以向 AAA 服务器请求身份认证、授权和记账信息。在这方面，目前主流的协议为 RADIUS 和 TACACS+。

7.3.1 RADIUS

RADIUS（远程用户拨入认证服务）是 NAS 和 AAA 服务器之间的公有标准 AAA 协议。其中，NAS 充当 AAA 客户端。

RADIUS 是一种基于 UDP 的协议。这项协议把 AAA 分为身份认证授权和记账两个模块。针对身份认证授权服务，RADIUS 使用的官方端口是 UDP 1812 端口，不过 RADIUS 曾经针对身份认证授权服务使用过 UDP 1645 端口，后来因为与其他服务冲突而改用 UDP 1812 端口。针对记账服务，RADIUS 使用的官方端口则是 UDP 1813 端口。RADIUS 记账曾经使用过 UDP 1646 端口，后来也因为与另一种服务冲突而改用 UDP 1813 端口。

由于 RADIUS 对身份认证和授权两项服务进行了合并，所以 RADIUS 服务器会通过访问接收消息来提供授权级别。RADIUS 服务器提供 AAA 服务的流程如图 7-4 所示。

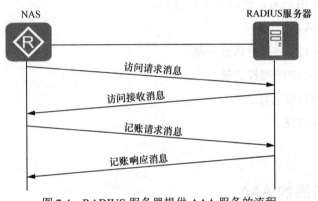

图 7-4 RADIUS 服务器提供 AAA 服务的流程

图 7-4 也显示了几种 RADIUS 消息的类型。无论消息类型为哪一种，RADIUS 定义的数据包结构（消息封装）皆如图 7-5 所示。

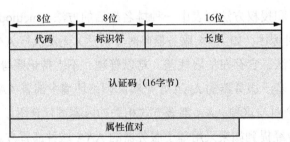

图 7-5 RADIUS 消息封装

如图 7-5 所示，RADIUS 消息包含了以下几个字段，具体介绍如下。

① 代码（Code）：代码字段的作用是表示这个 RADIUS 消息的类型。比如图 7-4 中的访问请求消息代码为 1、访问接收消息代码为 2、记账请求消息代码为 4、记账响应消息代码为 5。此外，RADIUS 定义的其他类型消息也有对应的代码，如 RADIUS 服务器如果拒绝这次访问，那么就会发送一个代码为 3 的访问拒绝消息。

② 标识符（Identifier）：在集中式 AAA 服务环境中，很有可能会有大量 NAS 发送

请求消息,每台 NAS 也有可能在短时间内发送大量请求消息。而标识符字段的作用就是标识出请求消息和响应消息间的对应关系。

③ 长度:长度字段的作用是表示这个消息含头部在内的总长度。

④ 认证码:认证码的作用是让 NAS 确认接收到的消息的确是由合法的 AAA 服务器发送过来的。同时,认证码也会用来对密码进行加密。

⑤ 属性值对(AVP):属性值对由 3 个部分组成,分别为 8 位长度的类型字段、8 位长度的长度字段和长度不定的值字段。这 3 个字段常常合称 TLV。AVP 的目的是提供 RADIUS 消息中的进行请求和响应的内容。比如,一个访问请求数据包可以包含用户名、(使用 NAS 和 AAA 服务器之间的共享密钥加密后的)密码、NAS 的 IP 地址等 TLV。上文在属性值对的英文注释中采用了可数名词复数,因为一个 RADIUS 数据包往往携带多组 TLV。TLV 中的 L 标识 TLV 从 T 开始,到 V 结束的长度。而图 7-5 所示的长度字段则标识了从消息头部开始,到最后一个 AVP 结束的总长度。通过这些 TLV,NAS 可以把用户提供的身份信息通过访问请求消息发送给 AAA 服务器,而 AAA 服务器也可以把授权信息通过访问接收消息发送给 NAS。

综上所述,从用户提供用户名和密码,到 AAA 服务器完成身份认证和授权的过程可以总结为图 7-6 所示的流程。

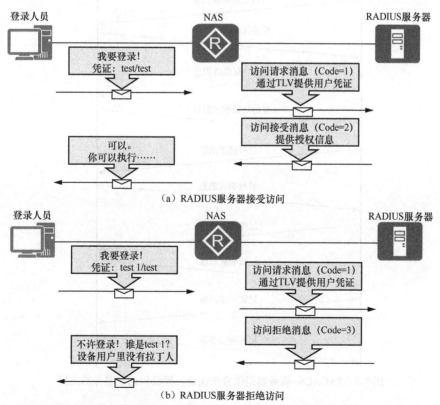

图 7-6 从用户提供用户名和密码,到 AAA 服务器完成身份认证和授权的过程

7.3.2 TACACS+

前文所介绍的 RADIUS 协议是公有标准 AAA 协议，而 TACACS+是 NAS 和 AAA 服务器之间的思科公司私有标准 AAA 协议。虽然 TACACS+是思科公司私有的协议，但是很多主流厂商的产品都至少可以对 TACACS+提供部分支持，包括阿尔卡特/朗讯、Citrix、IBM、Juniper、北电网络等。与 RADIUS 协议之间的不同之处在于，TACACS+是一种基于 TCP 的协议，使用 TCP 49 端口提供身份认证、授权和记账服务。在 NAS 和 AAA 服务器之间开始执行 TACACS+通信之前，双方需要首先建立 TCP 连接。

TACACS+服务器提供身份认证、授权和记账服务的流程如图 7-7 所示。

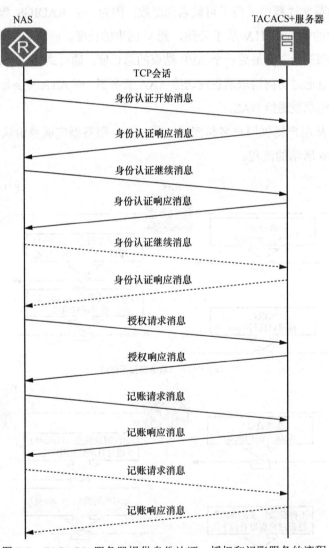

图 7-7 TACACS+服务器提供身份认证、授权和记账服务的流程

如图 7-7 所示，在该流程中，身份认证、授权和记账是 3 个独立的模块。另外，

TACACS+服务器响应 NAS 认证请求是分步推进的。比如，TACACS+服务器会先通过认证响应消息来向 NAS 请求提供用户名，接收到 NAS 发送的认证继续消息并向 NAS 提供了用户名之后，TACACS+服务器再通过下一个认证响应消息来向 NAS 请求提供密码。虚线所代表的流程表示在实际通信过程中，一部分消息会视实际需要而在 NAS 与 TACACS+服务器之间进行更多次交互。

图 7-7 也显示了几种 TACACS+消息的类型。无论消息类型为哪一种，TACACS+定义的数据包结构皆为图 7-8 所示。

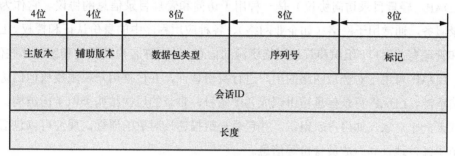

图 7-8　TACACS+消息头部封装

如图 7-8 所示，TACACS+头部包含以下几个字段，具体如下。

① 主版本：作用是标识这个 TACACS+消息的主版本号。

② 辅助版本：作用是标识这个 TACACS+消息的辅助版本号，也就是在主版本的基础上进行了几次修订。

③ 数据包类型：作用是标识这个 TACACS+消息是身份认证消息、授权消息还是记账消息。

④ 序列号：作用是标识这个 TACACS+会话的序列号。在同一个会话中，后一个 TACACS+消息的序列号在前一个 TACACS+消息序列号的基础上加上 1。

⑤ 标记：作用是标识这个数据包的一些特征，如这个消息是否加密。

⑥ 会话 ID：作用是标识一次 TACACS+会话。

⑦ 长度：作用是标识 TACACS+消息的总长度。这个字段标识的消息总长度不包括消息头部长度。

简言之，RADIUS 和 TACACS+之间的对比可以总结为表 7-1。

表 7-1　RADIUS 和 TACACS+之间的对比

	RADIUS	TACACS+
使用的端口	认证/授权：UDP 1812 审计：UDP 1813	TCP 49
加密	只加密密码，安全性较差	加密整个数据包，安全性较好

续表

	RADIUS	TACACS+
AAA 架构	合并了身份认证和授权服务	AAA 服务独立控制
标准	公有标准	思科公司私有标准
推荐场合	为网络用户提供 AAA 服务	为网络管理员提供 AAA 服务

7.3.3 LDAP

LDAP（轻量目录访问协议）是一种用于访问和管理目录信息的协议。它作为集中式目录服务，通常用于网络（如企业网络）、各种应用程序中的身份认证和授权。LDAP 存储和管理有关用户、组织和其他网络资源的信息，并允许客户端查询和修改这些信息。例如，LDAP 可用于对登录网络的用户进行身份认证，并根据用户权限授权他们访问特定网络资源。LDAP 目录信息被组织成各个条目，目录的层次结构类似于树结构。每个条目代表一个对象，如用户或组织，并包含一组描述该对象的属性。属性可以包括用户名、电子邮件地址和组成员身份等信息。

LDAP 更是一种开放的、供应商中立的协议，广泛应用于各种网络环境中，包括前文提过的大型企业网络，以及教育机构网络和政府机构网络。它通常还与其他协议（如 Kerberos）结合使用，以实现安全的身份认证和授权。

LDAP 的工作原理是允许客户端向 LDAP 服务器发送请求以访问和管理目录信息。然后 LDAP 服务器响应请求的信息或执行请求的操作并将结果返回客户端，基本过程包括以下步骤。

① 客户端使用 LDAP 向 LDAP 服务器发送请求。该请求可以是搜索信息或修改目录请求信息。

② LDAP 服务器接收请求并检查客户端是否有权访问请求的信息或执行请求的操作。

③ 如果客户端被授权，则服务器在目录中搜索请求的信息或执行请求的操作。

④ 服务器将请求的信息或操作的结果返回客户端。

⑤ 客户端然后可以使用接收到的信息来执行其他任务或向用户显示信息。

根据前文，LDAP 目录分为多个条目，这些条目表示用户、组织或资源等对象。客户端可以使用 LDAP 来搜索特定条目或检索条目的特定属性。客户端还可以通过添加、删除或修改条目或属性来修改目录。

如前所述，LDAP 作为集中式目录服务，用于网络、各种应用程序中的身份认证和授权，包括如下内容。

企业网络、教育机构网络：LDAP 在企业网络、教育机构网络中广泛用于管理用户账户、组织和其他网络资源。通过集中目录信息，LDAP 提供了用于管理用户账户和权限的单一访问点,从而简化了管理并提高了安全性。

Web 应用程序:许多 Web 应用程序使用 LDAP 作为后端目录服务来管理用户身份认证和授权。通过与 LDAP 集成,Web 应用程序可以为用户提供单点登录(SSO)体验,允许他们仅进行一次身份验证就可以访问多个应用程序,而无须重新输入凭据。

电子邮件系统:LDAP 通常在电子邮件系统中用于管理电子邮件地址和分发列表。通过将电子邮件信息存储在一个集中的 LDAP 目录中,电子邮件系统可以简化管理并为整个组织提供一致的电子邮件地址簿。

VPN:LDAP 可用于管理 VPN 中的用户身份认证和授权,提供一种安全的方式来授予部分用户从远程位置访问网络资源的权限。

云服务:许多云服务与 LDAP 集成以进行用户身份认证和授权,允许用户使用他们现有的 LDAP 凭据访问云服务,从而简化管理并提高安全性。

总体而言,LDAP 是一种用途广泛的协议,可用于在广泛的应用程序和网络环境中管理目录信息。

7.4 防火墙用户认证及应用

用户指访问网络资源的主体,表示"谁"在访问,是网络访问行为的重要标识。FW 上的用户包括上网用户和接入用户。

上网用户:私网中访问网络资源的主体,如企业总部的内部员工。上网用户可以直接通过 FW 访问网络资源。

接入用户:公网中访问网络资源的主体,如企业的分支机构员工和出差员工。接入用户需要先通过 SSL VPN、L2TP VPN、IPSec VPN 或 PPPoE 方式接入 FW,然后才能访问企业总部的网络资源。

身份认证指的是 FW 通过身份认证来验证访问者的身份。FW 对访问者进行身份认证的方式具体如下。

本地认证:访问者通过 Portal 认证页面将标识其身份的用户名和密码发送给 FW,在 FW 上存储了密码,身份认证在 FW 上进行。该方式称为本地认证。

服务器认证:访问者通过 Portal 认证页面将标识其身份的用户名和密码发送给 FW,在 FW 上没有存储密码,FW 将用户名和密码发送至第三方认证服务器,身份认证过程在认证服务器上进行。该方式称为服务器认证。

单点登录:访问者将标识其身份的用户名和密码发送给第三方认证服务器,认证通过后,第三方认证服务器将访问者的身份信息发送给 FW。FW 只记录访问者的身份信息,不参与身份认证过程。

对于上网用户，在访问网络资源时 FW 会对其进行身份认证。对于接入用户，接入 FW 时 FW 会对其进行身份认证；访问网络资源时，FW 还可以根据需要对其进行二次身份认证。

所起作用如图 7-9 所示，在 FW 上部署用户管理与身份认证功能，将网络流量的 IP 地址识别为用户，为 FW 的网络行为控制和网络权限分配提供了基于用户的管理维度，实现精细化的管理，具体如下。

① 基于用户进行策略的可视化制定，提高策略的易用性。

② 基于用户进行安全威胁、流量的报表查看和统计分析，实现对用户网络访问行为的审计。

③ 解决了 IP 地址动态变化带来的策略控制问题，即"以不变的用户应对变化的 IP 地址"。

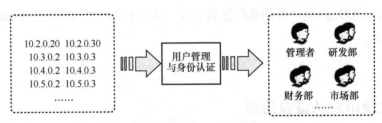

图 7-9　将网络流量的 IP 地址识别为用户

7.4.1　用户组织架构及分类

用户是 FW 进行网络行为控制和网络权限分配的基本单元。FW 中的用户组织结构是实际企业中的组织结构的映射，是基于用户进行权限管控的基础。如图 7-10 所示，用户组织结构分为按部门进行组织的树形组织结构、按跨部门群组进行组织的横向组织结构。

用户组织结构涉及以下概念。

认证域：用户组织结构的容器，类似于 Microsoft Active Directory（AD）服务器中的域。FW 默认存在 default 认证域，用户可以根据需求新建认证域。

用户组/用户：按树形结构组织用户，用户隶属于组（部门）。管理员可以根据企业的组织结构来创建部门和确定部门的用户。这种方式易于管理员查询、定位，是常用的用户组织方式。

安全组：是由不同部门成员组成的跨部门群组，旨在共同关注和解决企业安全问题。当需要基于部门以外的维度对用户进行管理时可以创建跨部门的安全组，例如企业中跨部门成立的群组。另外当企业通过第三方认证服务器存储组织结构时，服务器上也存在类似的跨部门群组。为了基于这些群组配置策略，FW 上需要创建安全组与服务器上的组织结构保持一致。

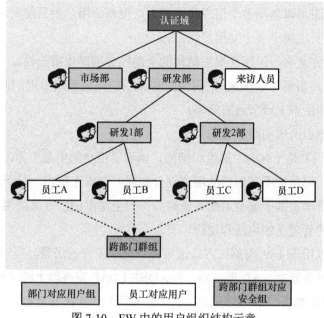

图 7-10 FW 中的用户组织结构示意

下面分别具体介绍两种组织结构的规则。

（1）树形组织结构

树形组织结构的顶级节点是"认证域"，也可以看作根组，认证域下级可以是用户组、用户。default 认证域是设备默认存在的认证域，相当于 default 根组。

通常情况下，在默认的 default 认证域下规划组织结构即可。只有当有不同用户使用不同认证方式、与服务器上域名对应等需求时，才需要规划新的认证域。

如果有规划新认证域的需求，FW 提供以下两种方式规划用户组织结构。

① 每个认证域均拥有独立的用户账号，每个认证域的结构都是一个独立的树形组织结构，类似于 AD/LDAP 认证服务器等认证服务器上的域结构。各认证域的用户账号独立，不同认证域的账号允许重名。

② 其他认证域共享 default 认证域的用户账号，只有 default 认证域采用树形组织结构。此时新建认证域的作用在于决定哪些用户使用哪种认证方式，新建的认证域不作为用户组织结构的顶级节点。

建议按第一种方式规划用户组织结构，与服务器组织结构对应。第二种方式主要用于同一个用户账号使用不同认证方式或版本升级兼容低版本的特殊情况。选择哪种部署方式由认证域下的配置决定。

规划树形组织结构时必须遵循以下规定。

① default 认证域是设备默认自带的认证域，不能被删除，且名称不能被修改。

② 设备最多支持 20 层用户结构，包括认证域和用户，即认证域和用户之间最多允许存在 18 层用户组。

③ 每个用户组可以包括多个用户和用户组，但每个用户组只能属于一个父用户组。

④ 一个用户只能属于一个父用户组。

⑤ 用户组允许重名，但所在组织结构的全路径必须确保唯一性。

⑥ 用户和用户组都可以被策略所引用。如果用户组被策略引用，则用户组下的用户继承其父用户组和所有上级节点的策略。

（2）基于安全组的横向组织结构

用户/组（部门）是"纵向"的组织结构，体现了用户的所属关系；而安全组是"横向"的组织结构，可以把不同部门的用户划分到同一个安全组中，从新的管理维度来对用户进行管理。管理员基于安全组配置策略后，安全组中的所有成员用户都会继承该策略，使得对用户的管理更加灵活和便捷。

安全组还可以用于 FW 与第三方认证服务器配合工作的场景。当网络中存在 AD、Sun ONE LDAP 服务器时，AD 服务器、Sun ONE LDAP 服务器上除了组织单元（OU）外，还存在其他类型的组织结构。例如，在 AD 服务器上还存在安全组，在 Sun ONE LDAP 服务器上还存在静态组和动态组。如果期望 FW 能基于 AD 服务器上的安全组或 Sun ONE LDAP 服务器上的静态组/动态组来对用户进行管理，可以通过 FW 上的安全组来实现。

AD 服务器上的安全组及 Sun ONE LDAP 服务器上的静态组/动态组通常用于控制和管理组下的用户对网络共享位置、文件、目录和打印机等资源和对象的访问。FW 上的用户组对应 AD 服务器、Sun ONE LDAP 服务器上的组织单元，而 FW 上的安全组则对应 AD 服务器上的安全组及 Sun ONE LDAP 服务器上的静态组和动态组。

FW 上的安全组分为以下两种类型。

静态安全组：静态安全组的成员用户（组）是固定不变的。静态安全组的来源包括由管理员手动创建的静态安全组、从 AD 服务器上导入的安全组及从 Sun ONE LDAP 服务器上导入的静态组。

动态安全组：动态安全组的成员用户不固定，而是将服务器上满足一定过滤条件的用户作为动态安全组的成员。动态安全组的来源包括由管理员手动创建的 AD 类型的动态组、由管理员手动创建的 Sun ONE LDAP 类型的动态组及从 Sun ONE LDAP 服务器上导入的动态组。

在 Portal 认证场景中，进行用户认证时 FW 根据本地的动态安全组过滤条件在认证服务器中进行查找，如果服务器中有符合条件的用户，则该用户作为临时用户在此动态安全组上线。

规划安全组时必须遵循以下规定。

① 一个用户可以不属于任何父安全组，也可以最多属于 40 个父安全组。

② 一个安全组可以不属于任何父安全组，也可以最多属于 40 个父安全组。

③ 用户的父安全组可以是任意认证域中的安全组，但是安全组和其父安全组只能属

于同一个认证域。

④ 安全组最多支持三层嵌套，即父安全组、安全组、子安全组。

⑤ 安全组支持环形嵌套，即安全组 A 属于安全组 B，安全组 B 属于安全组 C，安全组 C 属于安全组 A，安全组的组织结构为网状结构。

⑥ 动态安全组不能作为任何安全组的父安全组，但可以作为静态安全组的成员。

⑦ 安全组可以被策略所引用，如果安全组被策略引用，则安全组下的直属用户继承其父安全组的策略，安全组下的子安全组用户不继承上级安全组的策略。

1．用户/用户组/安全组的来源

在 FW 上创建用户、用户组和安全组时，可以使用以下方式。

对用户进行权限控制需要在策略中引用用户、用户组或安全组，因此即使采用服务器认证方式的用户也需要保证在 FW 上存在对应的用户组、安全组或用户，至少要存在对应的用户组或安全组。

手动创建：管理员手动创建用户、用户组、安全组，并配置用户属性。例如，管理员可根据企业的纵向组织架构创建用户组，根据企业的横向组织架构创建安全组，然后在各组下创建用户信息。如果没有部署第三方认证服务器或者部署的第三方认证服务器不支持向 FW 导入用户信息的功能，请使用该方式来创建用户。

从 CSV 文件导入：将用户信息、安全组信息按照指定格式写入不同的 CSV 文件，再将 CSV 文件导入 FW，或者将之前从 FW 上导出的 CSV 文件再次导入 FW，批量创建用户、用户组和安全组。如果在没有部署第三方认证服务器，或者即使部署了但该服务器不支持向 FW 导入用户信息的情况下，请使用该方式来创建用户。与手动创建方式相比，可以简化配置。

从服务器导入：如果已经在实际环境中部署了身份认证机制，并且用户信息都存放在第三方认证服务器上，则可以通过执行从服务器导入方式，将第三方认证服务器上的用户、用户组、安全组的信息导入 FW。目前 FW 只支持从 AD 服务器、LDAP 服务器和 Agile Controller 服务器导入用户和用户组，支持从 AD 服务器、Sun One LDAP 服务器导入安全组。对于其他服务器，请使用手动创建、从 CSV 文件导入或设备自动发现并创建的方式。

2．用户属性

用户的主要属性及说明如表 7-2 所示。

表 7-2 用户的主要属性及说明

属性	说明
登录名	用户的账号，即用户进行身份认证时使用的名称
显示名	用户在 FW 上显示的名称，仅作为区分用户的标识。 通常情况下，在日志、报表的用户字段中，用户会以"登录名（显示名）"的格式出现

续表

属性	说明
描述	用户的描述信息,便于管理员对该用户进行识别和维护
所属用户组	用户所在的父用户组,一个用户只能属于一个父用户组
所属安全组	用户所在的父安全组,一个用户可以不属于任何父安全组,也可以最多属于 40 个父安全组
密码	用户的密码。 使用本地认证时,必须在 FW 上配置用户的密码;使用服务器认证时,用户的密码在第三方认证服务器上配置,无须在 FW 上配置
账号过期时间	账号的有效期,过期之后该账号无法使用
是否允许多人同时使用该账号登录	是否允许多人同时使用该用户的登录名登录,即允许该账号同时在多台计算机上登录
IP/MAC 地址绑定	将用户与 IP/MAC 地址绑定,限制该用户只能在特定的 IP/MAC 地址上登录

在用户访问网络资源前,首先需要经过 FW 的认证,目的是识别这个用户当前在使用哪个 IP 地址。对于通过认证的用户,FW 还会检查用户的属性(用户状态、账号过期时间、IP/MAC 地址绑定、是否允许多人同时使用该账号登录),只有认证和用户属性检查都通过的用户才能上线,被称为在线用户。

FW 上的在线用户表记录了用户和该用户当前所使用的 IP 地址间的对应关系、对用户实施的策略,也就是对该用户对应的 IP 地址实施的策略。

用户上线后,如果在在线用户表项的超时时间内(默认 30 分钟)用户没有发起业务流量,则该用户对应的在线用户监控表项将被删除。当该用户下次再发起业务访问时,需要重新进行认证。

当在不同的网络位置部署了多台 FW 时,希望用户在一台 FW 上的上线信息能同步到其他 FW 上,从而实现对用户权限的全方位管控。此时可以通过在线用户信息同步功能,使用户在多台 FW 上同时上线。

在此种部署方式下,工作过程分为同步操作和查询操作两种,如图 7-11 所示(以 FW_B 为例讲解)。

同步操作:当内置 Portal 认证、AD/Agile Controller/RADIUS 单点登录的用户在 FW_B 上线或下线时,FW_B 将此信息发送给通知列表中的设备,使用户同时在 FW_A 和 FW_C 上线或下线。另外当用户发起业务流量刷新在线用户的剩余在线时间时,FW_B 也会每隔 5 分钟同步刷新其他设备上的在线时间,防止其他设备表项超时。

查询操作:当经过 FW_B 的流量没有对应的在线用户表项时,FW_B 可以向查询服务器 FW_A 发起一次查询请求,如果 FW_A 存在对应的表项将下发给 FW_B。一般选择用户频繁发起业务流量的设备（如出口防火墙）作为查询服务器，因为这类设备表项不容易超时。

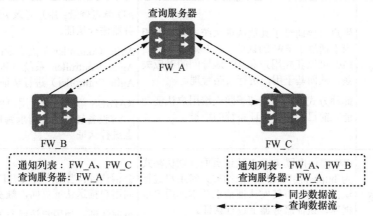

图 7-11 在线用户信息同步示意

7.4.2 用户身份认证流程

FW 上的身份认证流程由多个环节组成，各个环节的处理存在先后顺序，如图 7-12 所示。根据不同的部署方式和网络环境，FW 提供了多种用户身份认证方案供管理员选择，如表 7-3 所示。

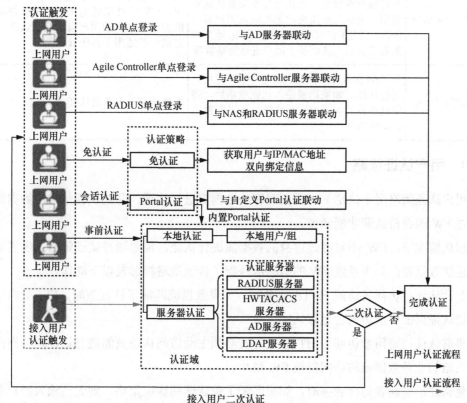

图 7-12 认证流程示意

表 7-3 认证分类

分类	说明	认证方式
上网用户单点登录	用户只要通过了其他认证系统的认证就相当于通过了 FW 的认证。用户通过认证后 FW 可以获知用户和 IP 地址间的对应关系，从而基于用户进行策略管理。 此种方式适用于在部署防火墙用户认证功能之前已经部署认证系统的场景	AD 单点登录：用户登录 AD 域，由 AD 服务器进行认证。 Agile Controller 单点登录：用户由华为的 Agile Controller 系统（Policy Center 或 Agile Controller）进行认证。 RADIUS 单点登录：用户接入 NAS 设备，NAS 设备转发认证请求到 RADIUS 服务器上进行认证
上网用户内置 Portal 认证	FW 提供内置 Portal 认证页面（默认格式为 https://接口 IP 地址:8887）对用户进行认证。FW 可转发认证请求至本地用户数据库、认证服务器上进行认证。 此种方式适用于通过 FW 对用户进行认证的场景	会话认证：当用户访问 HTTP 业务时，FW 向用户推送认证页面，触发身份认证。 事前认证：当用户访问非 HTTP 业务时，只能主动访问认证页面进行身份认证
上网用户自定义 Portal 认证	FW 与自定义 Portal 联动对用户进行认证，例如 Agile Controller 服务器可以作为外部 Portal 服务器对用户进行认证	用户访问 HTTP 业务时，FW 向用户推送自定义 Portal 认证页面，触发身份认证
上网用户免认证	用户不输入用户名和密码就可以完成认证并访问网络资源。免认证与不需要认证有差别，免认证是指用户无须输入用户名、密码，但是 FW 可以获取用户和 IP 地址间的对应关系，从而基于用户进行策略管理	将用户名与 IP 地址或 MAC 地址双向绑定，FW 通过识别 IP/MAC 地址与用户间的绑定关系，使用户自动通过认证。此种方式一般适用于高级管理者
接入用户认证	在 VPN 接入用户的接入过程中 FW 对用户进行认证。如果期望接入认证成功后，访问网络资源前再次进行认证，可以配置二次认证机制	本地认证、服务器认证

7.4.3 用户认证策略

用户认证策略用于决定 FW 需要对哪些数据流进行认证，匹配认证策略的数据流必须经过 FW 的身份认证才能通过。

默认情况下，FW 不对经过自身的数据流进行认证，需要通过认证策略选出需要进行认证的数据流。如果经过 FW 的数据流匹配了认证策略将触发以下动作。

会话认证：访问者访问 HTTP 业务时，如果数据流匹配了认证策略，FW 会向访问者推送认证页面要求访问者进行认证。

事前认证：访问者访问非 HTTP 业务时必须主动访问认证页面进行认证，否则匹配认证策略的业务数据流的访问将被 FW 禁止。

免认证：访问者访问业务时，如果匹配了免认证的认证策略，则无须输入用户名、密码可直接访问网络资源。FW 根据用户与 IP/MAC 地址间的绑定关系来识别用户。

单点登录：单点登录用户上线不受认证策略控制，但是用户业务流量必须匹配认证策略才能基于用户进行策略管控。

以下流量即使匹配了认证策略也不会触发认证。

① 访问设备或设备发起的流量。

② DHCP、BGP、OSPF、LDP 报文。

③ 触发认证的第一条 HTTP 业务数据流对应的 DNS 报文不受认证策略控制，用户通过认证上线后的 DNS 报文受认证策略控制。

认证策略是多个认证策略规则的集合，认证策略决定是否对一条流量进行认证。认证策略规则由条件和动作组成。条件指的是 FW 匹配报文的依据，具体如下。

① 源安全区域。

② 目的安全区域。

③ 源地址/地区。

④ 目的地址/地区。

动作指的是 FW 对匹配到的数据流采取的处理方式，具体如下。

① Portal 认证：对符合条件的数据流进行 Portal 认证。

② 免认证：对符合条件的数据流免认证，FW 通过其他手段识别用户身份。主要适用于以下情况。

对于企业的高级管理者来说，一方面他们希望省略认证过程；另一方面，因为他们可以访问机密数据，所以安全要求更加严格。为此，管理员可将这类用户与 IP/MAC 地址双向绑定，对这类数据流免认证，但是要求其只能使用指定的 IP 地址或者 MAC 地址访问网络资源。FW 通过用户与 IP/MAC 地址间的绑定关系来识别该数据流所属的用户。

在 AD/Agile Controller/RADIUS 单点登录的场景中，FW 已经从其他认证系统中获取到了用户信息，对单点登录用户的业务流量免认证。

上述符合条件的不进行认证的数据流，具体如下。

不需要经过 FW 认证的数据流，如内网之间互访的数据流。

在 AD/Agile Controller/RADIUS 单点登录的场景中，如果待认证的访问者与认证服务器之间交互的数据流经过 FW，则要求不对这类数据流进行认证。

对匹配该策略的流量进行匿名认证，用户无须输入用户名和密码即可完成认证，此时设备将用户的 IP 地址识别为用户身份。

FW 匹配报文时总是在与多条认证策略从上往下进行匹配，如图 7-13 所示。当数据流的属性和某条认证策略的所有条件匹配时，认为匹配成功，不会再匹配后续的认证策略。如果所有认证策略都匹配失败，则按照默认认证策略进行处理。FW 上存在一条默认的认证策略——所有匹配条件均为任意（any），则认证动作为不认证。

图 7-13 认证策略匹配顺序

7.4.4 用户认证配置

用户认证配置的操作步骤如下。

① 选择需要配置的认证域节点。

② 选择场景"上网行为管理"。

③ 选择上网认证方式并配置认证策略。

Portal 认证：包括本地认证和服务器认证。需要单击"配置认证策略"链接新建认证策略，指定 Portal 认证的数据流，将认证动作设置为"Portal 认证"。对于自定义 Portal 认证还需要在认证选项中配置自定义 Portal 认证。

单点登录认证：需要单击"配置认证策略"链接新建认证策略，指定单点登录认证的数据流，将认证动作设置为"免认证"。

免认证：需要单击"配置认证策略"链接新建认证策略，指定免认证的数据流，将认证动作设置为"免认证"。

④ 配置用户。

根据用户所在的位置和实际组织结构在 FW 中配置用户信息。

用户在本地，可以通过如下方式创建用户。

在"用户/用户组/安全组管理列表"中单击"新建"，手动创建用户、用户组、安全组。通过 CSV 文件导入用户/用户组/安全组。

用户在服务器，选择已有的认证服务器或新建认证服务器，将服务器组织结构导入 FW，以进行基于用户的策略控制。

AD/LDAP/Agile Controller 服务器，选择已有的或新建服务器导入策略导入用户/用户组/安全组。

RADIUS/HWTACACS 服务器：不支持导入策略，需要通过手动创建或 CSV 文件导入的方式在 FW 中配置用户。

对于免认证方式，需要在本地创建 IP/MAC 地址双向绑定的用户，用户不用输入密码可直接访问网络资源。"用户/用户组/安全组管理列表"中展示了当前认证域的用户/用户组/安全组。如果习惯基于树形结构管理用户请单击"基于组织结构管理用户"，在弹出的界面中管理用户。

⑤ 可选：配置 RADIUS 计费方案、RADIUS 授权方案。RADIUS 计费方案和 RADIUS 授权方案仅支持在 FW 参与用户认证的自定义 Portal 认证、SSL VPN 接入、L2TP/L2TP over IPSec 接入、IPSec 接入、管理员接入、802.1x 接入场景下使用。

⑥ 可选：配置单点登录。

如果选择了单点登录认证方式，需要配置单点登录参数，具体参见前文的配置 AD 单点登录、配置 RADIUS 单点登录或配置 Agile Controller 单点登录。

⑦ 展开"新用户认证选项"折叠框，配置认证域的新用户认证选项，参数说明如表 7-4 所示。

表 7-4　新用户认证选项参数及说明

参数	说明
不允许新上网用户登录	选择该项后，FW 删除新用户选项配置，新用户选项恢复为默认状态。 默认情况下，未配置新用户选项，FW 对新用户的处理方式如下。 上网在线用户列表：默认不允许新用户登录。 接入在线用户列表：默认新用户可以登录，完成 VPN 接入，但是无法基于用户进行策略控制。如果需要基于用户进行策略控制，必须配置新用户选项，使用户同时在上网在线用户列表中上线。 说明：从 V600R007C20SPC500 版本开始支持此功能
不允许新用户登录	选择该项后，不管认证服务器是否认证通过，FW 都不允许新用户登录
新用户仅作为临时用户，不添加到本地用户列表中	选择该项后，新用户通过认证后只能作为临时用户，不添加到本地用户列表中，但可以享有指定本地用户组或安全组的上网权限。 单击"使用该用户组权限"后的"选择"，选择用户组。 单击"使用该安全组权限"后的"选择"，在"可选"中选择安全组到"已选"中，单击"确定"。该参数为可选项，不选择该参数，则表示不对新用户进行基于安全组的管理。 另外，对于 AD/LDAP/Agile Controller 服务器，还支持优先使用用户在服务器上的用户组和安全组进行策略管理。选中"优先使用服务器上的用户组和安全组进行策略管理"，并选择服务器导入策略。选择的导入策略用于获取用户在服务器上的组织结构和安全组，如果服务器上的组织结构和安全组在本地存在，则使用服务器上的用户组和安全组的上网权限，如果不存在则使用在"使用该用户组权限""使用该安全组权限"中指定的组的上网权限。 FW 中的用户组、安全组不能包含某些特殊字符，当 FW 根据导入策略获取用户的用户组和安全组后，如果用户组名称、安全组名称包含非法字符，则在 FW 将非法字符转换为下划线（_）后，再查询本地是否存在转换后的用户组、安全组。 说明： 当新用户作为临时用户上线时，如果用户在线时用户的父组发生变更，上网在线用户列表中的用户父组不会立即刷新。只有当使用该临时用户 IP 地址登录的所有用户下线后再重新上线时才会更新该用户在本地已存在的父组。 在认证服务器和导入服务器分离的场景下，支持指定 AD/LDAP 服务器的导入策略。FW 通过导入服务器的组织结构控制用户权限。注意此时导入策略中配置的导入类型必须包含用户。 在认证服务器和导入服务器分离场景下，选中"优先使用服务器上的用户组和安全组进行策略管理"，且选择服务器导入策略。对于本地已存在的用户，若导入策略配置了覆盖已有用户（使用 import-override enable 命令配置），FW 会更新本地已存在的导入服务器的组织结构。 为保证用户上线效率，推荐将新用户仅作为临时用户，不添加到本地用户列表中

对于通过了服务器认证或单点登录，但是在 FW 上不存在的用户，其权限受新用户选项控制。

新用户选项对（FW 参与用户认证的）自定义 Portal 认证无效，配置该类型认证时无须关注。

FW 上的用户的名称中不能包含斜线（/）、逗号（,）、双引号（""）、问号（?）、@。如果新用户的名称中包含上述内容，则无法添加到 FW 的临时组中。

AD 单点登录不支持用户名包含"$"的用户上线。

⑧ 单击"应用"按钮。

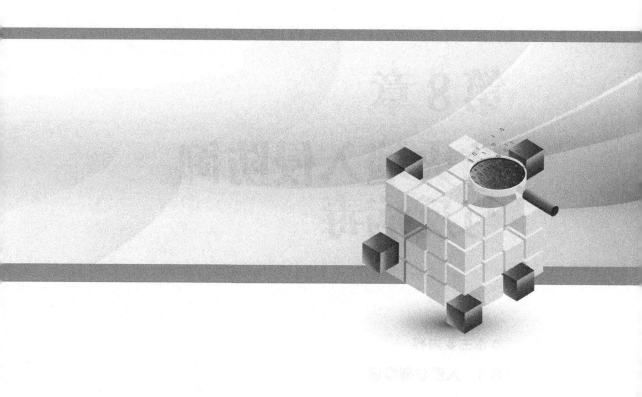

第8章
防火墙入侵防御与反病毒

本章主要内容

8.1 入侵防御概述

8.2 入侵防御

8.3 反病毒

IPS（入侵防御系统）是一种保护网络免受各种类型攻击的网络安全系统，可实时监控网络流量并检测任何可疑活动。当 IPS 检测到潜在威胁时，它会采取措施防止威胁危害网络。

针对各种类型的网络攻击，包括恶意软件攻击、病毒攻击和漏洞利用，IPS 为网络提供实时防护。IPS 通过分析网络流量并将其与已知攻击模式数据库进行比较来工作，如果找到匹配项，IPS 可以采取措施阻止或隔离流量，防止攻击。

华为 IPS 是华为安全解决方案套件中不可或缺的一部分，其中包括多个安全解决方案，如防火墙、VPN 和端点安全解决方案等。通过使用类似华为安全解决方案的全面安全解决方案，组织可以更好地保护其网络和数据免受各种网络威胁。

8.1 入侵防御概述

入侵防御是一种安全机制，又是一种新安全防御技术，通过分析网络流量，检测发现入侵活动（包括缓冲区溢出攻击、木马、蠕虫等病毒攻击），并通过一定的响应方式，如自动丢弃入侵报文或者阻断攻击源，实时中止入侵行为，从根本上避免攻击行为，以保护企业信息系统和网络架构免受侵害。

入侵防御的主要优势如下。

实时阻断攻击：设备采用直路方式部署在网络中，能够在检测到入侵时，实时对入侵活动和攻击性网络流量进行拦截，将对网络的入侵风险降到最低。

深层防护：新型攻击都隐藏在 TCP/IP 参考模型的应用层里，入侵防御能检测报文的应用层信息，还可以对网络数据流重组进行协议分析和检测，并根据网络攻击类型、策略等确定应该被拦截的流量。

全方位防护：入侵防御可以提供针对病毒（蠕虫、木马）、僵尸网络、间谍软件、广告软件、CGI（公共网关接口）攻击、跨站脚本攻击、注入攻击、目录遍历、信息泄露、远程文件包含攻击、溢出攻击、代码执行、拒绝服务攻击、扫描攻击等攻击的防护措施，全方位防御各种攻击，保护网络安全。

内外兼防：入侵防御不但可以防止来自企业外部的攻击，还可以防止来自企业内部的攻击。系统对经过的流量都可以进行检测，既可以对服务器进行安全防护，也可以对客户端进行安全防护。

不断升级，精准防护：入侵防御特征库会持续更新，以保持最高水平的安全性。用户可以从升级中心定期升级设备的特征库，以保持入侵防御的持续有效性。

入侵检测系统（IDS）对那些异常的、可能是入侵行为的数据进行检测和报警，告知使用者网络实时情况，并提供相应的解决方案、处理方法，是一种侧重于风险管理的安全功能。而入侵防御对那些被明确判断为攻击行为，会对网络、数据造成危害的恶意行为进行检测，并实时终止入侵行为，降低或是减免使用者面对异常状况的处理资源开销，是一种侧重于风险控制的安全功能。

入侵防御技术在传统 IDS 的基础上增加了强大的防御功能，具体如下。

传统 IDS 很难对基于应用层的攻击进行预防和阻止。入侵防御设备能够有效防御应用层攻击。

由于重要数据夹杂在过多的一般性数据中，IDS 很容易忽视真正的攻击，误报率和漏报率居高不下，日志和告警过多。入侵防御功能可以层层剥离报文，进行协议识别和报文解析，对解析后的报文进行分类并进行特征匹配，保证了检测的精确性。

IDS 设备只能被动检测保护目标遭到的攻击。为阻止进一步的攻击行为，它只能通过响应机制将攻击行为报告给 FW，由 FW 来阻断攻击。

IPS 是一种主动积极的入侵防范、阻止系统。在检测到攻击企图时会自动将攻击报文丢掉或阻断攻击源，有效地实现了主动防御功能。

8.2 入侵防御

8.2.1 应用场景

入侵防御功能通常用于防护来自私网或公网对私网服务器和客户端的入侵行为。

如图 8-1 所示，FW 部署在私网的出口。当公网用户访问企业私网（包括服务器、PC 及其他设备）时，FW 会对该行为进行检测。如果发现是入侵行为，则阻断该行为；如果不是入侵行为，则允许其建立连接。

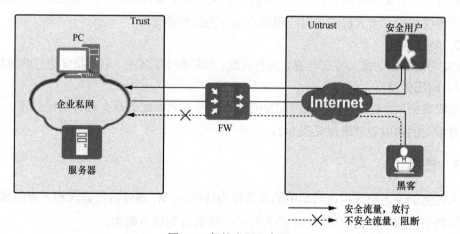

图 8-1 保护私网服务器

如图 8-2 所示，FW 部署在私网的出口。当私网用户访问的网页包含恶意代码时，阻断连接；反之则放行安全流量。

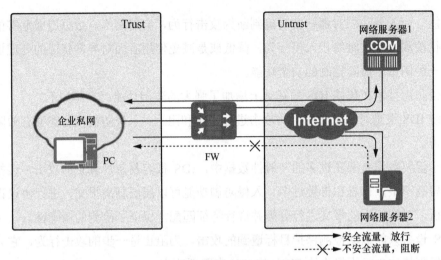

图 8-2 保护私网客户端

除以上两种场景外，FW 也可对内网不同区域之间的流量进行入侵检测和处理。

8.2.2 入侵防御实现机制

入侵防御通过完善的检测机制对所有通过的报文进行检测分析，并实时决定允许报文通过或阻断报文。入侵防御的基本实现机制如下。

1．重组应用数据

FW 首先进行 IP 分片报文重组及 TCP 流量重组，确保了应用层数据的连续性，有效检测出逃避入侵防御检测的攻击行为。

2．协议识别和协议解析

FW 根据报文内容识别多种常见应用层协议。识别出报文的协议后，FW 根据具体协议分析方案进行更精细的分析，并深入提取报文特征。与传统 FW 只能根据 IP 地址和端口识别协议相比，大大提高了对应用层攻击行为的检测率。

3．特征匹配

FW 将解析后的报文特征与签名进行匹配，如果命中了签名，则对报文进行响应处理。

4．响应处理

完成检测后，FW 根据管理员配置的动作对与签名匹配的报文进行响应处理。

对报文的响应处理流程见图 8-2。

8.2.3 签名

入侵防御签名用来描述网络中的攻击行为特征，FW 通过对数据流和入侵防御签名进行比较来检测和防范攻击。FW 的入侵防御签名分为以下两类。

1．预定义签名

预定义签名是入侵防御特征库中包含的签名。用户需要购买 License 才能获得入侵防御特征库，在 License 生效期间，用户可以从华为安全能力中心平台获取最新的入侵防御特征库，然后对本地的入侵防御特征库进行升级。预定义签名的内容是固定的，不能创建、修改或删除。

每个预定义签名都有默认的动作，具体如下。

放行：指对命中签名的报文放行，不记录日志。

告警：指对命中签名的报文放行，但记录日志。

阻断：指丢弃命中签名的报文，阻断该报文所在的数据流，并记录日志。

2．自定义签名

自定义签名是指管理员通过自定义规则创建的签名。建议只有在非常了解攻击特征的情况下才配置自定义签名。因为自定义签名设置错误可能会导致配置无效，甚至导致报文误丢弃或业务中断等问题。

新的攻击出现后，其对应的攻击签名通常晚一点才会出现。当用户对这些新的攻击比较了解时，可以自行创建自定义签名以便实时防御这些攻击。另外，当用户出于特殊的目的时，也可以创建一些对应的自定义签名。自定义签名创建后，系统会自动对自定义规则的合法性和正则表达式进行检查，避免低效签名浪费系统资源。

自定义签名的动作同样分为放行、阻断和告警，可以在创建自定义签名时配置签名的响应动作。

由于设备升级入侵防御特征库后会存在大量签名，而这些签名是没有进行分类的，且有些签名所包含的特征在本网络中不存在，需要过滤，故设置了签名过滤器进行签名管理。管理员分析本网络中常出现的威胁的特征，并将含有这些特征的签名通过签名过滤器提取出来，防御本网络中可能存在的威胁。

签名过滤器是满足指定过滤条件的集合。签名过滤器的过滤条件包括签名的类别、对象、协议、严重性、操作系统等。只有同时满足所有过滤条件的签名才能加入签名过滤器。一个过滤条件中如果配置多个值，多个值之间是"或"的关系，只要与任意一个值相匹配，就认为匹配了这个条件。

签名过滤器的动作分为阻断、告警和采用签名的默认动作。在签名过滤器已配置动作时，签名过滤器的动作优先级高于采用签名的默认动作，以签名过滤器配置的动作为准。当签名过滤器未配置动作时，默认配置采用签名的默认动作。

各签名过滤器之间存在优先级差异（按照配置顺序，先配置的优先）。如果一个安全配置文件中的两个签名过滤器包含同一个签名，当报文命中此签名后，设备将根据优先级高的签名过滤器的动作对报文进行处理。

由于签名过滤器会批量过滤出签名，且通常为了方便管理设置为统一的动作。如果管理员需要将某些签名配置为与签名过滤器不同的动作，可将这些签名引入例外签名，并单独配置动作。

例外签名的动作分为阻断、告警、放行和添加黑名单。其中，添加黑名单是指丢弃命中签名的报文，阻断该报文所在的数据流，记录日志，并将报文的源地址或目的地址添加至黑名单中。

例外签名的动作优先级高于签名过滤器的动作。如果一个签名同时命中例外签名和签名过滤器，则以例外签名的动作为准。

例如，签名过滤器过滤出一批符合条件的签名，且动作统一设置为阻断。但是员工经常使用的某款自研软件却被拦截了。观察日志发现，用户经常使用的该款自研软件命中了签名过滤器中的某个签名，被误阻断了。此时管理员可将此签名引入例外签名，并修改例外签名的动作为放行。

8.2.4 入侵防御对数据流的处理

入侵防御配置文件包含多个签名过滤器和多个例外签名。

签名、签名过滤器、例外签名间的关系如图8-3所示。假设设备中配置了3个预定义签名，分别为a01、a02、a03，且存在1个自定义签名a04。在配置文件中创建了2个签名过滤器，签名过滤器1可以过滤出协议为HTTP、其他项为条件A的签名a01和a02，动作为采用签名默认动作。签名过滤器2可以过滤出协议为UDP与HTTP、其他项为条件B的签名a03和a04，动作为阻断。另外，2个配置文件中分别引入了1个例外签名。在例外签名1中，将签名a02的动作设置为告警；在例外签名2中，将签名a04的动作设置为告警。

签名的实际动作由签名默认动作、签名过滤器的动作和例外签名的动作共同决定的，参见图8-3中的"签名实际动作"。

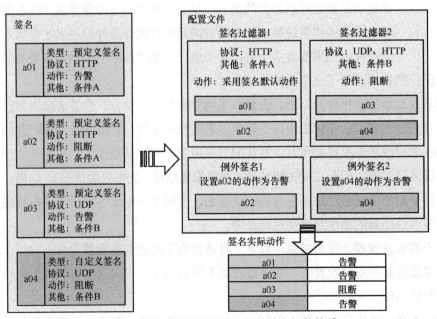

图8-3 签名、签名过滤器、例外签名间的关系

当数据流命中的安全策略中包含入侵防御配置文件时，设备将数据流送到入侵防御模块中，并依次匹配入侵防御配置文件引用的签名。入侵防御对数据流的通用处理流程如图 8-4 所示。

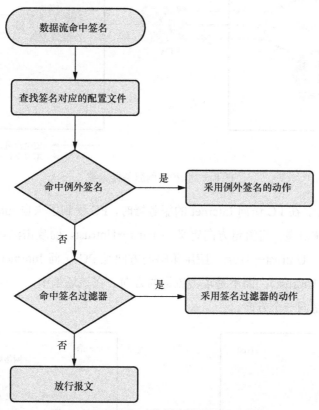

图 8-4　入侵防御对数据流的通用处理流程

当数据流命中多个签名时，对该数据流的处理方式如下。

如果这些签名的实际动作都为告警，则最终动作为告警。

如果这些签名中至少有一个签名的实际动作为阻断时，最终动作为阻断。

当数据流命中了多个签名过滤器时，设备会按照优先级最高的签名过滤器的动作来处理数据流。

当配置引用了入侵防御配置文件的安全策略时，安全策略的检测方向是会话发起的方向，而非攻击流量的方向。

如图 8-5 所示，在 Internet 用户访问企业私网时，私网 PC 或服务器受到了来自网络的威胁。Internet 用户访问企业私网的流量方向为 Untrust→Trust。应用策略的方向是从 Internet 用户到企业私网的方向（即源为 Untrust，目的地为 Trust）。在该场景中，会话发起的方向与攻击流量的方向是同一个方向。

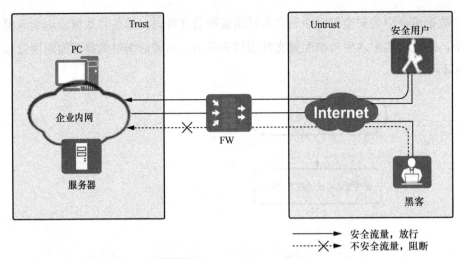

图 8-5 保护私网服务器流量

如图 8-6 所示,在 PC 访问 Internet 的服务器时,PC 受到了来自 Internet 的威胁。PC 访问服务器的正常流量,将流量方向定义为 Trust→Untrust。而攻击流量来源于 Internet,将流量方向定义为 Untrust→Trust。应用策略的方向是 PC 访问 Internet 的方向(即源为 Trust,目的地为 Untrust),而不是攻击流量的方向。在该场景中,会话发起的方向与攻击流量的方向不是同一个方向。

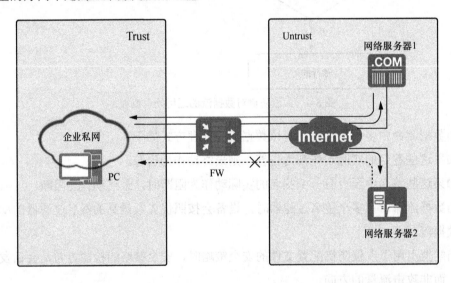

图 8-6 保护私网客户端流量

设备支持威胁情报联动功能,可以利用从云端获取到的威胁情报信息对处理动作为告警的威胁事件的风险性进行二次判定,并将判定为高风险(风险度超过阈值)的威胁事件的处理动作修改为阻断。IPS 威胁情报联动的详细处理流程如图 8-7 所示。

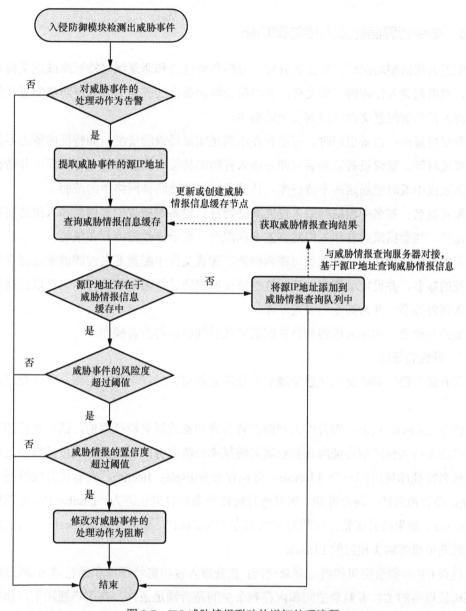

图 8-7　IPS 威胁情报联动的详细处理流程

开启 IPS 威胁情报联动功能后，如果入侵防御模块检测到威胁事件并判定最终处理动作为告警，则威胁情报查询模块会提取威胁事件的源 IP 地址，并将源 IP 地址发送到威胁情报查询服务器上，查询威胁事件的情报信息。默认情况下，威胁情报查询模块使用 TLS 协议与华为安全中心对接，通过华为安全中心调度获取威胁情报查询服务器 IP 地址。

设备查询到威胁事件的情报信息后，会判断威胁情报提供的威胁事件风险度和威胁情报的置信度是否超过预先设置的联动触发阈值，如果两项指标均超过阈值，则会将威胁事件的处理动作由告警修改为阻断，提升入侵防御业务对高风险威胁的阻断率。

8.2.5 命令行界面配置入侵防御功能

配置入侵防御功能时，首先要升级入侵防御特征库和恶意域名特征库或定义自定义签名，然后创建入侵防御配置文件，并将符合特定条件的签名引入入侵防御配置文件，最后将入侵防御配置文件应用到安全策略中。

升级特征库：设备出厂时，可能存在不满足实际场景的情况，如特征库能力不足、特征库过时等。建议设备启动后立即升级入侵防御特征库和恶意域名特征库，并请在设备运维过程中及时更新这两个特征库，使设备能更好地防御网络中的威胁。

配置签名：签名中包括网络入侵的某些特征。设备对接收的数据流和入侵防御签名进行比较，当数据流内容和入侵防御签名匹配时，表示该数据流存在威胁。

配置入侵防御功能：管理员可在入侵防御配置文件中配置签名过滤器来过滤含有某些特征的签名，并设定动作来对匹配这些特征的威胁进行阻断或放行。也可以直接将签名引入例外签名，并为其专门设定动作。

验证与检查：实施入侵防御特性配置完成后的验证与检查操作。

1. 升级特征库

在升级入侵防御特征库和恶意域名特征库之前请做好以下准备工作，保证升级成功完成。

检查 License 状态：在升级入侵防御特征库和恶意域名特征库前，请确认已购买并成功激活支持入侵防御特征库和恶意域名特征库升级服务的 License。入侵防御特征库和恶意域名特征库使用同一个 License。可执行命令display license，查看待升级特征库的 License 是否被激活、是否过期。如果待升级特征库的对应状态为"Disabled"，则需要激活 License。如果待升级特征库的对应状态为"Enabled"，则需要确认 License 是否过期，如果过期请重新购买相应的 License。

检查 CF 卡剩余空间和内存剩余空间：在升级入侵防御特征库和恶意域名特征库前，需要确认设备的 CF 卡剩余空间和内存剩余空间是否满足条件。在用户视图下，执行命令dir查看主控板 CF 卡的剩余空间，显示信息如下。如果 CF 卡的剩余空间不足，则需要删除无用文件。在用户视图下，执行命令delete删除 CF 卡中的无用文件。

```
<sysname> dir
Directory of hda1:/

  Idx   Attr    Size(Byte)  Date         Time         FileName
    0   -rw-           754  Feb 06 2015  15:35:33     private-data.txt
    1   -rw-         5,805  Feb 06 2015  15:35:51     cfgfile.zip
    2   drw-             -  Feb 06 2015  09:07:58     default-sdb
    3   drw-             -  Jul 08 2014  17:02:48     conf
                     ......
```

```
    48  -rw-               36  Jan 30 2015 10:28:44   $_patchstate_reboot
    49  -rw-            1,063  Feb 06 2015 09:13:26   nlog.log
    50  -rw-      173,569,921  Feb 04 2015 20:31:10   sup_c30.bin

1,200,576 KB total (379,168 KB free)
```

检查当前升级状态：特征库升级不能并行操作，因此在特征库升级前，请确认当前的升级状态是否为空闲。只有升级状态为空闲时，才能进行特征库的升级操作。可执行命令display update status来查看当前特征库的升级状态。

```
<sysname> display update status
  Current Update Status: Idle.
```

以上显示信息中，Idle 表示处于空闲状态，可以进行升级操作。否则不能进行特征库的升级操作，请耐心等待并重复执行上述命令直至状态显示为 Idle，才能进行特征库的升级操作。

检查特征库版本信息：在升级入侵防御特征库和恶意域名特征库前，请确认入侵防御特征库和恶意域名特征库的版本信息，确认是否需要升级。可执行命令display version { ips-sdb | cnc }，查看待升级特征库的版本信息，从而确定是否需要升级。

```
<sysname> display version ips-sdb
IPS SDB Update Information List:
---------------------------------------------------------------
  Current Version:
    Signature Database Version        : 2016042310
    Signature Database Size(byte)     : 653281
    Update Time                       : 16:15:13 2016/05/14
    Issue Time of the Update File     : 17:31:13 2016/04/23

  Backup Version:
    Signature Database Version        : 2016042704
    Signature Database Size(byte)     : 568481
    Update Time                       : 16:12:23 2016/05/14
    Issue Time of the Update File     : 13:14:59 2016/04/27
---------------------------------------------------------------
IPS Engine Information List:
---------------------------------------------------------------
  Current Version:
    IPS Engine Version                : V200R002C20SPC015S001
    IPS Engine Size(byte)             : 4270561
    Update Time                       : 16:15:13 2016/05/14
    Issue Time of the Update File     : 10:39:25 2016/05/14

  Backup Version:
    IPS Engine Version                : V200R002C20SPC012
    IPS Engine Size(byte)             : 3145728
    Update Time                       : 16:12:23 2016/05/14
    Issue Time of the Update File     : 19:45:45 2016/04/27
---------------------------------------------------------------
```

入侵防御特征库和恶意域名特征库支持在线升级和本地升级两种升级方式。当 FW 可以直接与升级中心进行通信，或者 FW 可以通过代理服务器与升级中心进行通信时，此时可采用在线升级方式对入侵防御特征库和恶意域名特征库进行升级。当 FW 与 Internet 实现物理隔离，且企业私网没有部署代理服务器时，可以采用本地升级方式。

在线升级方式又分为定时升级方式和立即升级方式两种。FW 定期连接升级中心检查是否存在新的入侵防御特征库版本和恶意域名特征库版本，如果升级中心存在新版本的入侵防御特征库和恶意域名特征库，FW 会根据设定的时间定时升级，即自动下载并更新本地的入侵防御特征库和恶意域名特征库。

当用户发现网络上出现新的入侵防御特征库和恶意域名特征库，而 FW 的定时更新时间还没到，或 FW 未启用定时更新，此时可以手动选择立即升级。

立即升级使用的入侵防御特征库和恶意域名特征库的下载地址就是定时升级的下载地址，升级流程也与定时升级完全相同，区别在于立即升级不受时间限制，可以在任何时刻执行立即升级动作。

2．配置签名

如前所述，签名中包括网络入侵的某些特征。设备对接收的数据流和入侵防御签名进行比较，当数据流内容和入侵防御签名匹配时，表示该数据流存在威胁。预定义签名的内容不能被修改，但可通过查看其内容来得知其所检测的入侵的特征，方便后续进行配置。预定义签名的状态分为启用、禁用和过时。对于状态为启用或禁用的预定义签名，管理员可以批量修改它们的状态，也可以单独修改某个预定义签名的状态。状态为过时的预定义签名已经失效，管理员不可以修改其状态，在特征库中仍保留该签名是为了方便查看历史信息。

配置预定义签名状态：在配置预定义签名的状态后，需要使用命令 engine configuration commit 提交配置，配置才能生效。可使用命令 ips signature-state enabled 在系统视图下设置所有预定义签名的状态为启用。

可使用命令 ips signature-state disabled 在系统视图下设置所有预定义签名的状态为禁用。可使用命令 ips signature-state signature-id signature-id { enabled | disabled }在系统视图下设置特定预定义签名的状态。

配置预定义签名动作：前文已介绍，每一个预定义签名都有默认的动作，动作分为放行、告警和阻断。当用户希望对预定义签名的动作进行定制化修改时，可以使用该配置，该配置可以修改单个或者全部的预定义签名的动作。在配置预定义签名的动作后，需要使用命令 engine configuration commit 提交配置，配置才能生效。在系统视图下可使用命令 ips signature-action alert 对全部预定义签名的动作进行修改。配置该命令可以将全部预定义签名的动作修改为告警，但不能将全部预定义签名的动作修改为放行和阻断，全部放行可以通过 ips signature-state disabled 命令实现。配置命令 ips signature-action signature-id signature-id { allow | alert | block }可以在系统视图下对单个预定义签名的动作进行修改。

修改预定义关联签名:默认情况下 FW 提供了预定义关联签名。查看当前支持的预定义关联签名可使用 display ips-signature pre-defined associated 命令。当预定义关联签名的检查项信息不能满足实际需求时,管理员可以对预定义关联签名的检查项信息进行修改,只有在根系统下才支持修改预定义关联签名。

① 在系统视图下配置预定义关联签名。

```
ips associated pre-defined signature-id signature-id { threshold threshold-value |
interval interval-value | block-time block-time | correlateby { source | destination
| source- destination } } *
```

② 在系统视图下提交配置。在修改预定义关联签名后,配置内容不会立即生效,需要执行提交配置操作来激活,使用命令 engine configuration commit。因为激活过程所需时间较长,建议用户完成所有对预定义关联签名的配置后再统一进行配置提交。

配置自定义签名:每个自定义签名下最多可以配置 4 条规则。每条规则只能配置一个检查项,当报文命中规则中的该检查项时,即命中了此规则。而且多条规则互不影响,没有先后顺序,只要报文命中签名中的至少一条规则便命中了此签名。

① 在系统视图下创建自定义签名。

```
ips signature-id signature-id
```

② 可选:配置自定义签名的名称。

```
name name
```

③ 可选:配置自定义签名的描述信息。

```
description description
```

④ 配置自定义签名的基本特征,如表 8-1 所示。

表 8-1 配置自定义签名的基本特征

配置项	命令
配置自定义签名检测目标	target { both	client	server }
配置自定义签名的协议	protocol protocol-name
配置自定义签名的威胁等级	severity { high	medium	low	information }
配置自定义签名的动作	action { alert	block	allow }

⑤ 创建自定义签名的规则。

```
rule name name
```

⑥ 配置自定义签名规则的参数。

⑦ 在系统视图下提交配置。

```
engine configuration commit
```

同理,创建或修改自定义签名后,配置内容不会立即生效,需要执行提交配置操作来激活。因为激活过程所需时间较长,建议用户完成所有对自定义签名的配置后再统一进行配置提交。

配置自定义关联签名:每个自定义关联签名下只能配置一条规则,在规则中只能配置一条关联检查项。如果某个自定义签名被配置为自定义关联签名,则需要先取消该签名的关联关系,然后才能删除该自定义签名。对于预定义签名,其状态必须为启用状态,才能被配置为关联签名。

① 在系统视图下创建自定义关联签名。

```
ips signature-id signature-id
```

② 可选:配置自定义关联签名的名称。

```
name name
```

③ 可选:配置自定义关联签名的描述信息。

```
description description
```

④ 创建自定义关联签名的规则。

```
rule name name
```

⑤ 配置自定义关联签名的检查项信息。

```
condition associated signature-id signature-id
```

⑥ 配置自定义关联签名的基本特征,如表 8-2 所示。

表 8-2　配置自定义关联签名的基本特征

配置项	命令
配置自定义关联签名的威胁等级	severity { high	medium	low	information }
配置自定义关联签名的动作	action { alert	block	allow }

⑦ 在系统视图下提交配置。

```
engine configuration commit
```

同理,创建或修改自定义关联签名后,配置内容不会立即生效,需要执行提交配置操作来激活。因为激活过程所需时间较长,建议用户完成所有对自定义关联签名的配置后再统一进行配置提交。

3. 配置入侵防御功能

配置入侵防御功能的操作步骤如下。

① 在系统视图下创建入侵防御配置文件。

```
profile type ips name name
```

② 可选:配置入侵防御配置文件的描述信息。

```
description description
```

③ 可选:配置攻击取证功能。

```
collect-attack-evidence enable
```

④ 创建 IPS 签名过滤器。

```
signature-set name name
```

⑤ 配置 IPS 签名过滤器，如表 8-3 所示。

表 8-3 配置 IPS 签名过滤器

配置项	命令
将指定检测目标的 IPS 签名加入 IPS 签名过滤器中	target { both | client | server }
将指定严重性的 IPS 签名加入 IPS 签名过滤器中	severity { high | medium | low | information } *
将指定操作系统的 IPS 签名加入 IPS 签名过滤器中	os { android | ios | unix-like | windows | other } *
将指定协议的 IPS 签名加入 IPS 签名过滤器中	protocol { protocol-name &<1-10> | all }
将指定分类的 IPS 签名加入 IPS 签名过滤器中	category { category-name &<1-10> | all }
配置 IPS 签名过滤器中的应用名称	application { application-name &<1-10> | all }
配置 IPS 签名过滤器的动作	action { alert | block | default }

⑥ 可选：在入侵防御配置文件视图下配置例外签名。

```
exception ips-signature-id ips-signature-id [ action { alert | allow | block | {
block-source-ip | block-destination-ip } [ timeout timeout ] } ]
```

⑦ 可选：配置恶意域名检查功能。

```
cnc domain-filter enable [ action { alert | block } ]
```

开启域名过滤功能。域名过滤功能基于恶意域名特征库对域名进行过滤，保证私网主机不会受到恶意域名的侵害。当域名命中恶意域名后，系统会根据管理员设置的动作进行处理，并自动记录威胁日志供管理员后续查看和参考。在系统视图下，添加例外域名的命令为 cnc domain-filter exception domain-name domain-name，如果管理员通过日志发现部分域名不属于恶意域名，可以将此域名添加为例外域名。

⑧ 可选：配置关联检测功能。

```
assoc-check enable
```

默认情况下，开启关联检测功能。

⑨ 可选：在入侵防御配置文件视图下配置协议异常检测，如表 8-4 所示。

表 8-4 在入侵防御配置文件视图下配置协议异常检测

配置项	命令
检测 HTTP 流量中是否存在 SSH 流量	http ssh-over-http check action { alert | block }
检测 HTTP 报文中是否存在多个 Host 字段	http multi-host check action { alert | block }

配置项	命令
检测 HTTP 报文中的 X-Online-Host 字段	httpx-online-hostcheck { any | blacklist | multiple } action { alert | block } http x-online-host blacklist blacklist
检测 HTTP 报文中的 X-Forwarded-For 字段	httpx-forwarded-forcheck { any | whitelist } action { alert | block } http x-forwarded-for whitelist ipv4 ip-address
检测 DNS 报文的协议格式是否异常	dns malformed-packet check action { alert | block }
检测 DNS 报文的查询类型	dns request-type check { start-type [to end-type] action | default- action} { alert | allow | block }
检测 DNS 域名中是否存在异常字符	dns domain check action { alert | block }
检测 DNS 域名长度是否过长	dns domain length check [max-length max- length] action { alert | block }
检测 DNS 会话请求次数是否过多	dns session request-times check [max-time max-time] action { alert | block }

⑩ 在安全策略中引用入侵防御配置文件。

⑪ 在系统视图下配置 IPS 全局取证规则。

```
ips collect-attack-evidence rule text
```

配置 IPS 全局取证规则后，IPS 全局取证功能生效。当恶意流量命中签名后，设备会在恶意流量中提取已配置的取证字段，取证字段信息会由 IPS 日志携带并发送到日志服务器上或体现在 Web 界面威胁日志的"查看威胁日志详情"中。

⑫ 在系统视图下提交配置。

```
engine configuration commit
```

同理，创建或修改入侵防御配置文件后，配置内容不会立即生效，需要执行提交配置操作来激活。因为激活过程所需时间较长，建议用户完成所有对入侵防御配置文件的配置后再统一进行配置提交。

8.3 反病毒

病毒是一种恶意代码，可感染或附着在应用程序或文件中，一般通过电子邮件协议或网络文件共享协议等协议进行传播，威胁用户主机和网络的安全。有些病毒会耗尽主机资源、占用网络带宽，有些病毒会控制主机权限、窃取数据，还有些病毒甚至会对主机硬件造成破坏。

反病毒是一种安全机制，它可以通过识别和处理病毒文件来维护网络安全，避免病毒文件引起的数据破坏、权限更改和系统崩溃等情况的发生。

随着网络的不断发展和应用程序的日新月异，企业用户越来越频繁地在网络上传输和共享文件，随之而来的是病毒威胁也越来越大。企业只有"拒病毒于网络之外"，才能保证数据的安全、系统的稳定。因此，如何保证计算机和网络系统免受病毒的侵害，让系统能正常运行便成为企业所面临的一个重要问题。

反病毒功能可以凭借庞大且不断更新的病毒特征库有效地保护网络安全，防止病毒文件侵害系统、窃取数据。将病毒检测设备部署在企业网的入口处，可以真正将病毒抵御于网络之外，为企业网络提供一个坚固的保护层。

8.3.1 应用场景

在以下场景中，通常利用反病毒功能来维护网络安全。

私网用户可以访问公网，且经常需要从公网下载文件。

私网部署的服务器经常接收公网用户上传的文件。

如图 8-8 所示，FW 作为网关设备隔离公、私网，私网包括用户 PC 和服务器。私网用户可以从公网下载文件，公网用户可以上传文件到私网服务器上。为了保证私网用户和服务器接收文件的安全性，需要在 FW 上配置反病毒功能。

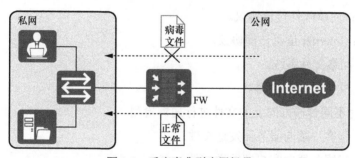

图 8-8　反病毒典型应用场景

在 FW 上配置反病毒功能后，正常文件可以顺利进入私网，包含病毒的文件则会被检测出来，并会采取阻断或告警等手段进行干预。

8.3.2 原理描述

FW 的反病毒功能利用专业的智能感知引擎和不断更新的病毒特征库实现对病毒文件的检测和处理，其工作原理如图 8-9 所示。

FW 是依靠智能感知引擎来进行病毒检测的。流量进入智能感知引擎后的流程如下。

（1）智能感知引擎对流量进行深层分析，识别出流量对应的协议类型和文件传输的方向。

（2）判断文件传输所使用的协议和文件传输的方向是否支持病毒检测功能。

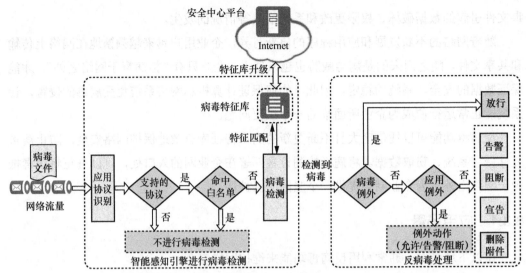

图 8-9 反病毒功能工作原理

FW 支持对使用以下协议传输的文件进行病毒检测。

① FTP：文件传输协议。

② HTTP：超文本传送协议。

③ POPv3：邮局协议第 3 版。

④ SMTP：简单邮件传输协议。

⑤ IMAP：Internet 信息访问协议。

⑥ NFS：网络文件系统。

⑦ SMB：文件共享服务器。

FW 支持对不同传输方向上的文件进行病毒检测。

① 上传：指客户端向服务器发送文件。

② 下载：指服务器向客户端发送文件。

由于协议的连接请求均由客户端发起，为了使连接可以成功建立，用户在配置安全策略时需要确保将源区域设置为客户端所在的安全区域、将目的区域设置为服务器所在的安全区域。

举例 1：Trust 区域的用户需要从 Untrust 区域中的 FTP 服务器上下载文件，此时需要在安全策略配置界面中将 Trust 区域设置为源安全区域，将 Untrust 区域设置为目的安全区域，在反病毒配置界面中选择 FTP 的检测方向为下载。

举例 2：Trust 区域的用户需要向 DMZ 区域中的 SMTP 服务器上传邮件，此时需要在安全策略配置界面中将 Trust 区域设置为源安全区域，将 DMZ 区域设置为目的安全区域，在反病毒配置界面中选择 SMTP 的检测方向为上传。

1．判断是否命中白名单

命中白名单后，FW 将不对文件进行病毒检测。白名单只能通过使用命令行的方式配置，不能在 Web 界面上配置。白名单由白名单规则组成，管理员可以为信任的域名、URL、IP 地址或 IP 地址段配置白名单规则，以此提高反病毒功能的检测效率。白名单规则的生效范围仅限于所在的反病毒配置文件，每个反病毒配置文件都拥有自己的白名单。

针对域名和 URL，白名单规则有以下 4 种匹配方式。

① 前缀匹配：将 host-text 或 url-text 配置为"example*"的形式，即只要域名或 URL 的前缀是"example"即命中白名单规则。例如，白名单规则为https://www.example，只有访问以此为开头的 URL 时才会通过匹配。

② 后缀匹配：将 host-text 或 url-text 配置为"*example"的形式，即只要域名或 URL 的后缀是"example"即命中白名单规则。例如，白名单规则为*.example.com，只有访问以 example.com 为结尾的域名时才会通过匹配。

③ 关键字匹配：将 host-text 或 url-text 配置为"*example*"的形式，即只要域名或 URL 中包含"example"即命中白名单规则。例如，白名单规则为 example.com，只要访问的 URL 中包含 example.com 这个字符串，就会通过匹配。

④ 精确匹配：域名或 URL 必须与 host-text 或 url-text 完全一致，才能命中白名单规则。

2．病毒检测

智能感知引擎对可进行病毒检测的文件进行特征提取，将提取后的特征与病毒特征库中的特征进行匹配。如果匹配，则认为该文件为病毒文件，并按照配置文件中的响应动作对该文件进行处理。如果不匹配，则允许该文件通过。

病毒特征库是华为通过分析各种常见病毒特征而形成的。病毒特征库对各种常见的病毒特征进行了定义，同时为每种病毒特征都分配了唯一的病毒 ID。当设备加载病毒特征库后，即可识别出病毒特征库里已经定义过的病毒。同时，为了能够及时识别出最新的病毒，设备上的病毒特征库需要不断地从升级中心进行升级。

病毒特征库的升级服务需要在购买了相关的 License 后才能正常使用。

此外，在全文扫描模式下，设备支持将检测到的病毒文件上送至云沙箱中进行进一步分析溯源。该功能通过命令控制开关控制，默认处于关闭状态。

当 FW 检测出传输文件为病毒文件时，需要进行如下处理。

① 判断该病毒文件是否命中病毒例外。如果命中病毒例外，则允许该文件通过。

为了避免系统误报等原因造成文件传输失败等情况的发生，当用户认为已检测到的某个病毒文件为误报时，可以将对应的病毒 ID 添加到病毒例外中，使该病毒规则失效。如果检测结果命中了病毒例外，则该文件的响应动作为放行。

② 如果未命中病毒例外，则判断该病毒文件是否命中应用例外。如果命中应用例外，则按照应用例外的响应动作（放行、告警和阻断）进行处理。

应用例外机制允许针对运行在相同协议（如 HTTP）上的不同应用（如 163.com 的

邮件服务与 qq.com 的通信服务）配置专属的响应动作，确保每个应用都能获得与其业务需求和安全要求相匹配的定制化安全策略。

由于应用和协议之间存在着上述关系，在配置响应动作时也有如下规定。

如果只配置协议的响应动作，则协议承载的所有应用都继承协议的响应动作。

如果协议和应用都配置了响应动作，则以应用的响应动作为准。

例如，HTTP 承载了 "163.com 的邮件服务""qq.com 的通信服务" 两种应用。

如果只配置了 HTTP 的响应动作为 "阻断"，则 "163.com 的邮件服务""qq.com 的通信服务" 的响应动作也都为 "阻断"。

如果用户希望对 "163.com 的邮件服务" 应用进行区分处理，则可以将 "163.com 的邮件服务" 添加为应用例外，其响应动作为 "告警"。此时，"qq.com 的通信服务" 的响应动作仍然继承 HTTP 的响应动作，为 "阻断"，而 "163.com 的邮件服务" 的响应动作将使用应用例外的响应动作，即 "告警"。

③ 如果病毒文件既没命中病毒例外，也没命中应用例外，则按照配置文件中配置的协议和传输方向对应的响应动作进行处理。

不同协议在不同的文件传输方向上，FW 支持不同的响应动作，如表 8-5 所示。

表 8-5 不同协议在不同传输方向上对应的响应动作及说明

协议	传输方向	响应动作	说明
HTTP	上传/下载	告警/阻断，默认为阻断	告警：允许病毒文件通过，同时生成病毒日志。
FTP	上传/下载	告警/阻断，默认为阻断	阻断：禁止病毒文件通过，同时生成病毒日志。
NFS	上传/下载	告警	宣告：对于携带病毒的电子邮件文件，设备允许该电子邮件通过，但会在电子邮件正文中添加检测到病毒的提示信息，同时生成病毒日志。宣告动作仅对 SMTP、POPv3 和 IMAP 生效。
SMB	上传/下载	告警/阻断，默认为阻断	
SMTP	上传	告警/宣告/删除附件，默认为告警	删除附件：对于携带病毒的电子邮件文件，设备允许该电子邮件通过，但设备会删除电子邮件中的附件内容并在邮件正文中添加宣告，同时生成病毒日志。删除附件动作仅对 SMTP、POPv3 和 IMAP 生效
POPv3	下载	告警/宣告/删除附件，默认为告警	
IMAP	上传/下载	告警/宣告/删除附件，默认为告警	

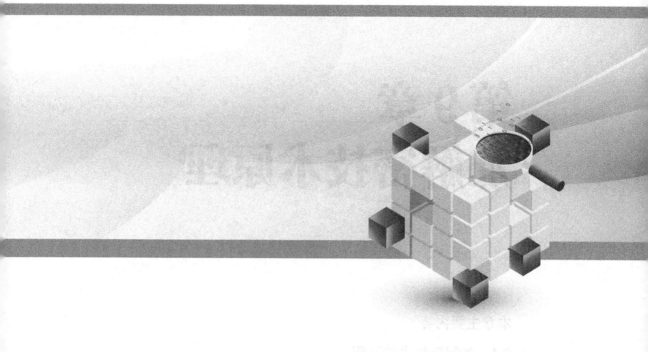

第9章
加解密技术原理

本章主要内容

9.1 加解密技术的发展

9.2 加解密技术的原理

9.3 常见的加解密算法

加密是将明文转换为密文的过程，使未授权方无法读取消息。解密是将密文转换回明文的过程，使消息再次可读。

加解密技术的基本原理是利用数学算法、密钥对明文进行加密并对密文进行解密。密钥是用于加密和解密消息的唯一参数，确保只有拥有正确密钥的预期接收者才能阅读消息。没有密钥，加密的消息几乎不可能解密。

加密算法有两种——对称密钥加密算法和非对称密钥加密算法。

对称密钥加密算法，也称为共享密钥加密算法，使用相同的密钥来加密和解密消息，发送方和接收方必须拥有相同的密钥并确保其安全性。对称密钥加密算法的示例包括高级加密标准（AES）和数据加密标准（DES）。

非对称密钥加密算法，也称为公钥加密算法，使用公钥和私钥这两个密钥来加密和解密消息。公钥可供任何人免费使用，而私钥则保密。发件人使用收件人的公钥加密消息，收件人使用他们的私钥解密消息。非对称密钥加密算法的示例包括RSA和椭圆曲线密码学（ECC）。

加密和解密技术对于保护敏感信息和确保数据隐私安全至关重要。它被广泛应用于各种应用程序中，如安全通信应用、电子商务和网上银行。

9.1 加解密技术的发展

数千年来，加解密技术一直被用于保护通信安全和敏感信息。下面简单介绍一下加解密技术。

古代密码学：已知最早的加密例子是在古希腊中发现的。古希腊城邦中的斯巴达人使用一种被称为Scytale的装备来加密消息，加密方法是将一张羊皮纸缠绕在一根特定直径的棍棒上，在羊皮纸上沿着羊皮纸的长度写下消息，然后取下羊皮纸，此时羊皮纸上呈现乱序排列的字母。只有将羊皮纸缠绕在相同直径的棍棒上，接收者才能阅读信息。

凯撒密码：凯撒密码是一种简单的替代密码，其工作原理是将字母表中的每个字母移动一定数量的位置，移动的数量即"密钥"。例如，如果密钥为3，则A将替换为D，B将替换为E，以此类推。消息的接收者可以通过将字母向后移动相同数量的位置来轻松解码消息。然而，凯撒密码不是很安全，因为只有26个密钥，攻击者可以很容易地尝试使用每个密钥解密，直到找到正确的密钥。

维吉尼亚密码：维吉尼亚密码是一种更高级的加密形式，它使用一系列交织的凯撒密码。它的工作原理是使用关键字创建一个密钥，该密钥用于将明文消息的每个字母移动不同的位置。例如，如果关键字是"LEMON"，而消息是"ATTACK AT DAWN"，则密钥将重复为"LEMONLEMONLE"以匹配消息的长度。消息的第1个字母将移动11个位置（A+L=L，字母表中的第12个字母），第2个字母将移动4个位置（T+E=X），以此类推。几个世纪以来，维吉尼亚密码都被认为是牢不可破的，但最终，人们开发出了破解它的技术，如 Kasiski 考试和 Friedman 测试。

Enigma Machine（恩尼格玛密码机）：是一种高级机械加密设备，它由多个旋转的轮子（转子）和插线板组成，通过复杂的置换加密原理对信息进行加密和解密。其高复杂性和动态变化的特性使得密码几乎无法被破译。然而，情报人员结合卓越的智慧、数学分析，在电子计算机技术的辅助下，最终成功破解了恩尼格玛密码，这一成就不仅是密码学史上的里程碑，也推动了密码学技术的进一步发展。

数字加密：随着计算机和互联网的出现，数字加密对于保护敏感信息变得至关重要。如前文所述，最广泛使用的加密标准之一是 AES，它是一种使用块密码加密和解密数据的对称密钥加密算法，被认为非常安全，这也意味着 AES 使用相同的密钥进行加密和解密。AES 使用块密码意味着它以固定大小的块（通常为 128 位）对消息进行加密。密钥的范围为 128 位～256 位。AES 的工作原理是对明文消息和生成密文的密钥应用一系列数学运算。AES 最常见的操作模式被称为密码块链接（CBC），它涉及在加密之前对每个明文块与前一个密文块进行异或运算。

量子加密：量子加密是一种较新的加密形式，它使用量子力学原理来保护数据。与依赖数学算法的传统加密算法不同，量子加密基于物理定律，被认为是牢不可破的。它的工作原理是使用成对的纠缠粒子（如光子）来传输加密密钥。任何窃听传输的尝试都会导致量子纠缠被破坏，从而警告双方攻击者的存在。量子加密仍处于早期发展阶段，尚未得到广泛应用，但它具有彻底改变加解密技术的潜力。

总体来说，加解密技术随着时间的推移而发展，以跟上技术的进步和满足社会不断变化的需求。随着技术的不断进步，加解密技术会继续在保护敏感信息方面发挥重要作用。

9.2 加解密技术的原理

在不可靠环境中传输数据，数据就面临着暴露给非法用户的风险。非法用户可以通过大量手段截获在源和目的地之间传输的数据。无论是通信的发起方和接收方，还是通信系统的设计方和实施方，都无法规避人们在公共传输媒介中截获信息的可能性。在这样的大背景下，要想确保信息的机密性，比较合理的考量是从信息的可读性上入手，对明文信息进行加密，确保在合理的时间范围内，只有信息的合法接收方能够理解信息的真实含义。这样一来，即使非法人员截获了信息，他们也依然无法让这些信息发挥价值。

9.2.1 密码的产生

从加密的角度来看，要把一段文字（明文）加密成另一段文字（密文），同时保证合法接收方可以把密文再恢复回明文，一般有两种手段，一种手段是位移加密，另一种手段是替换加密。

所谓位移加密就是先打乱文字的顺序再传输信息。这样一来，只要未加密的明文达到一定长度，它就可以制造出足够多的组合，让非法人员无法在合理的时间内通过暴力破解的方式将密文恢复成原文。位移加密示例如图9-1所示。

```
只未密明达一长它可制出够的合非人无在理时内过力解方恢成文
要加的文到定度就以造足多组让法员法合的间通暴破的式复原
```

图9-1　位移加密示例

在图9-1中，把本书上一自然段中的一句话拆分成了两行，奇数字排在第一行，偶数字排在第二行。通信双方可以相互约定，按照这种方式重新排列要传输的文字，从而在公开媒介中把明文变成密文。当然，这只是进行举例说明。在实际加密应用中，进行位移的单位通常不会是汉字。

古希腊人在公元前3世纪开始使用的密码棒也属于典型的位移加密，人们把皮革缠绕在一个固定尺寸的棒子上，书写要传递的信息。在对方拿到这条书写着信息的密码条之后，把它缠绕在相同尺寸（直径）的棒子上，就可以解密信息。如果密码条在传递中途被其他人截获，而这个人又不知道密码棒的尺寸，那么就需要花费时间解读信息的含义。密码棒如图9-2所示。

图9-2　密码棒

另一种加密方法是替换法，即通过替换的方式，把明文变成密文。中国古代有"为尊者讳，为亲者讳，为贤者讳"的避讳制度。例如，秦始皇因出生于正月，便将"正月"改称为"端月"；汉文帝名叫刘恒，于是把恒娥改名"嫦娥"，把恒山改为"常山"等。尽管其初衷并非为了加密，但体现了替换法在中国古代文字中的应用。

9.2.2　维吉尼亚密码

使用位移加密和替换加密的方法固然可以实现加密，但是这种加密的效果显然是很薄弱的。获取到密文的一方使用频率分析法往往可以比较轻松地分析出密文所对应的明文。

频率分析法是一种最基本的密码分析法，其原理是，对于任意一种字母类语言来说，每个字母的使用频率都是不同的。因此，一段文本如果足够长，那么这段文本中的每个字母的使用频率最后都会趋于这种语言的各个字母的使用频率。比如，英文有 26 个字母。根据统计，在这 26 个字母中，使用频率最高的字母是 e，使用频率约为 12.7%；使用频率最低的字母则是 q 和 z，它们的使用频率约 0.1%。这样一来，如果加密者单纯地使用位移加密和替换加密来对文字进行加密，那么只要可以确定信息的原文为英文，那么密文中出现频率最高的符号很有可能就是 e。另外，字母类语言常常会展现出某种特殊的组合规律，在英文中，如使用频率最低的 q，后面唯一可能出现的字母只有 u，而 u 的出现频率是 2.8%。因此，一个出现频率很低的符号，后面跟着一个出现频率在 3%左右的符号，这种符号组合连续出现两次，解密者就有理由怀疑这两个符号代表字母“qu”。

法国外交官维吉尼亚在外交工作期间逐渐对密码学产生了兴趣。在他行将 40 岁时，他辞去了外交官的工作，开始用自己过去的积蓄开展密码研究，发展出了一套更加强大的密码系统，如图 9-3 所示。

	A	B	C	D	E	F	G	H	I	J	K	L	M	N	O	P	Q	R	S	T	U	V	W	X	Y	Z
A	A	B	C	D	E	F	G	H	I	J	K	L	M	N	O	P	Q	R	S	T	U	V	W	X	Y	Z
B	B	C	D	E	F	G	H	I	J	K	L	M	N	O	P	Q	R	S	T	U	V	W	X	Y	Z	A
C	C	D	E	F	G	H	I	J	K	L	M	N	O	P	Q	R	S	T	U	V	W	X	Y	Z	A	B
D	D	E	F	G	H	I	J	K	L	M	N	O	P	Q	R	S	T	U	V	W	X	Y	Z	A	B	C
E	E	F	G	H	I	J	K	L	M	N	O	P	Q	R	S	T	U	V	W	X	Y	Z	A	B	C	D
F	F	G	H	I	J	K	L	M	N	O	P	Q	R	S	T	U	V	W	X	Y	Z	A	B	C	D	E
G	G	H	I	J	K	L	M	N	O	P	Q	R	S	T	U	V	W	X	Y	Z	A	B	C	D	E	F
H	H	I	J	K	L	M	N	O	P	Q	R	S	T	U	V	W	X	Y	Z	A	B	C	D	E	F	C
I	I	J	K	L	M	N	O	P	Q	R	S	T	U	V	W	X	Y	Z	A	B	C	D	E	F	G	H
J	J	K	L	M	N	O	P	Q	R	S	T	U	V	W	X	Y	Z	A	B	C	D	E	F	G	H	I
K	K	L	M	N	O	P	Q	R	S	T	U	V	W	X	Y	Z	A	B	C	D	E	F	G	H	I	J
L	L	M	N	O	P	Q	R	S	T	U	V	W	X	Y	Z	A	B	C	D	E	F	G	H	I	J	K
M	M	N	O	P	Q	R	S	T	U	V	W	X	Y	Z	A	B	C	D	E	F	G	H	I	J	K	L
N	N	O	P	Q	R	S	T	U	V	W	X	Y	Z	A	B	C	D	E	F	G	H	I	J	K	L	M
O	O	P	Q	R	S	T	U	V	W	X	Y	Z	A	B	C	D	E	F	G	H	I	J	K	L	M	N
P	P	Q	R	S	T	U	V	W	X	Y	Z	A	B	C	D	E	F	G	H	I	J	K	L	M	N	O
Q	Q	R	S	T	U	V	W	X	Y	Z	A	B	C	D	E	F	G	H	I	J	K	L	M	N	O	P
R	R	S	T	U	V	W	X	Y	Z	A	B	C	D	E	F	G	H	I	J	K	L	M	N	O	P	Q
S	S	T	U	V	W	X	Y	Z	A	B	C	D	E	F	G	H	I	J	K	L	M	N	O	P	Q	R
T	T	U	V	W	X	Y	Z	A	B	C	D	E	F	G	H	I	J	K	L	M	N	O	P	Q	R	S
U	U	V	W	X	Y	Z	A	B	C	D	E	F	G	H	I	J	K	L	M	N	O	P	Q	R	S	T
V	V	W	X	Y	Z	A	B	C	D	E	F	G	H	I	J	K	L	M	N	O	P	Q	R	S	T	U
W	W	X	Y	Z	A	B	C	D	E	F	G	H	I	J	K	L	M	N	O	P	Q	R	S	T	U	V
X	X	Y	Z	A	B	C	D	E	F	G	H	I	J	K	L	M	N	O	P	Q	R	S	T	U	V	W
Y	Y	Z	A	B	C	D	E	F	G	H	U	J	K	L	M	N	O	P	Q	R	S	T	U	V	W	X
Z	Z	A	B	C	D	E	F	G	H	I	J	K	L	M	N	O	P	Q	R	S	T	U	V	W	X	Y

图 9-3　维吉尼亚密码表

频率分析法的基础是不同字母的使用频率不同，因此加密后的符号的出现频率也应该展示出加密前明文中字母的出现频率。维吉尼亚密码则通过引入密钥的方式，规避了这个问题。比如，明文为单词 attack，那么单纯通过替换加密的方法，密文也会出现两对重复的符号，即 a 和 t 的加密符号。但是，如果使用 key 这个单词作为密钥来执行维吉尼亚加密方式，则将表的第 1 行作为明文，将表的第 1 列作为密钥，将对应单元格作为密文，那么对明文 attack 的加密过程如表 9-1 所示。

表 9-1　维吉尼亚加密示例

明文	a	t	t	a	c	k
密钥	k	e	y	k	e	y
密文	k	x	r	k	g	i

如表 9-1 所示，单词 attack 被加密为了 kxrkgi，两个 t 的密文分别为 x 和 r。同时，因为密钥过短所以需要重复，因此两个 a 的密文碰巧还是 k。如果这种模式多次出现，当然也会给破解者提供可乘之机，所以密钥的长度和加密的安全性是正相关的。

随着电子计算机的发展，加密技术的应用变得越来越广泛。由于电子计算机处理的是二进制数字，因此信息需要首先编码为二进制数字，然后再使用密钥通过执行运算进行加密，具体的操作已经和维吉尼亚密码截然不同了，但维吉尼亚密码这种使用密钥加密明文，避免密文出现重复模式的思路延续了下来。

9.3　常见的加解密算法

9.3.1　对称密钥加密算法

在使用维吉尼亚密码进行加密的时候，为了确保接收到密码的人可以准确地解读密文，双方需要在传递信息之前商量好加密用的密钥，因为在通信的过程中，双方对消息进行加密和解密需要使用相同的密钥。加密和解密使用相同密钥的加密算法，被称为对称密钥加密算法，或者共享密钥加密算法。

对称密钥加密算法示例如图 9-4 所示。

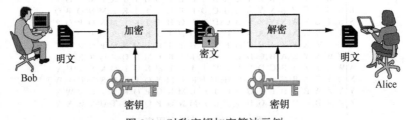

图 9-4　对称密钥加密算法示例

可以看到，在图 9-4 中，一份文件在发送方一侧经过了密钥的加密，由明文变成了密文。完成传输之后，在接收方一侧通过相同的密钥进行解密，由密文还原为了原文。这个过程所采用的算法，就是典型的对称密钥加密算法。

在表 9-1 中可以看到，如果采用维吉尼亚密码进行加密，那么需要每个明文字母都和一个密钥字母一一匹配，来查找这两个字母对应的明文。那么，在电子计算机时代，各类对称密钥加密算法的明文和密钥都是二进制字符，这时是否要采用这种明文和密钥一一对应的运算方式呢？对这个问题的回答，让各种对称密钥加密算法分为了下面两种不同的阵营。

流加密算法：流加密算法采用的运算方式和采用维吉尼亚密码进行加密有异曲同工之妙。明文数据需要一一和密钥数据执行对应运算，往往是以位（bit）为单位对应执行异或运算。典型的流加密算法有 RC4 和目前因为安全性问题已经不推荐使用的 WEP（有线等效加密）。

RC4 的密钥长度可变。它进行加解密使用相同的密钥，因此也属于对称密钥加密算法。RC4 是 WEP 采用的加密算法，也曾经是TLS可采用的加密算法之一。一开始 RC4是商业加密算法，没有公开发表，但是在 1994 年 9 月的时候，它被人匿名公开在了 Cypherpunks 邮件列表上，很快它就被发到了 sci.crypt 新闻组上，随后传播到了互联网的许多站点上。随之贴出的代码后来被证明是真实的，因为它的输出与取得了 RC4 版权的私有软件的输出是完全相同的。由于算法已经公开，RC4 也就不再是商业秘密了，只是它的名字"RC4"仍然是一个注册商标。RC4 已经成为一些常用的协议和标准的一部分，如 1997 年提出的WEP和 2003 年/2004 年无线卡的 WPA、1995 年提出的SSL，以及 1999 年提出的TLS。让它被如此广泛使用的主要因素是它不可思议的简单和速度，不管是软件还是硬件，实现起来都十分容易。2015 年，比利时的鲁汶大学的研究人员 Mathy Vanhoef 及 Frank Piessens，公布了针对 RC4 加密算法的新型攻击程序，可在 75 小时内取得cookie的内容。

WEP 是对在两台设备间无线传输的数据进行加密的方式，用以防止非法用户窃听或侵入无线网络。不过密码分析学家已经找出了 WEP 的好几个弱点，因此在 2003 年被Wi-Fi保护接入（WPA）淘汰，又在 2004 年被完整的 IEEE 802.11i标准（WPA2）所取代。WEP 虽然存在弱点，但也足以吓阻非专业人士的窥探。

WPA 协议是在 IEEE 802.11b标准里定义的一个用于无线局域网（WLAN）的安全性协议。WEP 被用来提供和有线 LAN 同等级的安全性。LAN 天生比 WLAN 更安全，因为 LAN 的物理结构会起保护作用，其部分或全部网络埋在建筑物里面也可以防止未授权的访问。

经由无线电波的 WLAN 没有同样的物理结构，因此容易受到攻击、干扰。WEP 的目标就是通过对无线电波里的数据加密提供安全性，如同端-端发送一样。WEP 特性使用了 RSA 数据安全公司开发的 RC4 ping 算法。如果无线基站支持 MAC 地址过滤，推荐用户连同 WEP 一起使用这个特性（MAC 地址过滤比加密安全得多）。

分组加密算法：分组加密算法也被称为块加密算法。这种算法会把要加密的明文分成多个长度相等的数据块，然后使用密钥对每个数据块执行运算，然后再重新组合数据块，从而达到加密的目的。典型的分组加密算法包括 DES、3DES、AES 和 IDEA 等。

DES（数据加密标准）是一种使用密钥加密的块加密算法，1977年被美国联邦政府的国家标准学会确定为联邦资料处理标准（FIPS），并授权在非密级政府通信中使用，随后该算法在国际上广泛流传。需要注意的是，在某些文献中，作为算法的DES被称为数据加密算法（DEA），已与作为标准的DES区分开来。DES算法的入口参数有3个，即Key、Data、Mode。其中Key的长度为7个字节（56位），是DES算法的工作密钥；Data的长度为8个字节（64位），是要被加密或被解密的数据；Mode为DES的工作方式，即加密或解密。在DES的设计中使用了分组密码设计的两个原则——混淆和扩散，其目的是对抗攻击者对密码系统的统计分析。混淆是使密文的统计特性与密钥的取值之间的关系尽可能复杂化，以使密钥和明文对密文的依赖性对密码分析者来说是无法利用的。扩散的作用是将明文的每一位的影响尽可能迅速地作用到较多的输出密文位上，以便在大量的密文中消除明文的统计结构，并且使密钥的每一位的影响尽可能迅速地作用到较多的密文位上，以防对密钥进行逐段破译。

3DES（Triple DES）是一种对称密钥块加密算法，相当于对每个数据块应用3次DEA。由于计算机运算能力的增强，原版DES密码的密钥长度不足，其变得容易被暴力破解；3DES用来提供一种相对简单的方法，即通过增加DES的密钥长度来避免类似的攻击，而不是设计一种全新的块加密算法。最早定义了该算法的标准（ANSI X9.52-1998）将其描述为"三重数据加密算法（TDEA）"，即ANSI X3.92中定义的DEA的3次重复操作，完全没有使用术语"3DES""DES"。FIPS PUB 46-3（1999年发布）定义TDEA则使用了术语"Triple DES""DES"，在该标准中互换使用DEA和DES的概念，其中以此开始DES的定义。DES应当包括DEA与TDEA（如ANSI X9.52-1998中所描述的）。NIST SP 800-67（2004年发布，2008年发布r2）主要使用术语TDEA，但也提到了"Triple DES（TDEA）"。ISO/IEC 18033-3（2005年发布）使用"TDEA"，但其中提到——TDEA通称Triple DES（数据加密标准）。没有一个定义了本算法的标准使用术语"3DES"。

密码学中的高级加密标准（AES）又称Rijndael加密算法，是美国联邦政府采用的一种块加密标准。这个标准用来替代DES，已经被多方分析且在全世界中得到广泛使用。经过5年的甄选流程，高级加密标准由美国国家标准与技术研究院（NIST）于2001年11月26日发布于FIPS PUB 197上，并在2002年5月26日成为有效的标准。2006年，高级加密标准已然成为对称密钥加密算法中最流行的算法之一。前文提到该算法又称Rijndael加密算法，因为该算法为比利时密码学家Joan Daemen和Vincent Rijmen所设计，结合两位作者的名字，所以将其命名为Rijndael。高级加密标准算法从很多方面解决了令人担忧的问题。实际上，攻击数据加密标准的那些手段对于高级加密标准算法本身并没有效果。如果采用真正的128位加密技术甚至采用256位加密技术，蛮力攻击要取得成功需要耗费相当长的时间。虽然高级加密标准也有不足，但是，它仍是一个相对新的协议。因此，安全研究人员还没有那么多的时间对这种加密方法进行破解试验。但人们也可能会随时发现一种全新的攻击手段攻破这种高级加密标准，至少在理论上存在这种可能性。

国际数据加密算法（IDEA）是由研究员 Xuejia Lai 和 James L. Massey 在苏黎世的 ETH 开发的，一家瑞士公司——Ascom Systec 拥有其专利权。IDEA 是作为迭代的分组密码实现的，使用长度为 128 位的密钥和 8 个循环。通过支付专利使用费（通常每个副本大约需支付 6 美元），可以在全世界范围内广泛使用 IDEA。注意，这些费用是在某些区域中适用，而其他区域并不适用。IDEA 被认为是极为安全的，如前所述，使用长度为 128 位的密钥，蛮力攻击中需要进行的测试次数与 DES 相比明显增多，甚至允许弱密钥测试。而且，它本身也显示了它尤其能抵抗专业形式的分析性攻击。类似于 DES，IDEA 也是一种块加密算法，它设计了一系列加密轮次，每轮加密都使用从完整的加密密钥中生成的一个子密钥。其与 DES 的不同之处在于，它采用软件实现和采用硬件实现同样快速。由于 IDEA 不是在美国提出并发展起来的，避开了美国法律对加密技术的诸多限制，因此，有关 IDEA 算法和实现技术的书籍都可以自由出版，极大地促进了 IDEA 的发展和完善。

9.3.2　DH 算法

对称密钥加密算法的逻辑非常简单，运算往往也不复杂，但这种算法本身就暗示了它的薄弱环节——密钥。如果通信双方长期使用相同的密钥来加解密信息，这种密钥很容易就会被破解。但如果通信双方时常修改加解密密钥，那么交换密钥的过程就会给密钥泄露创造契机。

从表面上看，这里看似存在一个逻辑死循环——要安全地传输数据，便要求通信双方拥有密钥，要想安全地传输密钥便要求通信双方能够安全地传输数据。这个所谓的逻辑死循环其实并不是全然无解的。

读者可以进行这样一个思维实验：Alice 希望使用给文件盒上锁的方式，向 Bob 发送不会被别人浏览的密信。显然，如果 Alice 直接向 Bob 发送一个文件盒，并且为这个文件盒上锁，那么 Bob 在拿到这个文件盒的时候，是无法打开这个文件盒的。如果 Alice 通过相同的方式让人把开锁的钥匙也交给 Bob，那么文件盒中的信件乃至之后双方发送的信件就都有可能会被其他人看到，因为通过别人转交钥匙不可靠。

不过，如果 Alice 先给文件盒上锁，然后托人发送给 Bob，Bob 给文件盒再上一把锁，然后托人送回给 Alice。Alice 第二次收到这个文件盒的时候，开启自己套上去的挂锁，再把文件盒发回给 Bob，Bob 再用自己的钥匙把自己套上去的挂锁打开，就可以看到 Alice 发送的信息了，如图 9-5 所示。

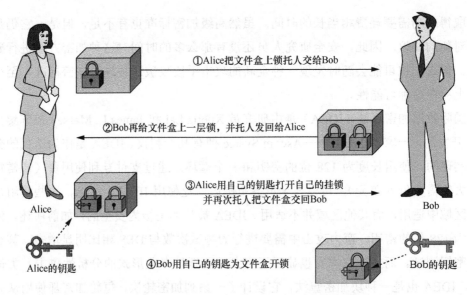

图 9-5　不需要交换密钥来执行密钥加密的思想实验

上述思维实验达到了这样一个目的，即通信双方从来没有交换过钥匙，他们各自使用自己的钥匙就完成了通信的加密，同时确保在整个过程中包裹从未以未上锁的形式被交由第三方进行转发。

问题是，在现代通信环境中，在这个思维实验和真实通信环境之间有一个重要的差异。那就是每个人在文件盒上增加的挂锁在操作意义上都是平等的，这也就是说对挂锁和开锁没有时间顺序方面的要求。然而，在现代通信环境中，加密和解密是针对原始数据一层一层执行的，最后一次加密操作所对应的解密操作，很可能必须是第一次解密操作。如果像图 9-5 所示的那样，让先加密（上锁）的一方先进行解密（开锁），数据（盒子里面的文件）很可能无法恢复成最初的原文。不过，图 9-5 所示的流程至少提供了一种启发——通信双方也许可以通过密钥，计算出一些加密所需的"密钥材料"，双方可以使用这个密钥材料计算出共同的密钥，从而避免密钥在公共媒介上传输。同时，为了确保其他人（如 Eve）不能通过这些"密钥材料"计算出密钥，使用密钥计算"密钥材料"必须是单向的。

在加密领域中，一种比较常见的单向函数是求模函数。求模的本质是求除法的余数，如 18(mod7)=4，因为 18 除以 7 的余数是 4；再如 28(mod5)=3，因为 28 除以 5 的余数是 3。

求模函数难以进行逆运算的原因是显而易见的，因为除法的商可以是任意值。例如，已知现在是北京时间上午 9 点，那么可以轻松计算出 390 小时之后是 15 点，因为 390(mod24)=6，且 9+6=15。但如果已知现在是北京时间上午 9 点，未来某一刻是 15 点，但完全无法判断这两个时刻之间经历了多少个小时，因为不知道这两个时刻间隔了多少天。

在此基础上，Martin Hellman 发现 $g^a(mod p)=A$ 可以作为算法的理想函数。此后，他和 Whitfield Diffie、Ralph Merkle 三个人共同开发出了 Diffie-Hellman-Merkle 算法，即 DH 算法。

简言之，在加密的过程中，Alice 和 Bob 之间只需要通过公共媒介交换两个值就可以计算出用来加解密的密钥，而 Eve 即使截获了这两个值也完全无法推断出密钥。这个过程的具体流程如下。

步骤 1：发起方（Alice）会随机生成下面 3 个参数（正整数）。

① p：一个巨大的素数，如用十进制这个数字表示有数百位，因为是素数，所以通常用 p 来表示。

② g：一个整数。

③ a：一个小于 p，大于 0 的随机数。

步骤 2：发起方（Alice）计算出整数 A，使 $A = g^a(\mathrm{mod}\,p)$。然后，将 g、p 和在这里计算出来的 A 发送给接收方（Bob）。

步骤 3：在接收方（Bob）接收到这 3 个数之后，它也随机生成了 1 个小于 p，大于 0 的随机数 b，并且计算出整数 B，使 $B = g^b(\mathrm{mod}\,p)$。然后，Bob 把 B 发送给发起方（Alice）。

步骤 4：接收方（Bob）在接收到 g、p、A，并且生成了随机数 b 之后，就已经可以计算出密钥 K 了。计算方法是 $K = A^b(\mathrm{mod}\,p)$。

步骤 5：发送方（Alice）在接收到 B 之后，也会用自己生成的随机数计算出密钥 K。计算方法是 $K = B^a(\mathrm{mod}\,p)$。

如果站在 Eve 的角度上看，她可以拦截到 g、p、A、B，但是因为她既没有 a/b，也无法通过 g、p、A、B 逆向计算出 a/b，所以她不可能通过这些"密钥材料"计算出 K。

通过上面的介绍我们不难发现，DH 算法通过求模函数，避免了密钥直接在公共媒体上传输，在一定程度上克服了对称密钥加密算法固有的最大弱点。但是 Whitfield Diffie 并不满足，他希望更进一步。

9.3.3 非对称密钥加密算法

在完成了 DH 算法的设计之后，Whitfield Diffie 构思出了一种可能性算法——加密和解密需要通过不同的密钥来完成。即通过两个密钥组成一个密钥对，用一个密钥加密的信息必须用另一个密钥来解密。这样一来，通信双方中的任何一方都可以把其中的一个密钥告知所有人，让每一个需要和自己通信的人都能获得这个密钥，并且在需要对信息进行加密的时候，直接用这个密钥来执行加密运算。因为这个密钥只能加密信息，不能解密信息，所以这个密钥不仅没有保密的必要，而且最好尽可能广泛地公开。另一个密钥用来解密前一个密钥加密的信息，因此这个密钥不需要发给任何人，也就没有了交换密钥的过程。就像某个人有一把钥匙和一把锁，为了让别人可以给自己发送加密信息，这个人把锁复制了无数份，发给了每个打交道的人。这样一来，如果有人想要给这个人发送秘密文件，只需要把文件放在一个盒子中，用这个人提供的锁锁上盒子，就可以安全地把信息交到这个人手中了。

上面介绍的用一个密钥加密信息，用另一个密钥解密信息的加密算法，称为非对称密钥加密算法。一个实体可以公之于众、让所有实体用来加密信息的密钥称为这个实体的公钥。而一个实体不在通信媒介中发送，仅自己使用的对加密信息进行加密的密钥则称为这个实体的私钥。

非对称密钥加密算法示例如图 9-6 所示。

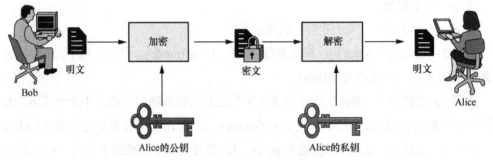

图 9-6　非对称密钥加密算法示例

典型的非对称密钥加密算法，就是上文提到的 RSA 算法。RSA 算法也是以一个三人组的姓氏首字母组合命名的。这 3 个人是 RSA 的发明者 Ronald Rivest、在构思该算法时进行了大量头脑风暴的计算机科学家 Adi Shamir，以及在此过程中提出了大量中肯反对意见的数学家 Leonard Adleman。他们看到了 Whitfield Diffie 构思的非对称密钥加密算法，在此基础上通过 RSA 算法实现了这种设计。

RSA 算法利用了大素数难分解的单向函数，即两个很大的素数通过乘法求积非常容易，但是找出这个乘积通过哪两个素数相乘得到的则很难。读者可以在课余找两个 5 位数以上的素数来计算乘积，然后让其他人（在不借助互联网的情况下）根据乘积找出这两个数。RSA 的具体设计由于需要一定的数论背景，这里不再进行介绍。

另外，虽然明显不够典型，但是 DH 算法也可以视为一种非对称加密算法。

9.3.4　哈希算法

哈希算法使用的是一种数学函数，因此也被称为哈希函数。在信息安全技术中，经常需要验证消息的完整性，哈希函数提供了这一服务，它对不同长度的输入消息，产生固定长度的输出。这个固定长度的输出称为原输入消息的"哈希"或"消息摘要"。哈希函数的设计旨在确保输入数据的任何细微变化都会导致哈希值发生显著变化，从而生成一个独特且敏感的能够反映原始数据状态的哈希值。一个安全的哈希函数 H 必须具有以下属性。

① H 能够应用到大小不一的数据上。

② H 能够生成大小固定的输出。

③ 对于任意给定的 x，$H(x)$ 的计算相对简单。

④ 对于任意给定的代码 h，要发现满足 $H(x)=h$ 的 x 在计算上是不可行的。

⑤ 对于任意给定的块 x，要发现满足 $H(y)=H(x)$ 而 $y=x$ 的 x、y 在计算上是不可行的。

⑥ 要发现满足 $H(X)=H(y)$ 的 (X, y) 在计算上是不可行的。

哈希的英文有"无用信息"的意思，因此哈希函数一词的由来可能是最终形成的哈希表里面是各种看起来没有用的数字。除了用来快速搜索数据外，哈希函数还用来完成签名的加密解密工作，这种签名可以用来对收发消息时的用户签名进行鉴权。先用哈希函数对数据签名进行转换，然后将数字签名本身和转换后的信息摘要分别独立发送给接收人。通过利用和发送人一样的哈希函数，接收人可以从数字签名中获得一个信息摘要，然后将此信息摘要与传送过来的摘要进行比较，这两个值相等则表示数字签名有效。

利用哈希函数对数据库中的原始值建立索引，以后每获取一次数据都要利用哈希函数进行重新转换。因此，哈希函数始终是单向操作，没有必要通过分析哈希值来试图逆推哈希函数。实际上，一个典型的哈希函数是不可能逆推出来的。好的哈希函数还应该避免不同输入产生相同哈希值的情况发生。不同输入的哈希值相同的情况，被称为冲突。可接受的哈希函数应该将产生冲突的可能性降到最低。常见的哈希表构造方法如下。

① 余数法：先估计整个哈希表中的表项目数量，然后将这个估计值作为除数除以每个原始值，得到商和余数，用余数作为哈希值。因为使用这种方法产生冲突的可能性相当高，因此任意搜索算法都应该能够判断冲突是否发生并提出取代算法。

② 折叠法：这种方法是在原始值为数字时使用的，将原始值分为若干部分，然后将各部分叠加，得到的最后 4 个数字（或者取其他位数的数字都可以）作为哈希值。

③ 基数转换法：当原始值是数字时，可以将原始值的数制基数转为一个不同的数字。例如，可以将十进制的原始值转为十六进制的哈希值。为了使哈希值的长度相同，可以省略高位数字。

④ 数据重排法：这种方法只是简单地将原始值中的数据打乱，重新排序。比如可以将第 3 位~第 6 位的数字逆序排列，然后将重排后的数字作为哈希值。

哈希函数并不通用，如在数据库中使用能够获得很好的效果的哈希函数，用在密码学或错误校验方面未必可行。一些流行的哈希算法包括 MD5、SHA-1、SHA-2、SHA-3 等，其中 SHA-256 和 SHA-3-256 由于具有高级别的安全性而在现代应用程序中最常用。

MD5 信息摘要算法是一种被广泛使用的密码哈希函数，可以产生一个 128 位（16 字节）的哈希值，用于确保信息传输完整一致。MD5 由美国密码学家 Ronald Linn Rivest 设计，于 1992 年公开，用以取代 MD4 算法。这套算法的程序在 RFC 1321 标准中被加以规范。在 1996 年后，该算法被证实存在弱点，可以被破解。对于需要保证高度安全性的数据，专家一般建议改用其他算法，如 SHA-2。2004 年，证实 MD5 算法无法防止碰撞，因此不适用于安全性认证，如不适用于 SSL 公开密钥认证或是数字签名等用途。

SHA-1（安全哈希算法 1）是一种密码哈希函数，由美国国家安全局设计，并由 NIST

发布为 FIPS。SHA-1 可以生成一个被称为消息摘要的 160 位（20 字节）的哈希值，哈希值通常的呈现形式为 40 个十六进制数。SHA-1 已经不再被视为可抵御有充足资金、充足计算资源的攻击者。2005 年，密码分析人员发现了针对 SHA-1 的有效攻击方法，这表明该算法可能不够安全，不能继续使用。自 2010 年以来，许多组织建议用 SHA-2 或 SHA-3 来替换 SHA-1。Microsoft、Google 及 Mozilla 都曾宣布，它们旗下的浏览器在 2017 年前停止接收使用 SHA-1 算法签名的 SSL 证书。2017 年 2 月 23 日，CWI Amsterdam 与 Google 公布了一个成功的 SHA-1 碰撞攻击，并发布了两份内容不同但 SHA-1 哈希值相同的 PDF 文件作为概念证明。

SHA-2（安全哈希算法 2）是一种密码哈希函数算法标准，同样由美国国家安全局研发，由 NIST 在 2001 年发布，属于 SHA 算法之一，是 SHA-1 的后继者。其下又可再分为 6 个不同的算法标准，包括 SHA-224、SHA-256、SHA-384、SHA-512、SHA-512/224、SHA-512/256。

SHA-3（安全哈希算法 3）之前名为 Keccak 算法，设计者宣称在 Intel Core 2 的 CPU 上，此算法的性能达到 12.5cpb（每字节周期数）。不过，在硬件方面，这个算法比起其他算法明显速度快了很多。

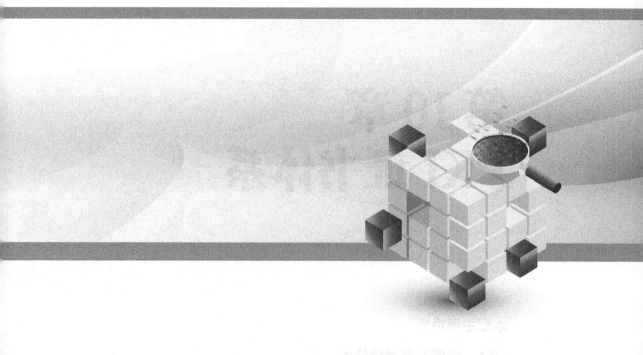

本章主要内容

10.1 数据安全概述

10.2 PC 防御体系结构

10.3 PC 机工作环境

第10章
PKI 证书体系

本章主要内容

10.1 数据安全通信技术

10.2 PKI 证书体系架构

10.3 PKI 证书体系工作机制

PKI（公钥基础设施）证书体系是一种基于公开密钥密码学的安全体系，它由一组相互信任的实体组成，包括证书（代理）机构（CA）、注册中心（RA）、证书持有人（即数字证书的使用者）等。构建该体系的主要目的是提供一种安全的方式来管理和传输数字证书，以确保通信的机密性、完整性，并提供身份验证。

在 PKI 证书体系中，数字证书被用来验证通信方的身份。数字证书是由 CA 颁发的一种证明证书持有人身份的数字文件，它包含了证书持有人的公钥、证书持有人的身份信息及 CA 的数字签名等信息。当一个实体需要验证另一个实体的身份时，它可以使用证书持有人的公钥来验证数字签名的合法性，并比对证书中的身份信息，从而确认证书持有人的身份。

PKI 证书体系在现代互联网中被广泛应用，如在网上购物、在线银行、电子邮件等应用场景中。它为互联网提供了一种安全、可靠的身份验证方式，确保了数字交易的安全性和可信度。

10.1 数据安全通信技术

加密算法解决了信息传输过程中的机密性问题，一种强大的加密算法可以保证攻击者无法在合理的时间范围内还原通信双方传递的密文。不过，正如本书在第 1 章中介绍的那样，信息安全并不是仅由机密性这一种因素构成的，它还包含其他构成因素。

第 9 章的相关内容解释了通信双方（Alice 和 Bob）如何通过加密算法来保证信息的机密性。但是这种通信仍然存在隐患。比如，Alice 收到了一个上锁的文件盒，发件人号称自己是 Bob，希望和 Alice 进行秘密通信。问题是，Alice 如何确认发件人的真实身份确实是 Bob，而不是 Eve 伪装的。这个问题涉及通信双方如何相互进行身份认证，从而确保通信实体身份的真实性。

10.1.1 使用非对称密钥加密算法进行数字签名

第 9 章提到了非对称密钥加密算法。在非对称密钥加密算法的构想中，任何设备都有一个可以对外公开的密钥，称为公钥；也有一个不会对外发送的密钥，称为私钥。在通信时，通信发起方会使用目的设备的公钥来加密要发送给那台设备的信息，而目的设备在接收到信息的时候则使用自己的私钥来解密信息。由于私钥不会对外公开，而公钥无法解密它自己加密的信息，因此这类算法解决了密钥分发的问题。

仔细观察这种非对称密钥加密算法的原理，可能会想到，这种加密算法也有可能可以通过加密和解密的方式，来提供证明通信双方身份真实性的证据，如图 10-1 所示。

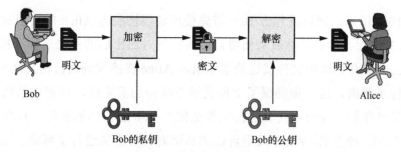

图 10-1　确保信息的真实性

如图 10-1 所示，Bob 用自己的私钥对发送给 Alice 的文件进行了加密。由于公钥是可以完全公开的，因此 Alice 拥有 Bob 的公钥。如果 Bob 的公钥可以对使用 Bob 私钥加密的文件进行解密，那么 Alice 就可以确信这份文件确实是由 Bob 发送过来的。这是因为私钥本身是不公开的，所以只有 Bob 本人才有可能（用自己的私钥）加密能够用他的公钥进行解密的文件。

上面这种逆向使用非对称密钥加密算法，即使用加密方的私钥来加密文件，以便让解密方验证加密方身份的做法，类似于在文件上签署了自己的姓名，称为对文件进行数字签名。

通过数字签名，人们可以通过非对称密钥加密算法来保障信息的真实性和机密性了，整个过程如图 10-2 所示。

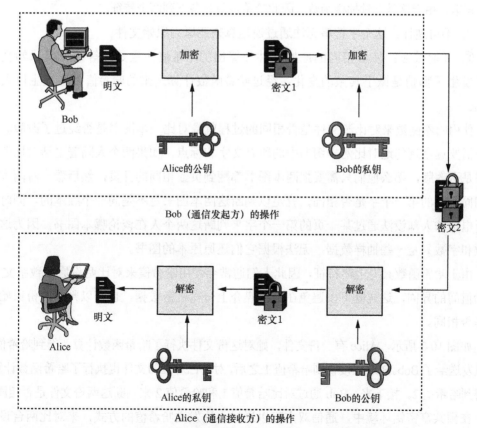

图 10-2　通过非对称密钥加密算法保障信息的真实性和机密性

如图 10-2 所示，通信发起方 Bob 首先使用通信接收方 Alice 的公钥对要发送给 Alice 的明文进行了加密，然后又使用自己的私钥对加密后的密文进行了再次加密，然后通过公共媒介把这份文件发送给了 Alice。Alice 在接收到这份密文之后，用 Bob 的公钥进行了解密。这一步确保了文件发送方身份的真实性，解密成功代表这份密文的来源是可靠的，因为这代表这份文件是使用 Bob 的私钥加密的，只有 Bob 才拥有 Bob 的私钥。接下来，Alice 又用自己的私钥对这份密文进行了解密。这一步确保了文件本身的机密性。通信媒介中的任何人都可以使用 Bob 的公钥来解密这份文件，从而验证文件发送方的身份，但只有 Alice 可以把这份文件恢复成明文，因为只有 Alice 拥有自己的私钥，而这份文件是使用 Alice 的公钥加密的，必须用 Alice 的私钥进行解密。

在实际操作中，图 10-2 所示的这种操作几乎不会发生，人们通常采用一种更加简便的做法。在介绍这种做法之前，下面再次介绍一下哈希函数。

10.1.2 哈希函数

哈希函数是一种抽样函数，它可以把数字文件计算成为一段（很可能比源文件）小得多的字符串。由于这是一种抽样函数，因此哈希函数具备下列两个特征。

① 不可逆性：这个字符串无法通过逆运算来还原为原始文件。

② 雪崩效应：使用相同的原始文件计算出的哈希值一定是相等的。但原始文件如果发生了哪怕是微乎其微的变化，经过哈希函数计算出来的哈希值都会发生巨大的变化。

使用哈希函数来对比源文件是否相同的过程就像对比一本图书是否经过了改版。人们不需要逐字逐句地对比两本图书中的所有文字和标点，如果两个人隔着电话对比两本图书是否改版，那么他们只需要把两本图书都翻到页数相同的几页，然后看一看两本图书相同页数的第一个字是否相同，就足以判断这两本图书是不是同一个版本的。同时，窃听电话的人却没法通过某一页的第一个字来判断这两个人在谈论哪本图书，因为这些页数和字数只是一些抽样数据，无法根据它们还原原本的图书。

由于哈希函数具有上述特征，因此人们通常会使用哈希值来对比两份原始数字文件/原始值间的异同，这样既可以避免在公共媒介上传输机密数据，也可以判断两份原始材料是否相同。

如图 10-3 所示，Alice 有一份文件，她对这份文件执行了哈希函数计算，得到哈希值 1 并且发送给了 Bob。Bob 在接收到哈希值 1 之后，对自己对应的文件也执行了哈希函数计算，并得到哈希值 2。接下来，Bob 通过对比哈希值 1 和哈希值 2 来判断这两份文件是否相同。

在预共享密钥环境中，通信双方可以通过上述发送哈希值的方式，来对比两台设备上配置的预共享密钥是否相同。

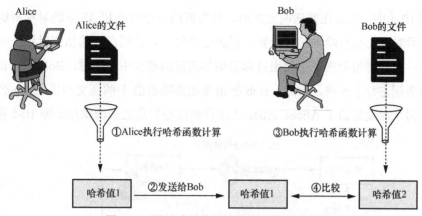

图 10-3　通过哈希值比较原始文件/原始值

本书曾经提到，完整性是信息安全的一大核心原则。哈希函数经常被用来执行文件的完整性校验。通信发起方把哈希值附带在信息的尾部，经过加密后把信息发送给通信接收方。通信接收方在解密之后，对信息执行哈希函数计算，然后用计算出来的哈希值与接收到的、附带在信息尾部的哈希值进行对比，判断这个文件在传输的过程中是否发生了变化，由此来验证信息的完整性。

10.1.3　使用哈希函数和非对称密钥加密算法进行数字签名

在大多数场景中，为了提升通信效率，使用非对称密钥加密算法来进行数字签名的对象，往往是被加密信息的哈希值，而不是完整的被加密信息，这个通信的加密过程如图 10-4 和图 10-5 所示。

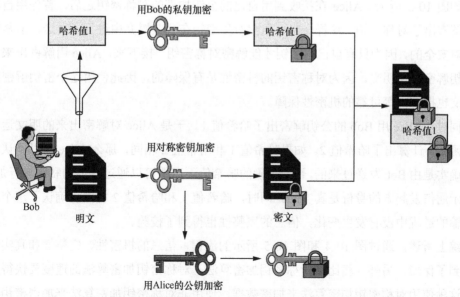

图 10-4　Bob（加密方和通信发起方）的操作

在图 10-4 中，Bob 在发送明文之前，首先使用一个自己和 Alice 的对称密钥加密了明文，然后对明文执行哈希函数计算，得到哈希值 1，并用自己的私钥对这个哈希值进行了加密，把加密值附带在了使用对称密钥加密后的密文中。同时，Bob 用 Alice 的公钥对对称密钥进行了加密。最后，Bob 把附带加密哈希值 1 的密文和用 Alice 公钥加密的对称密钥一起发送给了 Alice。Alice 在接收到这些信息之后的操作如图 10-5 所示。

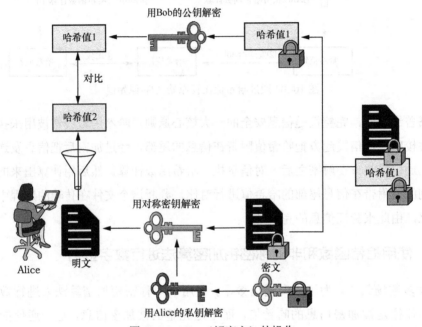

图 10-5 Alice（解密方）的操作

如图 10-5 所示，Alice 在接收到用自己的公钥加密的对称密钥之后，首先用自己的私钥解密出了对称密钥。这样一来，虽然对称密钥在公共媒介中进行了发送，但是过程是绝对安全的，因为只有自己的密钥才能解密对称密钥。接下来，Alice 用解密出来的对称密钥解密出了明文，因为对称密钥的机密性是有保障的，因此使用这个密钥解密出来的明文也拥有同等可靠的机密性保障。

同时，Alice 用 Bob 的公钥解密出了哈希值 1。于是 Alice 对解密出来的明文运行了哈希函数，计算出了哈希值 2。如果哈希值 1 和哈希值 2 相同，那么 Alice 可以确认这个消息确实是由 Bob 发送过来的，否则正确的哈希值不可能可以通过 Bob 的私钥进行加密，这表示通信发起方的身份是真实的。同时，哈希值 1 和哈希值 2 相同也确认了这个消息在传输的过程中没有发生变化，信息的完整性也得到了校验。

综上所述，通过图 10-4 和图 10-5 所示的流程，信息的机密性、完整性和真实性同时得到了保障。另外，相比非对称密钥加密算法，对称密钥加密算法的速度要快得多。因此这种使用对称密钥加密算法来加密数据，使用非对称密钥加密算法来加密密钥的方式，可以兼顾效率与安全性。

10.2 PKI 证书体系架构

图 10-5 中的 Alice 可以完全信任 Bob 发送给她的明文吗？乍看之下好像可以，但仔细想想攻击者似乎还有空子可钻。

在图 10-5 中，Alice 之所以能够确认这份明文是由 Bob 发来的，是因为她用"Bob 公钥"解密出来了一个哈希值，这个哈希值和她自己使用明文计算出来的哈希值相同。问题是，她认为是"Bob 公钥"的密钥真的是"Bob"的公钥吗？

任何参与通信的一方都可以生成公钥和私钥，并且把公钥发送给有需要的通信方。即 Eve 同样可以生成一份公钥和私钥，并且把这个公钥作为"Bob 的公钥"发送给其他通信方，然后再以自己的私钥作为"Bob 的私钥"来完成图 10-4 所示的流程。这一切在 Alice 执行图 10-5 所示的流程时，看上去都是天衣无缝的。

因此，Bob 把自己的公钥公开，用自己私钥进行加密来证明自己身份的前提，是这个"Bob"真的是 Bob，这又像是一个逻辑死循环。这么看来，要想确保通信方身份的真实性，就必须给这条证明通信方身份真实性的信任链画上一个句号。

在某些国家旅游时，游客经常会被冒充的警察索取护照，一旦护照到手，歹徒就会非法扣押游客护照并索取财物。这些自称是警察的歹徒也有自制的警服、警徽、警号，甚至改装出来的警车，普通游客通常都会被迷惑。因此，一般的旅游咨询机构建议，在海外遇到这种当街向游客要求查看护照的警察时，游客应该要求到最近的警察局里出示护照。在国内，一种比较常见的诈骗方式是骗子伪装成警察/法院工作人员，谎称受害者家人遭遇了司法纠纷，要求受害者进行转账。国内进行了大量防诈骗宣讲活动，建议人们在接到所谓警察局/法院电话时，拨打 110 求助。

从上面两个案例可以看出，任何人在身份的真实性上造假都无法规避一种检验方法，就是找到公众周知的基础设施，如警察局及其提供的紧急服务热线 110，从而向真正的权力机关求助。因为诈骗者显然无法伪造出一个警察局，也不可能让接听 110 电话的警务人员来为自己背书。

按照上述逻辑，通信身份真实性的信任链，也需要由基础设施和权力机关来画上句号。这样的基础设施和权力机关，被称为 PKI 和 CA。

在 PKI 中，身份认证的核心权力机构是 CA。这就像在市政基础设施中，身份认证的核心权力机构是警察局一样。CA 可以为使用公共密钥的用户或者终端实体颁发证书，证明其确实是这个证书的合法持有者。因此，证书的作用相当于身份证和/或护照，证书会包含 CA 的数字签名。因为在 PKI 中，CA 是公众周知的且攻击者无法仿造 CA 的数字签名，这就像在市政基础设施中，警察局的所在位置和电话是公众周知的，诈骗者无法仿造一样。当然,除此之外,数字证书也会包含这位用户或者设备的公钥。

X.509 是常用的公钥证书格式标准,一份典型的 X.509v3 证书结构如图 10-6 所示。

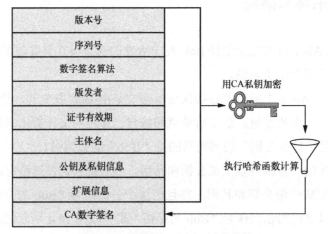

图 10-6 典型的 X.509v3 证书结构

图 10-6 中的各个字段的含义如下。

① 版本号:X.509 包含多个版本,这个字段的作用就是提供这份证书的 X.509 版本信息。目前,使用最广泛的是 X.509v3 版本。

② 序列号:序列号是颁发证书的 CA 为这个证书指定的证书编号。序列号用来表示和区分这份数字证书和其他数字证书,相当于我国居民身份证上的"居民身份号码"部分或者护照首页的"护照号码/Passport No."部分。

③ 数字签名算法:这个字段标识 CA 颁发这个证书时使用什么算法计算数字签名。

④ 颁发者:颁发者字段的作用是标识这份证书是由谁来颁发的,类似于我国居民身份证上的"签发机关"部分或者护照首页的"颁发机关/Authority"部分。由于 CA 是一台服务器,所以颁发者字段往往是 CA 的服务器名。

⑤ 证书有效期:顾名思义,这个字段的作用是标识这个证书的有效期,类似于我国居民身份证上的"有效期限"部分或者护照首页的"有效期至/Date of expiry"部分。

⑥ 主体名:这个字段的作用是标识这个证书属于哪一个主题,因此类似于我国居民身份证上的"姓名"部分或者护照首页的"姓名/Name"部分。

⑦ 公钥及私钥信息:这个字段包含了证书认证的公钥及私钥信息,以及这个公钥及私钥的算法信息。

⑧ 扩展信息:扩展信息是可选项,是 X.509v3 引入的字段,定义了一些不同的用法,如这个字段可以指定证书的用途。因此,这个字段(及证书可选字段)可以类比护照首页后的几页"备注 OBSERVATIONS"。

⑨ CA 数字签名:这个字段是 CA 使用自己的私钥对证书所生成的数字签名,类似于我国居民身份证和/或者护照中的电子芯片。

10.3 PKI 证书体系工作机制

PKI 证书体系工作机制包括以下步骤。

生成公私密钥对：为每个用户或设备生成公私密钥对。私钥由用户/设备保密，而公钥可供其他人使用。

证书颁发：为确保公钥的真实性，由 CA 颁发数字证书，将公钥与特定用户或设备绑定。该证书还包括有关 CA 和证书持有者的信息。

证书验证：当用户想要与另一个用户或设备进行通信时，他们会获取其他用户/设备的数字证书并根据 CA 的根证书对其进行验证以确保其真实性。

数字签名：如果证书有效，用户可以使用证书中的公钥加密消息或为消息创建数字签名，只有使用相应的私钥才能解密或验证。

密钥管理：公私密钥对、数字证书及其相关流程的管理由 CA 或 RA 完成，具体取决于所使用的 PKI。

总体而言，PKI 证书体系提供了一种安全高效的方式来管理数字身份、验证用户/设备身份及通过网络进行安全通信。

为了让通信对象有能力证明自己身份的真实性，作为用户或者设备的 PKI 实体就需要向 CA 请求结构如图 10-6 所示的证书。这个过程往往会使用简单证书注册协议 SCEP 来完成 PKI 实体和 CA 之间的交互。PKI 实体获取证书的过程如图 10-7 所示。

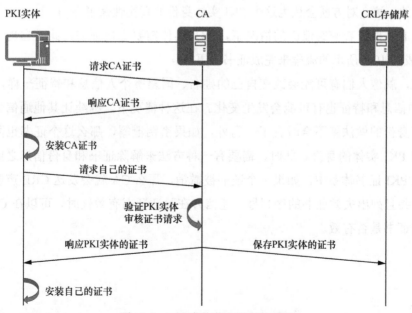

图 10-7　PKI 实体获取证书的过程

如图10-7所示，首先，PKI实体会向CA请求CA证书，来验证CA的身份。在CA接收到对方的请求时，就会用自己的证书进行响应。PKI实体在接收到CA证书时，会安装这个CA证书。在此过程中，PKI会对接收到的CA证书执行哈希函数计算，并且把哈希值与配置的CA服务器证书的哈希值进行比较。如果一致，则表示这个CA的身份是可靠的。

于是，PKI实体就会向CA发送证书注册请求消息，请求消息包含自己的相关信息和自己的公钥。在发送之前，PKI实体会使用CA的公钥对证书注册请求消息进行加密，以免信息泄露，同时使用自己的私钥对这个消息进行数字签名，以便让CA可以认证自己（PKI实体）的身份。

CA接收到PKI实体的数字证书注册请求消息后，会使用自己的私钥解密这个消息，同时使用PKI实体的公钥来验证PKI实体的身份。如果验证一致，RA会审核随着请求消息发来的其他PKI实体信息。如果审核通过，CA会颁发证书，然后使用PKI实体的公钥进行证书加密，并且使用自己的私钥完成数字签名，之后把证书发送给PKI实体。与此同时，CA也会把证书发送给一个被称为CRL存储库的服务器。CRL存储库类似于公安局的档案室，里面保存了大量的证书。PKI实体也可以去CRL存储库中下载证书。

总之，PKI实体在接收到证书后，会使用自己的私钥对证书进行解密，同时通过使用CA的公钥解密CA的数字签名来验证这份数字证书的真实性。

在PKI实体获得了自己的证书之后，当它需要和其他PKI实体进行通信时，就可以将自己（包含自己的公钥）的证书发送给对方，让对方确认自己身份的真实性。此时，对方会同时验证自己接收到的PKI实体证书，以及证书颁发者（CA）的证书。如果两个证书皆有效，那么对方就会认为这个PKI实体身份的真实性是可靠的。

在证书过期或者密钥泄露的情况下，PKI实体需要更换证书，此时它也可以使用SCEP完成图10-7所示的流程来完成证书的更换。

不过，就像人们有可能会改变自己的姓名、国籍等个人信息和特征一样，PKI实体/用户的信息和特征也有可能会发生变化。在这种情况下，继续让其他通信方通过证书来验证身份的做法就不合时宜了。另外，如果密钥泄露，那么这个证书也同样无法继续证明PKI实体的身份。此时，需要有一种方法来解除证书和身份信息之间的绑定关系。在PKI证书体系中，如果一个证书被撤销，那么CA就会发送CRL声明证书已经失效，并且列出失效证书的序列号。通信方在验证证书有效性时，可以在CRL存储库中查询证书是否有效。

第 11 章 VPN 技术与应用

本章主要内容

11.1 加密学的应用

11.2 VPN 简介

11.3 GRE VPN

11.4 IPSec VPN

11.5 SSL VPN

VPN 是一种运用通用网络（如 Internet）建立专用网络的技术。其主要作用是通过一种加密算法将源网络的通信数据封装成一个特定的数据包，在网络隧道中传输，然后在目的网络进行解包，还原出源网络数据。VPN 技术能够利用通用网络提供的资源，同时对数据进行加密和身份验证，保障网络传输数据的安全性和隐私保密性，使得企业和个人用户在使用公网进行远程通信或者进行分支机构间的通信时，既可享受专线般的安全可靠，又可兼具互联网的低廉性和方便。此外，VPN 技术能够实现 VPN 的隔离，使得隧道内和隧道外的两个网络环境相互隔离，从而在网络上实现安全的通信。

VPN 的应用场景具体如下。

远程办公：企业员工可以通过 VPN 远程访问企业网络，以便在任何地方进行工作。

跨地域网络连接：通过 VPN，可以连接多个地理位置不同的网络，实现安全通信，方便数据共享和协作。

加密通信：VPN 可以加密数据传输过程，保障通信的安全性和隐私性。

公共 Wi-Fi 网络：通过连接 VPN，可以避免在使用公共 Wi-Fi 网络时，敏感数据被黑客窃取。

商务用途：允许企业将分支机构和远程用户连接到企业私网上，以便进行文件共享、视频会议等。

保护个人计算机和设备：VPN 提供加密和防火墙保护能力，可以保护设备免受网络攻击和病毒感染。

11.1 加密学的应用

加密学是一种广泛用于保护信息安全的技术，其应用领域非常广泛。以下是一些加密技术的应用。

保护网络安全：加密技术可以用于保护网络通信和数据传输的安全。例如，通过加密来保护在线银行交易、电子邮件收发和聊天信息保密等。

保护数据库安全：加密技术可以用于保护数据库中的敏感信息，如个人身份信息、医疗记录和财务信息等。

身份验证：加密技术可以用于验证用户的身份，以确保只有授权的用户可以访问敏感数据或资源。例如，在电子商务平台上，加密技术可以用于保护用户的信用卡信息。

数字版权管理：加密技术可以用于保护数字内容的版权，以防止盗版和未经授权的复制或传播。

智能合约：加密技术可以用于构建智能合约，以确保合约执行的安全性和可靠性。

区块链技术：区块链技术中的加密算法可以用于保障交易的安全性和隐私性。

保护软件安全：加密技术可以用于保护软件代码和数据的安全，防止黑客入侵和非法复制。

密码学研究：加密技术是密码学研究领域的核心，可以用于开发新的加密算法和协议。

11.2 VPN 简介

20 世纪末，互联网勃兴之际，如果希望在相距很远的办公机构之间建立通信网络，让它们就像处于同一个网络环境中一样，那么这家企业往往需要采取向服务提供商租用专线的方式，如图 11-1 所示。

图 11-1　通过租用专线连接两个网络

然而，采用图 11-1 所示的方式建立专线通信往往意味着企业需要承担很大的开销。于是，如何通过更加经济的方式来达到类似的目的，成了颇受瞩目的需求。1999 年，RFC 2547（BGP/MPLS VPNs）成为 IETF RFC 第一次提及 VPN 的文档。在此之后，各类 VPN 技术纷纷走上历史舞台。

与其说 VPN 是一种技术、一种架构，或者一类技术的总称，不如说 VPN 是一种方法论——它提供了通过封装的方式，来跨越公网传输专用数据的方法。由于这种方法涉及的需求、技术和网络环境十分多样，因此它形成了一个框架，其中包含了很多不同的实现技术和网络架构。为了方便在后面两节中对一种具体的 VPN 技术进行详细说明，在这一节中，会对 VPN 的整体概念进行简要的介绍。

1. 虚拟

"虚拟"是 VPN 的实现方式。既然是通过封装方式建立逻辑隧道来跨越公网传输数据，这就意味着 VPN 不同于租用专线所采用的物理连接方式。从理论上来说，这表示只要通信双方在协议层面可以互通，它们就可以建立逻辑网络，不论这两点之间跨越的底层物理网络采用了什么样的结构。不过，虽然不需要建立物理的专线，但是如果建立通信的节点之间跨越了公网，那么有时建立 VPN 仍然需要服务提供商的参与。

2. 专用

"专用"描述了 VPN 的一大核心需求，即让跨越公共媒介的通信方获得类似于彼此连接在同一个网络中的通信体验。正如前文所述，建立 VPN 最初是为了让同一家企业能够跨越公共媒介进行通信。因此，保护通信信息的机密性常常是建立 VPN 的核心目的之一。从这个角度来看，VPN 技术确实应该能够提供数据加密功能。但实际情况是，有些 VPN 并不提供数据加密功能。不过，鉴于本书的重点是信息安全，因此这类不提供数据加密功能的 VPN 技术并不包含在本书介绍的知识范畴之内。除机密性之外，VPN 也常常会提供各类机制来保障通信数据的完整性和通信方身份的真实性。

3. 网络

VPN 常常是一条点对点的隧道，但这些 VPN 隧道也可以组成复杂的网络，实现多点之间的资源共享。在实际使用中，VPN 拓扑也包含了点对点连接、星形连接等不同的网络结构。总之，VPN 具备构建广泛网络架构的能力，而不仅仅局限于创建单一的点到点连接。它能够在不同地理位置之间构建一个加密且私密的虚拟通道，允许用户如同在同一局域网内一样进行安全、高效的通信和数据传输。

正如前文所述，很多不同的技术和协议都被人们用来实现 VPN，同时 VPN 也有很多不同的架构，因此 VPN 有一些不同的分类方式。比如，根据 VPN 协议所连接的网络在 OSI 参考模型中的分层，VPN 可以分为二层 VPN 和三层 VPN。

此外，根据实现 VPN 的协议进行分类是最常见的做法。目前常见的 VPN 往往属于这种类型。根据实现 VPN 的协议，VPN 可以分为很多不同的类型，典型的例子具体如下。

① IPSec VPN：IPSec 是一个协议簇，其中包含了多种用来保障 IP 安全性的协议。IPSec VPN 可以为各类安全通信模型提供安全防护。由于 IPSec VPN 是下文的重点内容，所以这里不过多介绍。

② SSL VPN：SSL 协议也可以为互联网通信提供机密性和完整性保障。SSL 协议自身包括两个层级，即记录层和传输层，其中记录层负责封装格式，传输层负责安全防护。SSL VPN 主要用来为客户端（浏览器）和一个网络之间的通信提供安全防护。

③ GRE VPN：GRE（通用路由封装）的目的是跨越底层网络，在两个通信点之间建立一条虚拟隧道，实现路由信息的转发。既然是为了在内部封装路由信息，GRE VPN 本身并不会对信息进行加密。这样一来，GRE 常常需要通过其他封装来提供额外的保护，IPSec over GRE 就是这样的解决方案。

④ MPLS VPN：MPLS VPN 也不会对信息进行加密，它是一种服务提供商为客户提供的服务，方便在跨地区的客户网络之间建立高速、可靠的转发服务。

除了按照实现 VPN 的协议来分类之外，还有一种 VPN 的分类方式非常常见，那就是按照 VPN 的架构进行 VPN 分类。按照这种分类方式，VPN 至少可以分为以下 2 类。

① 站点到站点 VPN：顾名思义，站点到站点 VPN 就是在两个站点之间跨越某个网络建立 VPN。因此站点到站点 VPN 连接的是两个站点中的一台 VPN 端点设备，目的是以这个端点设备作为 VPN 隧道的起点和终点，在两个站点之间建立起服务于这两个站点之间的通信的逻辑信道。一个站点到站点 VPN 示例如图 11-2 所示。IPSec VPN、GRE over IPsec 常常用来建立站点到站点 VPN。当然，除了图 11-2 所示的 ASA 防火墙外，路由器、三层交换机等设备也可以用来建立站点到站点 VPN。

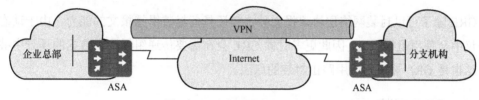

图 11-2　站点到站点 VPN 示例

② 远程接入 VPN：远程接入 VPN（远程访问 VPN）指远程用户连接当地网络，利用移动设备作为连接工具，用户可以通过拨号方式接入一个 VPN，从而让这名用户连接到这个网络当中，可以安全地访问网络中的各类资源。出差员工连接企业网络使用的就是远程接入 VPN。基于客户端的 IPSec VPN 和 SSL VPN 常常用来建立远程访问 VPN。一个远程访问 VPN 的示例如图 11-3 所示。

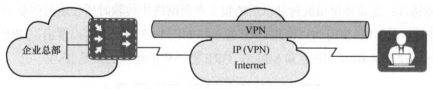

图 11-3　远程接入 VPN 示例

当然，如果按照其他的分类方式，上述 VPN 有可能产生新的组合。比如，如果按照 VPN 解决方案的实施主体来看，VPN 可以分为企业 VPN 和运营商 VPN。其中站点到站点 VPN 和远程接入 VPN 都属于企业 VPN，而 MPLS VPN 则属于运营商 VPN。随着在业内接触的 VPN 架构与技术越来越多，读者会慢慢熟悉各类 VPN。

11.3　GRE VPN

GRE 是一种三层 VPN 封装技术。GRE 可以对某些网络层协议[如 IPX（互联网分组交换）协议、Apple Talk、IP 等]报文进行封装，使封装后的报文能够在另一种网络中（如 IPv4 网络）传输，从而解决了跨越网络的报文传输问题。报文传输的通道称为隧道。如图 11-4 所示，通过在 IPv4 网络上建立 GRE 隧道，解决了两个 IPv6 网络间的通信问题。

图 11-4　IPv6 网络之间通过 GRE 隧道跨越 IPv4 网络通信

GRE 除了可以封装网络层协议报文外，它还具备封装组播报文的能力。由于动态路由协议中会使用组播报文，因此更多时候 GRE 会在需要传递组播路由数据的场景中被用到，这也是 GRE 被称为通用路由封装的原因。

11.3.1　GRE 封装

无论是哪一种 VPN 封装技术，其基本的构成要素都可以分为 3 个部分——乘客协议、封装协议和运输协议，GRE 也不例外。

乘客协议：乘客协议指用户在传输数据时所使用的原始网络协议。

封装协议：封装协议的作用是"包装"乘客协议对应的报文，使原始报文能够在新的网络中传输。

运输协议：运输协议指被封装以后的报文在新网络中传输时所使用的网络协议。

在 FW 中，GRE 使用的协议即 GRE 协议栈如图 11-5 所示。可以看出，GRE 能够承载的乘客协议包括 IPv4、IPv6 和 MPLS，GRE 所使用的运输协议是 IPv4。

乘客协议	IPv4/IPv6/MPLS
封装协议	GRE
运输协议	IPv4

图 11-5　GRE 协议栈

GRE 按照协议栈对报文进行逐层封装，如图 11-6 所示。封装过程可以分成两步，第一步是为原始报文添加 GRE 头，第二步是在 GRE 头前面再加上新的 IP 头。加上新的 IP 头以后，就意味着原始报文可以在新网络中传输了。GRE 的封装操作是通过逻辑接口 Tunnel 完成的，Tunnel 接口是一个通用的隧道接口，所以 GRE 协议在使用这个接口的时候，会将接口的封装协议设置为 GRE 协议。

第 11 章　VPN 技术与应用

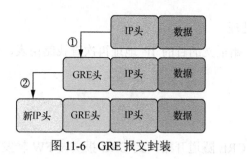

图 11-6　GRE 报文封装

11.3.2　GRE 报文转发流程

下面结合 FW 的流量处理过程，介绍 GRE 报文转发流程，如图 11-7 所示。

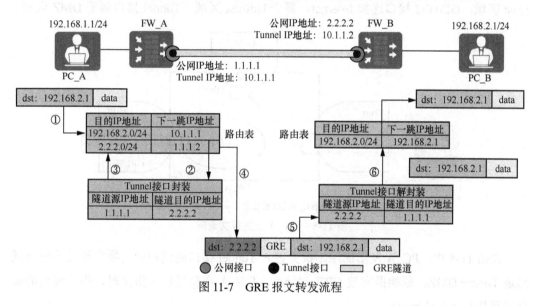

图 11-7　GRE 报文转发流程

在 PC_A 通过 GRE 隧道访问 PC_B 时，FW_A 和 FW_B 上的报文转发过程如下。

① PC_A 访问 PC_B 的原始报文进入 FW_A 后，首先匹配路由表。

② 根据路由表查找结果，FW_A 将报文发送到 Tunnel 接口进行 GRE 封装，增加 GRE 头，外层加上新 IP 头。

③ FW_A 根据 GRE 封装后报文的新 IP 头的目的 IP 地址（2.2.2.2），再次查找路由表。

④ FW_A 根据路由表查找结果将报文发送至 FW_B，图 11-7 中假设 FW_A 查找到的去往 FW_B 的下一跳 IP 地址是 1.1.1.2。

⑤ FW_B 接收到报文后，首先判断这个报文是不是 GRE 报文。

如何判断？在图 11-6 中可以看到封装后的 GRE 报文会有一个新 IP 头，这个新 IP 头中有一个 Protocol 字段，字段中标识了内层协议类型，如果这个 Protocol 字段值是 47，表示这个报文是 GRE 报文。如果上述报文是 GRE 报文，FW_B 则将该报文送到 Tunnel 接口解封装，去掉新 IP 头、GRE 头，恢复为原始报文；如果上述报文不是 GRE 报文，则按照普通报文对其进行处理。

⑥ FW_B 根据原始报文的目的 IP 地址再次查找路由表，然后根据路由匹配结果将报文发送至 PC_B。

11.3.3 安全策略

从原始报文进入 GRE 隧道开始，到 GRE 报文被 FW 转发出去，在这个过程中，报文跨越了两个域间关系。由此可以将 GRE 报文所经过的安全域看成两个部分，一个是原始报文进入 GRE 隧道前所经过的安全域，一个是报文经过 GRE 封装后经过的安全域，如图 11-8 所示。假设 FW_A 上的 GE0/0/1 和 FW_B 上的 GE0/0/1 接口连接私网，属于 Trust 区域；GE0/0/2 接口连接 Internet，属于 Untrust 区域；Tunnel 接口属于 DMZ 区域。

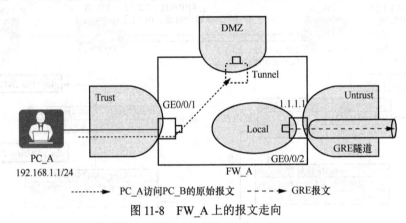

图 11-8 FW_A 上的报文走向

在图 11-8 中，PC_A 发出的原始报文进入 Tunnel 接口的过程中，报文经过的安全域间是 Trust→DMZ；原始报文被 GRE 封装后，FW_A 在转发这个报文时，报文经过的安全域间是 Local→Untrust。

在图 11-9 中，当 FW_A 发出的 GRE 报文到达 FW_B 时，FW_B 会对 GRE 报文进行解封装。在此过程中，报文经过的安全域间是 Untrust→Local；GRE 报文被解封装后，FW_B 在转发原始报文时，报文经过的安全域间是 DMZ→Trust。

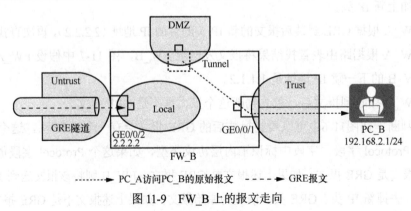

图 11-9 FW_B 上的报文走向

由上文可知,在 GRE 隧道中报文所经过的安全域间与 Tunnel 接口所在的安全域有关联。基于图 11-8 和图 11-9,PC_A 通过 GRE 隧道访问 PC_B 时,在 FW_A 和 FW_B 上配置的安全策略如表 11-1 所示。

表 11-1 安全策略

业务方向	设备	源安全区域	目的安全区域	源 IP 地址	目的 IP 地址	应用
PC_A 访问 PC_B	FW_A	Trust	DMZ	192.168.1.0/24	192.168.2.0/24	*
		Local	Untrust	1.1.1.1/32	2.2.2.2/32	GRE
	FW_B	Untrust	Local	1.1.1.1/32	2.2.2.2/32	GRE
		DMZ	Trust	192.168.1.0/24	192.168.2.0/24	*

11.3.4 配置 GRE

可以参照图 11-10,在建立 GRE 隧道的两台设备上完成下面的操作步骤。

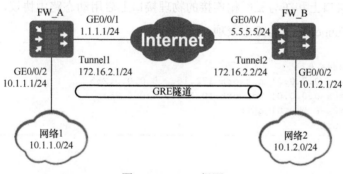

图 11-10 GRE 组网

1. 配置 Tunnel 接口

① 执行命令system-view,进入系统视图。

② 执行命令interface tunnel interface-number,创建 Tunnel 接口,并进入 Tunnel 接口视图。

③ 执行命令ip address ip-address { mask | mask-length },配置 Tunnel 接口的 IP 地址。

④ 执行命令tunnel-protocol gre,将 Tunnel 接口配置为 GRE 隧道模式。

⑤ 执行命令source { source-ip-address | interface-type interface-number },配置 Tunnel 接口的源 IP 地址或源接口。

⑥ 执行命令destination{ [vpn-instance vpn-instance-name] dest-ip-address | domain domain-name },配置 Tunnel 接口的目的 IP 地址或域名。

⑦ 执行命令quit，退回至系统视图。

⑧ 执行命令firewall zone [name] zone-name，进入安全区域视图。

⑨ 执行命令add interface tunnel tunnel-number，将Tunnel接口加入安全区域。

⑩ 执行命令quit，退回系统视图。

2．配置 GRE 安全选项

① 执行命令interface tunnel interface-number，进入Tunnel接口视图。

② 执行命令gre key key-number 或 gre key { cipher key-number | plain key-number }，配置Tunnel接口的识别关键字功能。默认情况下，未启用Tunnel接口的识别关键字功能。

3．配置 Tunnel 接口的路由

（1）静态路由

执行命令ip route-static dest-ip-address { mask | mask-length } tunnel interface-number [nexthop-address] [preference preference] [track ip-link link-id] [description text]，配置静态路由。

```
[FW_A] ip route-static 10.1.2.0 255.255.255.0 tunnel 1
```

（2）动态路由

在Tunnel接口上和在与私网相连接的物理接口上启用动态路由协议，由动态路由协议来建立通过Tunnel转发的路由表项。

```
[FW_A] ospf 1
[FW_A-ospf-1] area 0
[FW_A-ospf-1-area-0.0.0.0] network 172.16.2.0 0.0.0.255
[FW_A-ospf-1-area-0.0.0.0] network 10.1.1.0 0.0.0.255
[FW_A-ospf-1-area-0.0.0.0] quit
[FW_A-ospf-1] quit
```

11.4　IPSec VPN

IP在设计之初并没有过多地考虑安全因素，因此人们现在使用另一个标准来保障网络层的安全性，即IPSec。IPSec是一个协议套件，多个相互关联的协议都被归纳到这个集合中，使用者可以灵活选择不同的协议和参数进行搭配，来保障安全性。

在IPSec中，可以从以下元素中进行选择。

① 封装协议：ESP 和 AH。ESP（封装安全负载）用于进行数据加密、数据源的身份认证和数据包的完整性保护。AH（鉴别头）用于身份认证和数据包的完整性保护，需要注意的是，AH并没有提供数据加密功能。正由于它们之间的这一区别，ESP是当前在IPSec中使用最为广泛的封装协议。

② 封装协议使用的认证算法：MD5、SHA-1、SHA-2等。

③ 封装协议使用的加密算法：在使用 ESP 作为封装协议时，需要选择一种加密算法，其中包括 DES、3DES、AES 等。使用者可以在保证两端参数相同的情况下，根据设备所能支持的参数来自行选择加密算法和认证算法。

④ 密钥交换：手动配置、IKE（互联网密钥交换）。使用者可以在建立的 VPN 源和目的网络设备上手动配置密钥，这种做法适用于结构相对固定的小规模环境部署，如果考虑到可扩展性，需要使用 IKE 来实现动态的密钥交换。在 11.4.1 节中将会对 IKE 进行详细介绍。

⑤ 密钥交换使用的认证算法和加密算法：在使用 IKE 实现动态密钥交换的过程中，使用者也可以自主选择使用哪种认证算法和加密算法，具体内容会在 11.4.1 节中进行介绍。

⑥ 传输模式、隧道模式：传输模式指利用 IPSec 来封装传输层头部+数据负载，并在这些内容之外再封装网络层头部。隧道模式指利用 IPSec 来封装网络层头部+传输层头部+数据负载，并在这些内容之外再封装一个新的网络层头部。在后续介绍 IPSec 的操作方式时，会对其进行详细介绍。

IPSec 不是一项协议，而是包含了多种元素的框架，使用者可以对多种元素的具体实现方法进行选择，这些元素包括封装协议、认证和加密算法、密钥管理方式、封装模式等。使用者可以根据实施规模和需求，来选择不同的具体实现方法，从而获得灵活的安全通信通道。

11.4.1 IKE

在 IPSec 框架中，密钥的交换和管理是通过 ISAKMP（互联网安全关联和密钥管理协议）来实现的。ISAKMP 也不是一项具体的协议，而是一个框架。ISAKMP 框架建议使用者通过 IKE 来实际实现密钥的交换与管理。IKE 的全称是互联网密钥交换，顾名思义，它旨在不安全的环境（如互联网环境）中实现安全的密钥交换和管理。在简单的环境中，管理员可以在 VPN 隧道两端的设备上手动配置所需的密钥，但这种方法既不具有可扩展性，安全水平也不够高。对比手动配置的方法，使用 IKE 无疑是一种更优的方法。

IKE 有两个主要版本，分别是 IKEv1 和 IKEv2。IKEv1 是早期版本的 IKE，主要用于保护 IPv4 网络安全，广泛用于 VPN 设备的连接和数据传输。IKEv2 则是对 IKEv1 的更新，针对 IPv6 网络和移动网络的需求进行优化，也具有更高的可扩展性和安全水平，目前被广泛运用于实现安全通信。

IKE 作为一种负责密钥交换和管理的协议，具有比较复杂的工作流程。读者对于 IKE 工作流程的理解至关重要，只有理解了它的工作流程，才能够有条理地配置 IPSec VPN 的各个参数，并且才能够在出现问题时，拥有完整的排错思路。

请想象一下，两台设备要穿越不安全的网络建立 IPSec VPN 隧道，来保障数据流量安全性。除了要确认对方的身份外，更重要的是如何在这个不安全的网络上安全地协商并交换密钥。IKE 会通过以下两个阶段来实现这一目标。

① 阶段 1：这是初始阶段，在这个阶段中，建立 IPSec VPN 的通信双方会验证对方的身份，然后会为之后的密钥协商建立一条安全的通信信道。这个阶段有两种模式，一种模式被称为主模式，另一种模式被称为野蛮模式。

② 阶段 2：这时通信双方已经验证了对方的身份，并且已经建立了一条安全的通信信道，接着它们会在这条通信信道上安全地协商如何保护后续的数据流量。这个阶段只有一种模式，称为快速模式。

阶段 1 的主要目的是建立一条安全通信信道，为阶段 2 的通信打好基础。阶段 1 中，与野蛮模式相比，主模式的协商过程略显复杂，但却为设备的身份信息提供了保护，因为在使用主模式时，设备的密钥交换信息和身份认证信息是分离的，在两台设备之间一共会进行 6 次消息交互。在使用野蛮模式时，设备会把密钥交换和身份认证的相关参数都组合到同一条消息中，虽然减少了消息往返次数，但无法提供对身份信息的保护，在两台设备之间只会进行 3 次消息交互。虽然野蛮模式的功能不如主模式的功能丰富，但它对网络环境的要求较低，如当 VPN 隧道建立发起方的 IP 地址不固定时，适合使用野蛮模式。

11.4.2 IPSec 的操作方式

在建立 IPSec 安全通道的两端设备分别为入方向和出方向流量建立了 IPSec SA 后（因为 IPSec SA 具有单向性），它们就会开始按照协商的结果对感兴趣的流量进行封装和解封装了。这里主要针对两种封装协议和封装模式进行介绍，然后以举例的形式展示具体操作。

首先来看 AH，它的 IP 协议号为 51。图 11-11 展示了 AH 的头部封装格式。

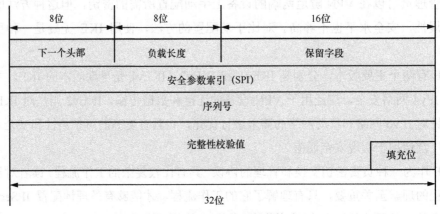

图 11-11 AH 的头部封装格式

AH 只定义了头部封装，没有定义尾部封装。下一个头部字段会标记 AH 的 IP 协议号 51，读者可以自行理解其他字段，本小节只对以下两个字段进行简单解释。

① SPI：SPI 的作用是唯一地标识一条 SA。在所有 IPSec 封装中，每个数据包都带有 SPI 值。IPSec 通信方在接收到 AH 封装的消息时，会通过 SPI 字段判断出这个消息是通过哪条 SA 发送过来的，即查找与之对应的 SADB（安全关联数据库）和 SPD（网络安全策略数据库），以便通过相应的参数设置对数据包进行下一步处理。

② 序列号：序列号的作用是标识这个消息在 AH 消息中的位置。AH 可以防止重放攻击，即当 IPSec 通信方发送一个 AH 消息时，它都会增加这个序列号字段的值，IPSec 接收方如果发现某个 AH 头部封装的序列号值与自己之前处理过的消息是相同的，就会认为这个消息是重放攻击，接着丢弃这个 IPSec 消息。

接着来看使用 AH 时的两种封装方式：传输模式封装和隧道模式封装。传输模式封装是把 AH 封装在传输层头部之外，然后在此之上再封装网络层头部；隧道模式封装采用的做法则是把 AH 封装在网络层头部之外，然后在此之上再封装另一个网络层头部。图 11-12 所示为 AH 的上述两种模式封装（以网络层协议为 IPv4 为例）。

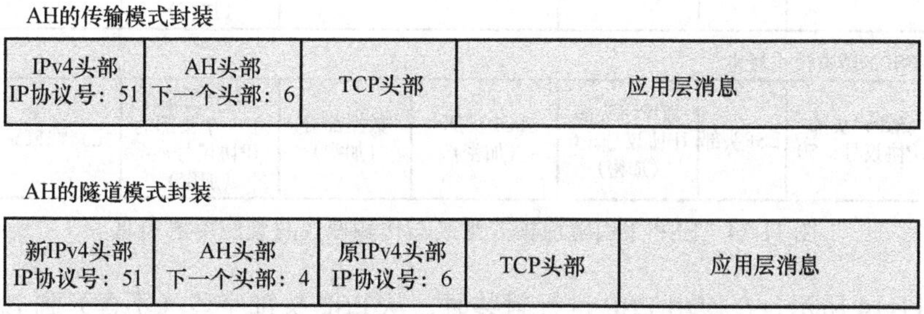

AH 的传输模式封装

IPv4 头部 IP 协议号：51	AH 头部 下一个头部：6	TCP 头部	应用层消息

AH 的隧道模式封装

新 IPv4 头部 IP 协议号：51	AH 头部 下一个头部：4	原 IPv4 头部 IP 协议号：6	TCP 头部	应用层消息

图 11-12 AH 采用隧道模式封装与传输模式封装应用层协议消息

最后再对 AH 进行一点提示，AH 无法穿越使用了 NAT 的环境。这是因为 AH 头部在校验时，除了会校验其内部封装的信息，还会校验其外层封装的 IPv4 头部/新 IPv4 头部（不包括服务类型、标记、分片偏移、生存时间、校验和字段）。也就是说，在两台 IPSec 设备之间传输数据时，若数据包 IPv4 头部的其他字段发生了变化，如源和目的 IP 地址发生了变化，那么这个数据包就无法通过对端的完整性校验。与 AH 相比，ESP 只会对其内部封装的信息进行校验，因此在使用了 NAT 的环境中，可以选择 ESP 作为数据封装协议。接下来详细看看 ESP。

ESP 的 IP 协议号是 50。它在提供了完整性、身份认证和反重放攻击等功能外，还为封装的数据提供了加密功能，保障了数据的私密性。图 11-13 展示了 ESP 的封装格式。

如图 11-13 所示，ESP 的封装同时定义了头部和尾部两个部分，完整性校验的功能是在 ESP 尾部实现的。图 11-14 所示为 ESP 的两种模式封装。

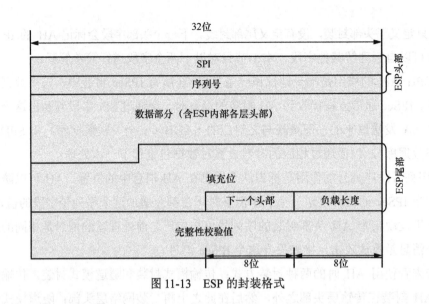

图 11-13　ESP 的封装格式

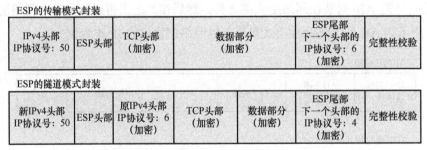

图 11-14　ESP 采用隧道模式封装与传输模式封装应用层消息

如图 11-14 所示，在使用 ESP 进行封装时，从 ESP 头部字段（不含）到 ESP 尾部字段（含）的信息都会使用管理员选择的加密协议进行加密。

那么，IPSec 的发送方设备是如何使用 ESP 来封装应用层消息的？IPSec 的接收方设备又是如何进行解封装的？下面以传输模式封装为例，说明一下封装的过程。

总体来说，完整的 IPSec 封装过程分为下面几个步骤。

步骤 1：当发送方的 IPSec 设备发现自己应该使用 ESP 来封装指定流量时，首先，它会为这个流量的数据部分及 TCP 头部封装 ESP 尾部，并在 ESP 尾部的下一个头部字段中指定下一个头部为 TCP 头部，如图 11-15 所示。

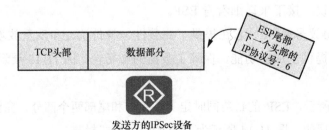

图 11-15　发送方的 IPSec 设备在传输层的 TCP 数据段后封装 ESP 尾部

步骤 2：发送方的 IPSec 设备会在 SAD 中查询与这个 SA 相对应的 SPD 条目，以确定它要使用的加密算法和密钥，按照 SPD 的规定对图 11-15 所示的 3 部分消息进行加密，如图 11-16 所示。

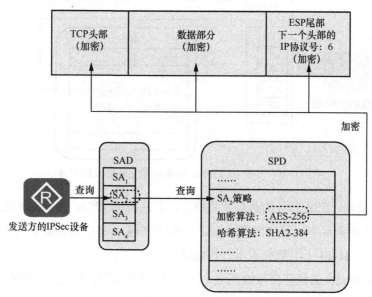

图 11-16　发送方的 IPSec 设备对 ESP 消息进行加密操作

步骤 3：加密完成后，发送方的 IPSec 设备会为消息添加 ESP 头部，ESP 头部中的 SPI 来自 SAD 中的对应 SA 条目，每个 SA 条目都有各自的 SPI 值，如图 11-17 所示。

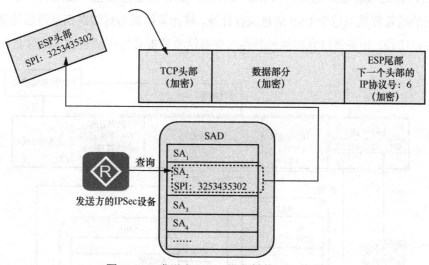

图 11-17　发送方 IPSec 设备封装 ESP 头部

步骤 4：发送方的 IPSec 设备会在 SAD 中查询与这个 SA 对应的 SPD 条目，确定要使用的哈希算法，然后对图 11-17 所示的 4 个部分的消息执行哈希计算，得到完整性校验部分，并执行封装，如图 11-18 所示。

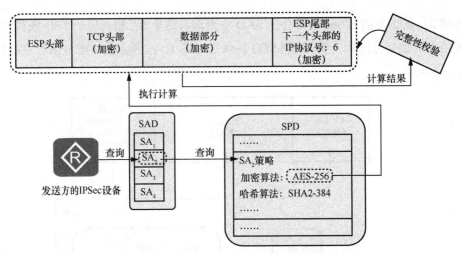

图 11-18 发送方的 IPSec 设备封装完整性校验部分

步骤 5：至此，ESP 部分的封装就完成了，发送方的 IPSec 设备会继续封装 IPv4 头部。因为在 IPv4 头部中封装的协议为 ESP，所以 IPv4 头部字段的参数为 50。最终，路由器会封装出图 11-14 上半部分所示的数据包。

当接收方 IPSec 的设备在接收到这个流量时，它的解封装过程与封装过程相反，该流程会分为下面几个步骤。

步骤 1：接收方的 IPSec 设备会根据 IPv4 头部字段的取值，判断出这个 IPv4 头部中封装的是 ESP。于是，它会根据 ESP 头部封装的 SPI 值来查询 SAD 中与这个 SA 对应的 SPD 条目，以此来确定发送方的 IPSec 设备用来进行完整性校验时使用的哈希算法，并使用相同的哈希算法对这个 ESP 消息执行计算，将计算结果与封装在消息最后的完整性校验部分进行比较，如果通过完整性校验便对完整性校验部分进行解封装，如图 11-19 所示。

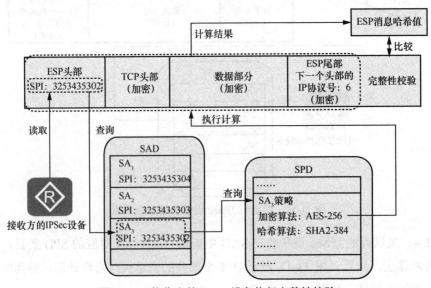

图 11-19 接收方的 IPSec 设备执行完整性校验

第 11 章　VPN 技术与应用

步骤 2：接着，接收方 IPSec 设备会解封装 ESP 头部，如图 11-20 所示。

图 11-20　接收方的 IPSec 设备解封装 ESP 头部

步骤 3：接收方的 IPSec 设备会查询 SAD 中与这个 SA 对应的 SPD 条目，以便确定发送方的 IPSec 设备用来加密这个消息的加密算法和密钥，并使用相同的加密算法和密钥对图 11-20 所示的 3 个加密部分的消息执行解密，如图 11-21 所示。

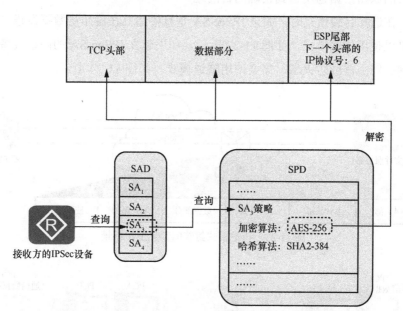

图 11-21　接收方的 IPSec 设备对 ESP 消息执行解密操作

步骤 4：接收方的 IPSec 设备会根据解密后的 ESP 尾部中所封装的下一个头部消息，判断出 ESP 中封装的下一个头部为 TCP 头部，并对这个 ESP 尾部执行解封装，如图 11-22 所示。

图 11-22　接收方的 IPSec 设备对 ESP 尾部执行解封装

至此，一个 ESP 封装的 IPSec 消息就被解封装为了一个普通的 TCP 数据段。这里展示的流程只是实际操作流程的简化版本，旨在帮助读者理解 IPSec 封装与解封装的流程。

在选择封装模式时，可能需要考虑与实际网络环境相关的一些因素。无论使用哪种封装模式，对于传输路径中的中间设备来说，它们都需要按照最外侧的网络层头部信息来执行数据包转发。也就是说，如果在不安全的 Internet 上建立 IPSec 隧道，封装在 IPSec 头部（AH 头部或 ESP 头部）之外的网络层头部中的 IP 地址必须是公网可路由地址。

对于传输模式来说，封装在 IPSec 头部之外的网络层头部就是这个数据包唯一的网络层头部。而对于隧道模式来说，中间设备不关心数据包内层（原始）的网络层头部信息，它们只会根据 IPSec 发送方封装的新网络层头部信息执行转发；在接收方的 IPSec 设备接收到 IPSec 数据包后，它会根据内层（原始）的 IP 层头部信息来查找路由表，并将解封装后的原始数据包发送到正确的目的地。

因此，在选择封装模式时，如果 IPSec SA 是直接建立在应用层数据发送方和接收方之间的，可以使用传输模式，如图 11-23 所示。如果建立 IPSec SA 的两台设备分别是两个站点的网关路由器或防火墙，需要使用隧道模式，如图 11-24 所示。

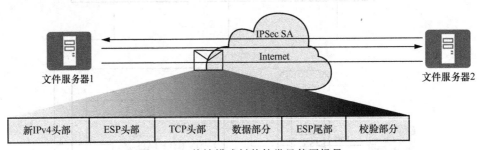

图 11-23　传输模式封装的常见使用场景

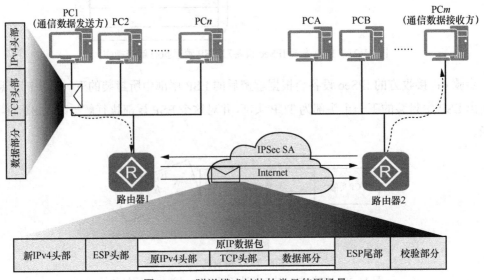

图 11-24　隧道模式封装的常见使用场景

在本小节中，使用大量绘图描述了 IPSec 定义的两种封装协议和封装模式，并以采用传输模式的 ESP 封装为例，展示了 IPSec 通信过程中的封装和解封装过程。

11.4.3 配置点到点 IPSec VPN

企业 A 与企业 B 需要跨互联网进行业务互访，由于业务涉及企业机密，希望通过保密的方式进行业务互访。本任务以网络 A 与网络 B 模拟企业 A 与企业 B，网络 A 和网络 B 通过 FW_A 和 FW_B 连接 Internet。通过组网在 FW_A 和 FW_B 之间建立 IKE 方式的 IPSec 隧道，网络 A 和网络 B 的用户可通过 IPSec 隧道互相访问。在互访过程中，在互联网区域的报文通过 IPSec VPN 加密，满足保密需求。实验拓扑如图 11-25 所示。

图 11-25　点到点 IPSec VPN 实验拓扑

网络 A 属于 10.1.1.0/24 子网，FW_A 为网络 A 的网关；网络 B 属于 10.1.2.0/24 子网，FW_B 为网络 B 的网关；FW_A 与 FW_B 出口连接互联网，FW_A 与 FW_B 出口路由可达，FW_A 与 FW_B 之间建立 IPSec 隧道。端口地址和区域划分如表 11-2 所示。

表 11-2　端口地址和区域划分

设备	接口	IP 地址	安全区域
FW_A	GigabitEthernet 0/0/1	1.1.3.1/24	Untrust
	GigabitEthernet 0/0/3	10.1.1.1/24	Trust
FW_B	GigabitEtherne 0/0/1	1.1.5.1/24	Untrust
	GigabitEthernet 0/0/3	10.1.2.1/24	Trust

（1）任务实施

步骤 1：完成 FW_A 的基础配置，包括配置接口 IP 地址、将接口加入对应安全区域、配置域间安全策略和静态路由。

① 配置接口 IP 地址，如图 11-26 和图 11-27 所示。

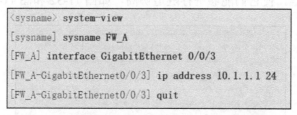

图 11-26　配置接口 GigabitEthernet 0/0/3 的 IP 地址

```
[FW_A] interface GigabitEthernet 0/0/1
[FW_A-GigabitEthernet0/0/1] ip address 1.1.3.1 24
[FW_A-GigabitEthernet0/0/1] quit
```

图 11-27　配置接口 GigabitEthernet 0/0/1 的 IP 地址

② 将接口加入对应安全区域，配置命令如图 11-28 和图 11-29 所示。

```
[FW_A] firewall zone trust
[FW_A-zone-trust] add interface GigabitEthernet 0/0/3
[FW_A-zone-trust] quit
```

图 11-28　将接口 GigabitEthernet 0/0/3 加入 Trust 区域

```
[FW_A] firewall zone untrust
[FW_A-zone-untrust] add interface GigabitEthernet 0/0/1
[FW_A-zone-untrust] quit
```

图 11-29　将接口 GigabitEthernet 0/0/1 加入 Untrust 区域

③ 配置域间安全策略，如图 11-30 和图 11-31 所示。

```
[FW_A] security-policy
[FW_A-policy-security] rule name policy1
[FW_A-policy-security-rule-policy1] source-zone trust
[FW_A-policy-security-rule-policy1] destination-zone untrust
[FW_A-policy-security-rule-policy1] source-address 10.1.1.0 24
[FW_A-policy-security-rule-policy1] destination-address 10.1.2.0 24
[FW_A-policy-security-rule-policy1] action permit
[FW_A-policy-security-rule-policy1] quit
```

图 11-30　配置 Trust 域间安全策略

```
[FW_A-policy-security] rule name policy2
[FW_A-policy-security-rule-policy2] source-zone untrust
[FW_A-policy-security-rule-policy2] destination-zone trust
[FW_A-policy-security-rule-policy2] source-address 10.1.2.0 24
[FW_A-policy-security-rule-policy2] destination-address 10.1.1.0 24
[FW_A-policy-security-rule-policy2] action permit
[FW_A-policy-security-rule-policy2] quit
```

图 11-31　配置 Untrust 域间安全策略

④ 配置 Local 域与 Untrust 域之间的域间安全策略。此操作的目的是允许 IPSec 隧道两端的设备进行通信，使它们能够进行隧道协商，如图 11-32 和图 11-33 所示。

```
[FW_A-policy-security] rule name policy3
[FW_A-policy-security-rule-policy3] source-zone local
[FW_A-policy-security-rule-policy3] destination-zone untrust
[FW_A-policy-security-rule-policy3] source-address 1.1.3.1 32
[FW_A-policy-security-rule-policy3] destination-address 1.1.5.1 32
[FW_A-policy-security-rule-policy3] action permit
[FW_A-policy-security-rule-policy3] quit
```

图 11-32　配置 Local 域间安全策略

```
[FW_A-policy-security] rule name policy4
[FW_A-policy-security-rule-policy4] source-zone untrust
[FW_A-policy-security-rule-policy4] destination-zone local
[FW_A-policy-security-rule-policy4] source-address 1.1.5.1 32
[FW_A-policy-security-rule-policy4] destination-address 1.1.3.1 32
[FW_A-policy-security-rule-policy4] action permit
[FW_A-policy-security-rule-policy4] quit
[FW_A-policy-security] quit
```

图 11-33 配置 Untrust 域间安全策略

⑤ 配置到达目的网络 B 的静态路由，此处假设到达网络 B 的下一跳地址为 1.1.3.2，如图 11-34 所示。

```
[FW_A] ip route-static 10.1.2.0 255.255.255.0 1.1.3.2
[FW_A] ip route-static 1.1.5.0 255.255.255.0 1.1.3.2
```

图 11-34 配置到达目的网络 B 的静态路由

步骤 2：在 FW_A 上配置 IPSec 策略，并在接口上应用此 IPSec 策略。

① 配置高级 ACL 3000，允许 10.1.1.0/24 网段访问 10.1.2.0/24 网段，如图 11-35 所示。

```
[FW_A] acl 3000
[FW_A-acl-adv-3000] rule 5 permit ip source 10.1.1.0 0.0.0.255 destination 10.1.2.0 0.0.0.255
[FW_A-acl-adv-3000] quit
```

图 11-35 配置高级 ACL

② 配置 IPSec 安全提议，缺省参数可不配置，如图 11-36 所示。

```
[FW_A] ipsec proposal tran1
[FW_A-ipsec-proposal-tran1] esp authentication-algorithm sha2-256
[FW_A-ipsec-proposal-tran1] esp encryption-algorithm aes-256
[FW_A-ipsec-proposal-tran1] quit
```

图 11-36 配置 IPSec 安全提议

③ 配置 IKE 安全提议，如图 11-37 所示。

```
[FW_A] ike proposal 10
[FW_A-ike-proposal-10] authentication-method pre-share
[FW_A-ike-proposal-10] prf hmac-sha2-256
[FW_A-ike-proposal-10] encryption-algorithm aes-256
[FW_A-ike-proposal-10] dh group14
[FW_A-ike-proposal-10] integrity-algorithm hmac-sha2-256
[FW_A-ike-proposal-10] quit
```

图 11-37 配置 IKE 安全提议

④ 配置 IKE peer，如图 11-38 所示。

```
[FW_A] ike peer b
[FW_A-ike-peer-b] ike-proposal 10
[FW_A-ike-peer-b] remote-address 1.1.5.1
[FW_A-ike-peer-b] pre-shared-key Test!1234
[FW_A-ike-peer-b] quit
```

图 11-38　配置 IKE peer

⑤ 配置 IPSec 策略，如图 11-39 所示。

```
[FW_A] ipsec policy map1 10 isakmp
[FW_A-ipsec-policy-isakmp-map1-10] security acl 3000
[FW_A-ipsec-policy-isakmp-map1-10] proposal tran1
[FW_A-ipsec-policy-isakmp-map1-10] ike-peer b
[FW_A-ipsec-policy-isakmp-map1-10] quit
```

图 11-39　配置 IPSec 策略

⑥ 在接口 GigabitEthernet 0/0/1 上应用 IPSec 策略组 map1，如图 11-40 所示。

```
[FW_A] interface GigabitEthernet 0/0/1
[FW_A-GigabitEthernet0/0/1] ipsec policy map1
[FW_A-GigabitEthernet0/0/1] quit
```

图 11-40　应用 IPSec 策略组 map1

步骤 3：完成 FW_B 的基础配置。包括配置接口 IP 地址、将接口加入对应安全区域、配置域间安全策略和静态路由。

① 配置接口 IP 地址，如图 11-41 和图 11-42 所示。

```
<sysname> system-view
[sysname] sysname FW_B
[FW_B] interface GigabitEthernet 0/0/3
[FW_B-GigabitEthernet0/0/3] ip address 10.1.2.1 24
[FW_B-GigabitEthernet0/0/3] quit
```

图 11-41　配置接口 GigabitEthernet 0/0/3 的 IP 地址

```
[FW_B] interface GigabitEthernet 0/0/1
[FW_B-GigabitEthernet0/0/1] ip address 1.1.5.1 24
[FW_B-GigabitEthernet0/0/1] quit
```

图 11-42　配置接口 GigabitEthernet 0/0/1 的 IP 地址

② 将接口加入对应安全区域，配置命令如图 11-43 和图 11-44 所示。

```
[FW_B] firewall zone trust
[FW_B-zone-trust] add interface GigabitEthernet 0/0/3
[FW_B-zone-trust] quit
```

图 11-43 将接口 GigabitEthernet 0/0/3 加入 Trust 区域

```
[FW_B] firewall zone untrust
[FW_B-zone-untrust] add interface GigabitEthernet 0/0/1
[FW_B-zone-untrust] quit
```

图 11-44 将接口 GigabitEthernet 0/0/1 加入 Untrust 区域

③ 配置域间安全策略，如图 11-45 和图 11-46 所示。

```
[FW_B] security-policy
[FW_B-policy-security] rule name policy1
[FW_B-policy-security-rule-policy1] source-zone trust
[FW_B-policy-security-rule-policy1] destination-zone untrust
[FW_B-policy-security-rule-policy1] source-address 10.1.2.0 24
[FW_B-policy-security-rule-policy1] destination-address 10.1.1.0 24
[FW_B-policy-security-rule-policy1] action permit
[FW_B-policy-security-rule-policy1] quit
```

图 11-45 配置 Trust 域间安全策略

```
[FW_B-policy-security] rule name policy2
[FW_B-policy-security-rule-policy2] source-zone untrust
[FW_B-policy-security-rule-policy2] destination-zone trust
[FW_B-policy-security-rule-policy2] source-address 10.1.1.0 24
[FW_B-policy-security-rule-policy2] destination-address 10.1.2.0 24
[FW_B-policy-security-rule-policy2] action permit
[FW_B-policy-security-rule-policy2] quit
```

图 11-46 配置 Untrust 域间安全策略

④ 配置 Local 域与 Untrust 域之间的域间安全策略。此操作的目的是允许 IPSec 隧道两端的设备进行通信，使它们能够进行隧道协商，如图 11-47 和图 11-48 所示。

```
[FW_B-policy-security] rule name policy3
[FW_B-policy-security-rule-policy3] source-zone local
[FW_B-policy-security-rule-policy3] destination-zone untrust
[FW_B-policy-security-rule-policy3] source-address 1.1.5.1 32
[FW_B-policy-security-rule-policy3] destination-address 1.1.3.1 32
[FW_B-policy-security-rule-policy3] action permit
[FW_B-policy-security-rule-policy3] quit
```

图 11-47 配置 Local 域间安全策略

```
[FW_B-policy-security] rule name policy4
[FW_B-policy-security-rule-policy4] source-zone untrust
[FW_B-policy-security-rule-policy4] destination-zone local
[FW_B-policy-security-rule-policy4] source-address 1.1.3.1 32
[FW_B-policy-security-rule-policy4] destination-address 1.1.5.1 32
[FW_B-policy-security-rule-policy4] action permit
[FW_B-policy-security-rule-policy4] quit
[FW_B-policy-security] quit
```

图 11-48 配置 Untrust 域间安全策略

⑤ 配置到达目的网络 A 的静态路由，此处假设到达网络 A 的下一跳地址为 1.1.5.2，如图 11-49 所示。

```
[FW_B] ip route-static 10.1.1.0 255.255.255.0 1.1.5.2
[FW_B] ip route-static 1.1.3.0 255.255.255.0 1.1.5.2
```

图 11-49 配置到达目的网络 A 的静态路由

步骤 4：在 FW_B 上配置 IPSec 策略，并在接口上应用此 IPSec 策略。

① 配置高级 ACL 3000，允许 10.1.2.0/24 网段访问 10.1.1.0/24 网段，如图 11-50 所示。

```
[FW_B] acl 3000
[FW_B-acl-adv-3000] rule 5 permit ip source 10.1.2.0 0.0.0.255 destination 10.1.1.0 0.0.0.255
[FW_B-acl-adv-3000] quit
```

图 11-50 配置高级 ACL

② 配置 IPSec 安全提议，如图 11-51 所示。

```
[FW_B] ipsec proposal tran1
[FW_B-ipsec-proposal-tran1] esp authentication-algorithm sha2-256
[FW_B-ipsec-proposal-tran1] esp encryption-algorithm aes-256
[FW_B-ipsec-proposal-tran1] quit
```

图 11-51 配置 IPSec 安全提议

③ 配置 IKE 安全提议，如图 11-52 所示。

```
[FW_B] ike proposal 10
[FW_B-ike-proposal-10] authentication-method pre-share
[FW_B-ike-proposal-10] prf hmac-sha2-256
[FW_B-ike-proposal-10] encryption-algorithm aes-256
[FW_B-ike-proposal-10] dh group14
[FW_B-ike-proposal-10] integrity-algorithm hmac-sha2-256
[FW_B-ike-proposal-10] quit
```

图 11-52 配置 IKE 安全提议

④ 配置 IKE peer，如图 11-53 所示。

```
[FW_B] ike peer a
[FW_B-ike-peer-a] ike-proposal 10
[FW_B-ike-peer-a] remote-address 1.1.3.1
[FW_B-ike-peer-a] pre-shared-key Test!1234
[FW_B-ike-peer-a] quit
```

图 11-53　配置 IKE peer

⑤ 配置 IPSec 策略，如图 11-54 所示。

```
[FW_B] ipsec policy map1 10 isakmp
[FW_B-ipsec-policy-isakmp-map1-10] security acl 3000
[FW_B-ipsec-policy-isakmp-map1-10] proposal tran1
[FW_B-ipsec-policy-isakmp-map1-10] ike-peer a
[FW_B-ipsec-policy-isakmp-map1-10] quit
```

图 11-54　配置 IPSec 策略

⑥ 在接口 GigabitEthernet 0/0/1 上应用 IPSec 策略组 map1，如图 11-55 所示。

```
[FW_B] interface GigabitEthernet 0/0/1
[FW_B-GigabitEthernet0/0/1] ipsec policy map1
[FW_B-GigabitEthernet0/0/1] quit
```

图 11-55　应用 IPSec 策略组 map1

（2）任务验证

分别在 FW_A 和 FW_B 上执行命令 display ike sa、display ipsec sa，可以查看安全联盟的建立情况。以 FW_B 为例，显示图 11-56 和图 11-57 所示的内容，说明 IKE 安全联盟、IPSec 安全联盟成功建立。

```
<FW_B> display ike sa
IKE SA information :
    Conn-ID    Peer          VPN    Flag(s)    Phase    RemoteType    RemoteID
    ---------------------------------------------------------------------------
    16777239   1.1.3.1:500          RD|ST|A    v2:2     IP            1.1.3.1
    16777232   1.1.3.1:500          RD|ST|A    v2:1     IP            1.1.3.1

    Number of IKE SA : 2
    ---------------------------------------------------------------------------

    Flag Description:
    RD--READY    ST--STAYALIVE    RL--REPLACED    FD--FADING    TO--TIMEOUT
    HRT--HEARTBEAT    LKG--LAST KNOWN GOOD SEQ NO.    BCK--BACKED UP
    M--ACTIVE    S--STANDBY    A--ALONE    NEG--NEGOTIATING
```

图 11-56　FW_B 上 IKE 安全联盟成功建立

```
<FW_B> display ipsec sa

ipsec sa information:

===============================
Interface: GigabitEthernet0/0/1
===============================

  -----------------------------
  IPSec policy name : "map1"
  Sequence number   : 10
  Acl group         : 3000
  Acl rule          : 5
  Mode              : ISAKMP
  -----------------------------
    Connection ID     : 83903371
    Encapsulation mode: Tunnel
    Tunnel local      : 1.1.5.1
    Tunnel remote     : 1.1.3.1
```

图 11-57　FW_B 上 IPSec 安全联盟成功建立

（3）配置脚本

FW_A 和 FW_B 的配置脚本分别如图 11-58 和图 11-59 所示。

```
#
 sysname FW_A
#
acl number 3000
 rule 5 permit ip source 10.1.1.0 0.0.0.255 destination 10.1.2.0 0.0.0.255
#
ipsec proposal tran1
 esp authentication-algorithm sha2-256
 esp encryption-algorithm aes-256
#
ike proposal 10
  encryption-algorithm aes-256
  dh group14
  authentication-algorithm sha2-256
  authentication-method pre-share
  integrity-algorithm hmac-sha2-256
  prf hmac-sha2-256
#
ike peer b
  pre-shared-key %@%@'OMi3SP1%@TJdx5uDE(44*I^%@%@
  ike-proposal 10
```

图 11-58　FW_A 的配置脚本

```
  remote-address 1.1.5.1
 #
 ipsec policy map1 10 isakmp
  security acl 3000
  ike-peer b
  proposal tran1
 #
 interface GigabitEthernet0/0/3
  undo shutdown
  ip address 10.1.1.1 255.255.255.0
 #
 interface GigabitEthernet 0/0/1
  undo shutdown
  ip address 1.1.3.1 255.255.255.0
  ipsec policy map1
 #
 firewall zone trust
  set priority 85
  add interface GigabitEthernet0/0/3
 #
 firewall zone untrust
  set priority 5
  add interface GigabitEthernet0/0/1
 #
  ip route-static 1.1.5.0 255.255.255.0 1.1.3.2
  ip route-static 10.1.2.0 255.255.255.0 1.1.3.2
 #
 security-policy
  rule name policy1
   source-zone trust
   destination-zone untrust
   source-address 10.1.1.0 mask 255.255.255.0
   destination-address 10.1.2.0 mask 255.255.255.0
   action permit
  rule name policy2
   source-zone untrust
   destination-zone trust
   source-address 10.1.2.0 mask 255.255.255.0
   destination-address 10.1.1.0 mask 255.255.255.0
   action permit
```

图 11-58 FW_A 的配置脚本（续 1）

```
 rule name policy3
   source-zone local
   destination-zone untrust
   source-address 1.1.3.1 mask 255.255.255.255
   destination-address 1.1.5.1 mask 255.255.255.255
   action permit
 rule name policy4
   source-zone untrust
   destination-zone local
   source-address 1.1.5.1 mask 255.255.255.255
   destination-address 1.1.3.1 mask 255.255.255.255
   action permit
#
return
```

图 11-58　FW_A 的配置脚本（续 2）

```
#
 sysname FW_B
#
acl number 3000
 rule 5 permit ip source 10.1.2.0 0.0.0.255 destination 10.1.1.0 0.0.0.255
#
ipsec proposal tran1
 esp authentication-algorithm sha2-256
 esp encryption-algorithm aes-256
#
ike proposal 10
   encryption-algorithm aes-256
   dh group14
   authentication-algorithm sha2-256
   authentication-method pre-share
   integrity-algorithm hmac-sha2-256
   prf hmac-sha2-256
#
ike peer a
 pre-shared-key %@%@W[QD:1tV\'f"!1W&yrX6v$B>%@%@
 ike-proposal 10
 remote-address 1.1.3.1
#
ipsec policy map1 10 isakmp
```

图 11-59　FW_B 的配置脚本

```
security acl 3000
 ike-peer a
 proposal tran1
#
interface GigabitEthernet0/0/3
 undo shutdown
 ip address 10.1.2.1 255.255.255.0
#
interface GigabitEthernet0/0/1
 undo shutdown
 ip address 1.1.5.1 255.255.255.0
 ipsec policy map1
#
firewall zone trust
 set priority 85
 add interface GigabitEthernet0/0/3
#
firewall zone untrust
 set priority 5
 add interface GigabitEthernet0/0/1
#
 ip route-static 1.1.3.0 255.255.255.0 1.1.5.2
 ip route-static 10.1.1.0 255.255.255.0 1.1.5.2
#
security-policy
 rule name policy1
  source-zone trust
  destination-zone untrust
  source-address 10.1.2.0 mask 255.255.255.0
  destination-address 10.1.1.0 mask 255.255.255.0
  action permit
 rule name policy2
  source-zone untrust
  destination-zone trust
  source-address 10.1.1.0 mask 255.255.255.0
  destination-address 10.1.2.0 mask 255.255.255.0
  action permit
 rule name policy3
  source-zone local
  destination-zone untrust
```

图 11-59　FW_B 的配置脚本（续 1）

```
        source-address 1.1.5.1 mask 255.255.255.255
        destination-address 1.1.3.1 mask 255.255.255.255
        action permit
     rule name policy4
        source-zone untrust
        destination-zone local
        source-address 1.1.3.1 mask 255.255.255.255
        destination-address 1.1.5.1 mask 255.255.255.255
        action permit
   #
   return
```

图 11-59　FW_B 的配置脚本（续 2）

11.5　SSL VPN

　　SSL VPN 是通过 SSL 协议实现远程安全接入的 VPN 技术。企业出差员工，需要在外地远程办公，并期望能够通过 Internet 随时随地远程访问企业内部资源。同时，企业为了保证私网资源的安全性，希望能对移动办公用户进行多种形式的身份认证，并对移动办公用户的私网资源访问权限进行精细化控制。

　　IPSec、L2TP 等先期出现的 VPN 技术虽然可以支持远程接入，但这些 VPN 技术的组网不灵活；移动办公用户需要安装指定的客户端软件，导致网络部署和维护都比较麻烦；无法对移动办公用户的访问权限进行精细化控制。

　　SSL VPN 作为新型的轻量级远程接入方案，可以有效地解决上述问题，保证移动办公用户能够在企业外部安全、高效地访问企业内部的网络资源。

　　如图 11-60 所示，FW 作为企业出口网关连接 Internet，并向移动办公用户（出差员工）提供 SSL VPN 接入服务。移动办公用户使用终端，如便携机、PAD 或智能手机等与 FW 建立 SSL VPN 隧道以后，能通过 SSL VPN 隧道远程访问企业内网的 Web 服务器、文件服务器、邮件服务器等资源。

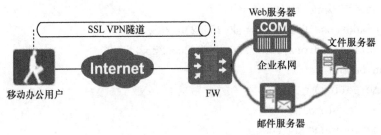

图 11-60　SSL VPN 应用场景

11.5.1 虚拟网关

FW 通过虚拟网关向移动办公用户提供 SSL VPN 接入服务,虚拟网关是移动办公用户访问企业私网资源的统一入口。一台 FW 设备可以创建多个虚拟网关,各虚拟网关之间相互独立互不影响。不同虚拟网关可以配置各自的用户和资源,进行单独管理。虚拟网关本身无独立的管理员,所有虚拟网关的创建、配置、修改和删除等管理操作统一由 FW 的系统管理员完成。

移动办公用户登录 SSL VPN 虚拟网关并访问企业私网资源的总体流程如图 11-61 所示。系统管理员在 FW 上创建 SSL VPN 虚拟网关,并通过虚拟网关为移动办公用户提供 SSL VPN 接入服务。

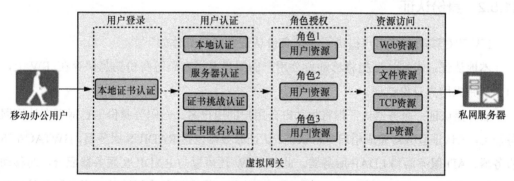

图 11-61 移动办公用户的企业私网资源访问过程

移动办公用户登录 SSL VPN 虚拟网关并访问企业私网资源的过程具体如下。

1. 用户登录

移动办公用户在浏览器中输入 SSL VPN 虚拟网关的 IP 地址或域名,请求建立 SSL 连接。虚拟网关向远程用户发送自己的证书,远程用户对虚拟网关的证书进行身份认证。身份认证通过后,在远程用户与虚拟网关之间成功建立 SSL 连接,进入 SSL VPN 虚拟网关的登录页面,如图 11-62 所示。

图 11-62 SSL VPN 虚拟网关的登录页面

2. 用户认证

在登录页面上输入用户名、密码后,虚拟网关将对该用户进行身份认证。

虚拟网关验证用户身份的方式有很多种,包括本地认证、服务器认证、证书匿名认证、证书挑战认证等。

3. 角色授权

用户的身份认证通过后,虚拟网关会查询该用户所属的角色信息,然后再将该角色所拥有的资源链接推送给用户。不同角色代表了不同类用户的资源访问权限,如企业中的总经理这个角色的资源访问权限和普通员工这个角色的资源访问权限是不一样的。

4. 资源访问

用户单击虚拟网关资源列表中的链接就可以访问对应资源了。

11.5.2 身份认证

FW 针对移动办公用户提供了 3 种身份认证方式,具体如下。

本地认证:本地认证指将移动办公用户的用户名、密码等身份信息保存在 FW 上,由 FW 完成用户身份认证。

服务器认证:服务器认证指将移动办公用户的用户名、密码等身份信息保存在认证服务器上,由认证服务器完成用户身份认证。认证服务器包括 RADIUS 服务器、HWTACACS 服务器、AD 服务器和 LDAP 服务器。此外,FW 还可以与 RADIUS 服务器配合,对移动办公用户进行 RADIUS 双因子认证。双因子认证指在用户登录虚拟网关时提供了两种身份因子,一种身份因子是用户名和静态 PIN 码,另一种身份因子是动态验证码。

证书认证:证书指用户以数字证书为登录虚拟网关的身份凭证。虚拟网关针对证书提供了两种身份认证方式,一种是证书匿名认证,另一种是证书挑战认证。

在证书匿名认证方式下,虚拟网关只检查用户所持证书的有效性(如证书的有效期是否逾期,证书是否由合法 CA 颁发等),不检查用户的登录密码等身份信息。

在证书挑战认证方式下,虚拟网关不仅检查用户证书是否为可信证书及证书是否在有效期内,还要检查用户的登录密码。检查用户登录密码的方式可以选择本地认证或服务器认证。

11.5.3 角色授权

FW 基于角色进行访问授权和接入控制,身份相同角色的所有用户都拥有相同的权限。角色是连接用户与业务资源、主机检查策略、登录时间段等权限控制项的桥梁,可以将权限相同的用户加入某个角色,然后使角色关联业务资源、主机检查策略等。

如图 11-63 所示,在某企业中有两类角色,一类角色是经理,另一类角色是普通雇员。Jack 在该企业中担任经理,他可以访问企业的财务系统和日常办公系统这两类资源。Alice 属于企业的普通雇员,她可以访问企业的日常办公系统和个人信息系统这两类资源。企业按照不同角色来划分不同用户的资源访问权限，虚拟网关也是如此。虚拟网关通过角色将用户和资源关联起来，一个资源可以被多个不同的角色访问，一个用户也可以承担多个不同的角色。

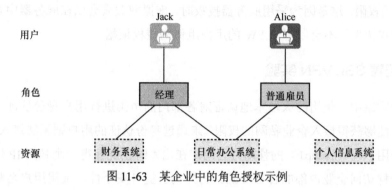

图 11-63　某企业中的角色授权示例

授权，本质上是虚拟网关查找用户所属角色，从而确定用户资源访问权限的过程。例如，当用户 Jack 登录虚拟网关时，虚拟网关首先会对 Jack 进行身份认证。身份认证通过后，虚拟网关查找 Jack 的所属角色为经理，于是会将经理所拥有的资源链接推送给他，或者说是虚拟网关将经理的资源访问权限授予了 Jack。

虚拟网关有两种授权方式，一种是本地授权，另一种是服务器授权。

本地授权：以 FW 本地存放的用户信息为准，来确定用户所属角色的信息。

服务器授权：以第三方服务器上存放的用户信息为准，来确定用户所属角色的信息。FW 将用户信息发送给第三方服务器，第三方服务器从其上存放的用户信息中查找用户所属组，并将用户所属组信息发回 FW，FW 依据用户所属组对应的角色权限为该用户授权。

如图 11-64 所示，当同一个用户承担着不同的角色时，该用户的资源访问权限是多个角色的并集。例如，Jack 的角色是经理，他拥有经理权限。同时他又兼职了安全专员的角色，便又拥有了安全专员的权限。

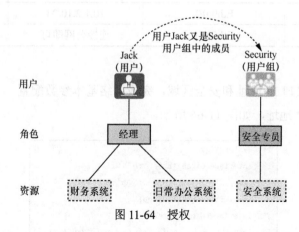

图 11-64　授权

在采用服务器授权时，需要注意一种特殊的情况。比如，用户 a 在本地 FW 上隶属于用户组 A，在服务器上用户 a 属于用户组 A1。由于受到网络延迟等因素的影响，导致本地 FW 和服务器中关于用户 a 所属的用户组信息出现了不一致。如果此时 FW 上既为用户组 A 绑定了 roleA 角色，又为用户组 A1 绑定了 roleA1 角色，则最终用户 a 只会拥有 A1 角色的权限。这是因为采用服务器授权时，虚拟网关只会以在服务器中查询到的用户组作为授权依据，不会以本地 FW 的用户组作为授权依据。

11.5.4 配置 SSL VPN 实验

在企业网络中，使用防火墙本地认证对各部门的员工进行用户身份认证，通过身份认证的用户能够获得接入企业私网的权限，未通过身份认证的用户则无法接入企业私网。现希望某个用户组（group1）的移动办公用户在出差时也能获得一个私网 IP 地址，像在局域网中一样访问企业内部的各种资源。另外为了提升安全性，采用用户名和密码结合的本地认证方式对移动办公用户进行身份认证。实验拓扑如图 11-65 所示。

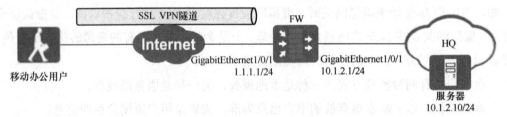

图 11-65　配置 SSL VPN 实验拓扑

端口 IP 地址和安全区域划分如表 11-3 所示。

表 11-3　端口 IP 地址和安全区域划分

设备	接口	IP 地址	安全区域
FW	GigabitEthernet 1/0/1	1.1.1.1/24	Untrust
	GigabitEthernet 1/0/2	10.1.2.1/24	Trust
服务器	Eth0/0/1	10.1.2.10/24	Trust
移动办公用户	Eth0/0/1	连接公网即可	Untrust

（1）任务实施

步骤 1：配置接口 IP 地址和安全区域，完成网络基本参数配置。

① 配置接口 IP 地址，如图 11-66 所示。

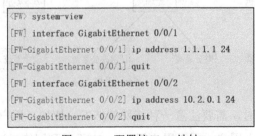

图 11-66　配置接口 IP 地址

② 将接口加入对应安全区域，如图 11-67 所示。

```
[FW] firewall zone untrust
[FW-zone-untrust] add interface GigabitEthernet 0/0/1
[FW-zone-untrust] quit
[FW] firewall zone trust
[FW-zone-trust] add interface GigabitEthernet 0/0/2
[FW-zone-trust] quit
```

图 11-67　将接口加入对应安全区域

步骤 2：配置用户和认证域。

① 配置认证域，如图 11-68 所示。

```
[FW] aaa
[FW-aaa] domain default
[FW-aaa-domain-default] authentication-scheme default
[FW-aaa-domain-default] service-type ssl-vpn
[FW-aaa-domain-default] quit
[FW-aaa] quit
```

图 11-68　配置认证域

② 创建用户组和用户，如图 11-69 所示。

```
[FW]user-manage group /default/group1
[FW-usergroup-/default/group1]quit
[FW]user-manage user user0001 domain default
[FW-localuser-user0001]password Password@123
[FW-localuser-user0001]parent-group /default/group1
[FW-localuser-user0001]quit
```

图 11-69　创建用户组和用户

步骤 3：配置 SSL VPN 虚拟网关。

配置 SSL VPN 虚拟网关，如图 11-70 所示。

```
[FW] v-gateway gateway interface GigabitEthernet 0/0/1 private
[FW] v-gateway gateway udp-port 443
[FW] v-gateway gateway authentication-domain default
```

图 11-70　配置 SSL VPN 虚拟网关

步骤 4：配置 Web Link 功能。

① 启用 Web Link 功能，如图 11-71 所示。

```
[FW] v-gateway gateway
[FW-gateway] service
[FW-gateway-service] web-proxy enable
[FW-gateway-service] web-proxy web-link enable
```

图 11-71　启用 Web Link 功能

② 配置 Web Link 资源，如图 11-72 所示。

```
[FW-gateway-service] web-proxy link-resource Web-Server http://10.2.0.2:8080 show-link
```

图 11-72　配置 Web Link 资源

步骤 5：配置角色（role）和授权。

① 将用户组添加到虚拟网关中，如图 11-73 所示。

```
[FW-gateway] vpndb
[FW-gateway-vpndb] group /default/sslvpn
[FW-gateway-vpndb] quit
```

图 11-73　将用户组添加到虚拟网关中

② 创建角色，如图 11-74 所示。

```
[FW-gateway] role
[FW-gateway-role] role role
```

图 11-74　创建角色

③ 将角色与用户组绑定，如图 11-75 所示。

```
[FW-gateway-role] role role group /default/sslvpn
```

图 11-75　将角色与用户组绑定

④ 为角色启用 Web Link 功能，如图 11-76 所示。

```
[FW-gateway-role] role role web-proxy enable
[FW-gateway-role] role role web-proxy resource Web-Server
[FW-gateway-role] quit
[FW-gateway] quit
```

图 11-76　为角色启用 Web Link 功能

步骤 6：配置安全策略。

① 配置从 Internet 到 FW 的安全策略，允许移动办公用户登录 SSL VPN 网关，如图 11-77 所示。

第 11 章　VPN 技术与应用

```
[FW] security-policy
[FW-policy-security] rule name policy01
[FW-policy-security-rule-policy01] source-zone untrust
[FW-policy-security-rule-policy01] destination-zone local
[FW-policy-security-rule-policy01] destination-address 1.1.1.1 24
[FW-policy-security-rule-policy01] service https
[FW-policy-security-rule-policy01] action permit
[FW-policy-security-rule-policy01] quit
```

图 11-77　配置从 Internet 到 FW 的安全策略

② 配置 FW 到内网的安全策略，允许移动办公用户访问总部资源，如图 11-78 所示。

```
[FW-policy-security] rule name policy02
[FW-policy-security-rule-policy02] source-zone local
[FW-policy-security-rule-policy02] destination-zone trust
[FW-policy-security-rule-policy02] destination-address 10.2.0.0 24
[FW-policy-security-rule-policy02] action permit
[FW-policy-security-rule-policy02] quit
```

图 11-78　配置 FW 到内网的安全策略

（2）任务验证

在移动办公人员计算机的浏览器中输入 "https://1.1.1.1:443"，访问 SSL VPN 登录界面。首次访问时，需要根据浏览器的提示信息安装控件。

不同版本的虚拟网关会要求客户端安装不同版本的 Active 控件。当客户端访问不同版本的虚拟网关时，请在访问新的虚拟网关前将旧的 Active 控件删除，再安装新的 Active 控件，否则浏览器会一直卡在加载 Active 控件的界面。

以客户端为一台 PC 为例，执行图 11-79 所示的命令来删除 Active 控件。

```
PC> regsvr32 SVNIEAgt.ocx -u -s
PC> del %systemroot%\SVNIEAgt.ocx /q
PC> del %systemroot%\"Downloaded Program Files"\SVNIEAgt.inf /q
PC> cd %appdata%
PC> rmdir svnclient /q /s
```

图 11-79　删除 Active 控件

在登录界面中输入用户名、密码，单击"登录"按钮。登录成功后，虚拟网关界面会显示 Web 资源链接，单击链接即可访问该资源，如图 11-80 所示。

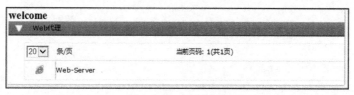

图 11-80　测试结果

(3)配置脚本

FW 配置脚本如图 11-81 所示。

```
#
aaa
 authentication-scheme default
 authorization-scheme default
 domain default
  service-type ssl-vpn
  internet-access mode password
  reference user current-domain
#
interface GigabitEthernet 0/0/1
 ip address 1.1.1.1 255.255.255.0
#
interface GigabitEthernet 0/0/2
 ip address 10.2.0.1 255.255.255.0
#
firewall zone trust
```

图 11-81　FW 配置脚本